高职高专"十三五"规划教材
辽宁省职业教育改革发展示范校建设成果

石油加工生产过程操作

陈 月　刘洪宇　主编

化学工业出版社
·北京·

《石油加工生产过程操作》以石油化工生产的典型生产工艺为主线，从原料到产品，系统介绍了石油化工生产过程的基本知识和主要生产技术。本书主要内容包括石油化工生产过程、原油常减压蒸馏生产技术、催化裂化生产工艺操作、催化加氢工艺操作、催化重整工艺操作、乙烯生产等典型工艺的生产方法选择、工艺流程组织、工艺生产操作等。

本书可作为高职高专、五年制高职及中职学校化工技术类专业的教材，也可供相关企业技术人员参考。

图书在版编目（CIP）数据

石油加工生产过程操作/陈月，刘洪宇主编．—北京：化学工业出版社，2019.8（2025.1重印）
高职高专"十三五"规划教材
ISBN 978-7-122-34397-0

Ⅰ.①石… Ⅱ.①陈…②刘… Ⅲ.①石油炼制-高等职业教育-教材 Ⅳ.①TE62

中国版本图书馆 CIP 数据核字（2019）第 081109 号

责任编辑：王海燕　满悦芝　　　　　　　装帧设计：刘丽华
责任校对：刘　颖

出版发行：化学工业出版社（北京市东城区青年湖南街13号　邮政编码100011）
印　装：北京虎彩文化传播有限公司
787mm×1092mm　1/16　印张15½　字数360千字　2025年1月北京第1版第5次印刷

购书咨询：010-64518888　　　　　　　　售后服务：010-64518899
网　　址：http://www.cip.com.cn
凡购买本书，如有缺损质量问题，本社销售中心负责调换。

定　价：42.00元　　　　　　　　　　　　　　　　　版权所有　违者必究

序

世界职业教育发展的经验和我国职业教育的历程都表明，职业教育是提高国家核心竞争力的要素之一。近年来，我国高等职业教育发展迅猛，成为我国高等教育的重要组成部分。《国务院关于加快发展现代职业教育的决定》、教育部《关于全面提高高等职业教育教学质量的若干意见》中都明确要大力发展职业教育，并指出职业教育要以服务发展为宗旨，以促进就业为导向，积极推进教育教学改革，通过课程、教材、教学模式和评价方式的创新，促进人才培养质量的提高。

盘锦职业技术学院依托于省示范校建设，近几年大力推进以能力为本位的项目化课程改革，教学中以学生为主体，以教师为主导，以典型工作任务为载体，对接德国双元制职业教育培训的国际轨道，教学内容和教学方法以及课程建设的思路都发生了很大的变化。因此开发一套满足现代职业教育教学改革需要、适应现代高职院校学生特点的项目化课程教材迫在眉睫。

为此学院成立专门机构，组成课程教材开发小组。教材开发小组实行项目管理，经过企业走访与市场调研、校企合作制定人才培养方案及课程计划、校企合作制定课程标准、自编讲义、试运行、后期修改完善等一系列环节，通过两年多的努力，顺利完成了四个专业类别20本教材的编写工作。其中，职业文化与创新类教材4本，化工类教材5本，石油类教材6本，财经类教材5本。本套教材内容涵盖较广，充分体现了现代高职院校的教学改革思路，充分考虑了高职院校现有教学资源、企业需求和学生的实际情况。

职业文化类教材突出职业文化实践育人建设项目成果；旨在推动校园文化与企业文化的有机结合，实现产教深度融合、校企紧密合作。教师在深入企业调研的基础上，与合作企业专家共同围绕工作过程系统化的理论原则，按照项目化课程设计教材内容，力图满足学生职业核心能力和职业迁移能力提升的需要。

化工类教材在项目化教学改革背景下，采用德国双元培育的教学理念，通过对化工企业的工作岗位及典型工作任务的调研、分析，将真实的工作任务转化为学习任务，建立基于工作过程系统化的项目化课程内容，以"工学结合"为出发点，根据实训环境模拟工作情境，尽量采用表格、图片等形式展示，对技能和技术理论做全面分析，力图体现实用性、综合性、典型性和先进性的特色。

石油类教材涵盖了石油钻探、油气层评价、油气井生产、维修和石油设备操作使用等领域，拓展发展项目化教学与情境教学，以利于提高学生学习的积极性、改善课堂教学效果，对高职石油类特色教材的建设做出积极探索。

财经类教材采用理实一体的教学设计模式，具有实战性；融合了国家全新的财经法律法规，具有前瞻性；注重了与其他课程之间的联系与区别，具有逻辑性；内容精准、图文并茂、通俗易懂，具有可读性。

在此，衷心感谢为本套教材策划、编写、出版付出辛勤劳动的广大教师、相关企业人员以及化学工业出版社的编辑们。尽管我们对教材的编写怀抱敬畏之心，坚持一丝不苟的专业态度，但囿于自己的水平和能力，不当和疏漏之处在所难免。敬请学界同仁和读者不吝指正。

盘锦职业技术学院　院长

2018 年 9 月

前　言

本教材作为高职高专"十三五"规划教材，是辽宁省职业教育改革发展示范校建设成果与应用化工技术专业示范校的专业建设相配套的石油化工工艺操作的教材。本教材根据全新高等职业教育化工技术类专业人才的培养目标，以必需、够用为度，按照从理论基础到技能训练、能力提升的培养原则编写。本书在编写过程中征求了来自企业专家和生产一线工程技术人员的意见，具有较强的实用性。

本书的编排以从原料到产品，按照原油的一次加工、二次加工和基本有机化工产品生产为主线，遵循学生的认知规律，以工艺过程的操作顺序展开课程内容，着重培养学生的工艺选择能力、岗位操作能力、质量管理能力和HSE管理能力。教材在内容的选择上坚持"实践、实用"的基本原则，突出实用性。每个典型的石油化工生产单元按照基本原理、工艺流程和主要典型设备、主要操作技术及典型故障分析与处理等做系统介绍，同时适当补充了石油化工生产工艺的新发展、新技术，并增加了部分技能实训内容，以适应培养高等技术应用型人才的需要。

本教材分为六个项目。项目一概述了石油化工生产过程，重点让学生了解石油化工生产过程的原料、产品、催化剂、工艺流程的组织、产品质量的评价、生产过程中的HSE管理的基本内容，让学生对石油化工生产过程有一个全面的了解。项目二为原油的一次加工常减压蒸馏生产技术。项目三至项目五为原油的二次加工催化裂化操作、催化加氢操作、催化重整操作。项目六为主要有机化工产品生产工艺过程石油烃热裂解工艺操作。

本教材的每一个项目在内容开始前都提出了知识目标和能力目标，教材项目的主要内容都紧密结合生产实际，让学生能通过项目内容的学习理解和解决实际生产中的问题，增强学生学习的积极性。

本书由盘锦职业技术学院陈月、刘洪宇主编。其中，项目一中的任务一、任务二、任务三、任务四和项目五、项目六由陈月编写；项目二中的任务二、任务三和项目三、项目四由刘洪宇编写；项目一中的任务五、任务六、任务七由盘锦职业技术学院高波编写；项目二中的任务一由盘锦职业技术学院吴春丽编写。全书由陈月和刘洪宇统稿。本书承蒙盘锦职业技术学院王新主审，提出了诸多宝贵的修改意见；在编写过程中还得到了化学工业出版社、盘锦北方沥青燃料有限公司相关技术人员的大力支持,在此一并表示衷心的感谢。在编写本书的过程中,我们还参考了部分文献资料,已列入参考文献中,在此特向文献资料的原作者表示衷心的感谢。

由于编者的水平有限,书中难免有疏漏或不当之处,敬请广大专家和读者不吝指教。

编者
2019 年 2 月

目　录

项目一　石油化工生产过程 ... 1

任务一　认知石油化工生产过程 ... 2
　　一、石油化工生产过程的原料和产品 ... 2
　　二、石油化工生产的基本概念 ... 3

任务二　石油及其产品的性质认知 ... 3
　　一、石油的一般性状及化学组成 ... 3
　　二、石油及其产品的物理性质 ... 9
　　三、石油产品的分类 ... 15
　　四、石油燃料的使用要求 ... 16

任务三　石油化工生产过程的催化剂选择 ... 23
　　一、催化剂的基本特征 ... 23
　　二、催化剂的分类 ... 24
　　三、对催化剂的要求 ... 24
　　四、催化剂的化学组成 ... 25
　　五、催化剂的物理性质 ... 25
　　六、催化剂的活性与选择性 ... 28
　　七、催化剂的中毒与再生 ... 28
　　八、催化剂的使用技术 ... 29

任务四　石油化工生产过程的工艺流程组织 ... 30
　　一、石油化工生产过程的构成 ... 30
　　二、工艺流程的组织原则与评价方法 ... 31

任务五　石油化工生产过程的开停车操作 ... 33
　　一、开车前安全检查及准备工作 ... 33
　　二、泵的通用规则 ... 34
　　三、事故处理的通用规则 ... 34
　　四、润滑通用规则 ... 34

任务六　石油化工生产过程的工艺评价 ... 35

任务七　石油化工生产过程中的 HSE 管理 ... 36
　　一、HSE 管理的基本概念 ... 36
　　二、健康防护 ... 36
　　三、安全卫生防护措施 ... 37

  四、环境保护 ……………………………………………………………………… 40
 习题 ………………………………………………………………………………… 40

项目二 原油常减压蒸馏生产技术 ………………………………………………… 42

 任务一 原油常减压蒸馏生产原理 ……………………………………………… 43
  一、原油蒸馏的目的 …………………………………………………………… 43
  二、常减压蒸馏的产品 ………………………………………………………… 44
  三、常减压蒸馏的基本原理 …………………………………………………… 47
 任务二 原油常减压蒸馏工艺流程组织 …………………………………………… 56
  一、原油预处理 ………………………………………………………………… 56
  二、原油常减压工艺流程 ……………………………………………………… 59
  三、原油常减压工艺的典型设备 ……………………………………………… 65
 任务三 原油常减压蒸馏生产操作 ………………………………………………… 73
  一、主要工艺条件分析 ………………………………………………………… 73
  二、装置开停工操作方案 ……………………………………………………… 77
  三、常见事故及处理 …………………………………………………………… 82
 习题 ………………………………………………………………………………… 87

项目三 催化裂化操作 ……………………………………………………………… 89

 任务一 催化裂化生产原理 ………………………………………………………… 90
  一、催化裂化生产概述 ………………………………………………………… 90
  二、催化裂化工艺原理 ………………………………………………………… 94
 任务二 催化裂化工艺流程组织 …………………………………………………… 97
  一、催化裂化工艺流程 ………………………………………………………… 97
  二、催化裂化的典型设备 ……………………………………………………… 100
 任务三 催化裂化生产操作 ………………………………………………………… 106
  一、主要工艺条件分析 ………………………………………………………… 106
  二、催化剂的性能 ……………………………………………………………… 110
  三、装置开工操作 ……………………………………………………………… 118
  四、装置停工操作 ……………………………………………………………… 120
  五、常见事故及处理 …………………………………………………………… 122
 习题 ………………………………………………………………………………… 124

项目四 催化加氢操作 ……………………………………………………………… 126

 任务一 催化加氢生产原理 ………………………………………………………… 127
  一、催化加氢生产概述 ………………………………………………………… 127
  二、催化加氢工艺原理 ………………………………………………………… 136
 任务二 催化加氢工艺流程组织 …………………………………………………… 141
  一、催化加氢工艺组成 ………………………………………………………… 141
  二、加氢处理工艺流程 ………………………………………………………… 145

三、加氢裂化工艺流程 154
　任务三　催化加氢生产操作 158
　　一、主要工艺条件分析 158
　　二、加氢催化剂的性能 161
　　三、装置开停工操作方案 167
　　四、常见事故及处理 172
　习题 173

项目五　催化重整操作 174

　任务一　催化重整生产原理 175
　　一、催化重整生产概述 175
　　二、催化重整的化学反应 177
　　三、催化重整催化剂的组成和评价 179
　　四、重整催化剂的使用方法及操作技术 183
　任务二　催化重整工艺流程组织 188
　　一、固定床半再生重整工艺流程 189
　　二、连续再生式重整工艺流程 190
　　三、芳烃抽提的工艺流程 192
　　四、芳烃精馏的工艺流程 193
　　五、催化重整的典型设备 195
　任务三　催化重整生产操作 197
　　一、主要工艺条件分析 197
　　二、催化重整系统操作 201
　　三、常见事故及处理 208
　习题 209

项目六　乙烯生产 210

　任务一　乙烯生产方法的选择 210
　　一、管式炉裂解技术 211
　　二、催化裂解技术 211
　　三、合成气制乙烯（MTO） 211
　任务二　石油烃热裂解原料及产品的认知 212
　　一、乙烯的性质和用途 212
　　二、裂解原料来源和种类 212
　　三、乙烯产品的质量指标要求 216
　任务三　乙烯生产工艺条件的确定 216
　　一、石油烃热裂解的生产原理 216
　　二、热力学和动力学分析 218
　　三、工艺条件的确定 219
　　四、工艺参数的控制方案 220

任务四 生产工艺流程的组织 ……………………………………………………………… 223
　一、烃类热裂解的生产工艺流程 ……………………………………………………… 223
　二、裂解炉的选择 ………………………………………………………………………… 230
任务五 乙烯生产过程的操作与控制 …………………………………………………… 231
　一、乙烯生产过程的开车操作 ………………………………………………………… 231
　二、乙烯生产过程的正常停车操作 …………………………………………………… 232
　三、乙烯生产过程的紧急停车操作 …………………………………………………… 233
任务六 异常生产现象的判断和处理 …………………………………………………… 234
　一、进料流量的异常现象和处理方法 ………………………………………………… 234
　二、稀释蒸汽流量的异常现象和处理方法 …………………………………………… 235
　三、裂解炉出口温度的异常现象和处理方法 ………………………………………… 235
习题 …………………………………………………………………………………………… 235

参考文献 ………………………………………………………………………………… 237

项目一

石油化工生产过程

知识目标

① 了解石油化工生产过程的原料和产品及其特点。
② 了解石油化工生产过程的基本概念。
③ 掌握石油化工生产过程进行评价的关键指标的计算方法。
④ 了解石油化工工艺流程的组成、工艺流程中各部分的作用。
⑤ 了解石油化工工艺所用催化剂的结构、组成、性能评价及使用方法。
⑥ 了解石油化工生产过程中开停车操作的基本要求。
⑦ 了解石油化工生产过程中 HSE 管理的基本内容。

能力目标

① 根据特定的化工工艺过程的特点选择适合该工艺的催化剂类型，会对给定的催化剂进行性能评价。
② 根据化工工艺过程中原料、产品以及生产过程的特点，为化工工艺过程选择预处理的方法、进行反应过程的影响因素分析、为化工工艺选择后处理方案。
③ 根据化工生产开停车操作的原则判断某生产车间的开停车操作是否符合操作规程，并对其做出开停车操作方案的修订意见。
④ 能对化工生产车间的 HSE 管理进行简单评价。

任务一　认知石油化工生产过程

石油的发现、开采和直接利用由来已久，加工利用并逐渐形成石油炼制工业始于19世纪30年代，到20世纪40~50年代形成的现代炼油工业，是最大的加工工业之一。从19世纪30年代起，陆续建立了石油蒸馏工厂，如1823年，俄国杜比宁三兄弟建立了第一座釜式蒸馏炼油厂。1860年，美国B. Sliman建立了原油分馏装置，这些可以看作炼油工业的雏形，产品主要是灯用煤油，汽油没有用途当作废料抛弃。19世纪70年代建造了润滑油厂，并开始把蒸馏得到的高沸点油作为锅炉燃料。19世纪末内燃机和汽车的问世，使汽油和柴油的需求猛增，仅靠原油的蒸馏（即原油的一次加工）不能满足需求，于是诞生了以增产汽油、柴油为目的，综合利用原油各种成分的原油二次加工工艺。例如，1913年实现了热裂化，1930年实现了焦化和催化裂化，1940年实现了催化重整，此后加氢技术也迅速发展，这就形成了现代的石油化工工业。20世纪50年代以后，石油化工为化工产品的发展提供了大量原料，形成了现代的石油化学工业。20世纪60年代，以分子筛催化剂为代表的催化新材料得到应用。20世纪70年代，计算机应用技术、过程系统优化技术在炼油工业中也得到广泛的应用。20世纪80年代，重质油轻质化技术得到广泛应用。20世纪90年代，生产装置和炼油厂大型化、基地化，产业集中度提高；工艺装置构成更加适应原油的重质化与劣质化，深度加工能力明显提高；生产清洁燃料的手段日臻完善。21世纪，加快发展了清洁燃料生产技术和信息技术的开发利用。

一、石油化工生产过程的原料和产品

石油化工是指以石油天然气为原料，生产基本有机化工原料，并进一步合成多种化工产品的工业。其原料来源主要有天然气、炼厂气、液体石油产品或原油。石油产品主要包括各种燃料油（汽油、煤油、柴油等）和润滑油以及液化石油气、石油焦炭、石蜡、沥青等。生产这些产品的加工过程常被称为石油加工。

石油化工产品以炼油过程提供的原料油经进一步化学加工获得。生产石油化工产品的第一步是对原料油和气原料（如丙烷、汽油、柴油等）进行裂解，裂解反应是强烈的吸热反应，因此原料在管式炉（或蓄热炉）中经过700~800℃甚至1000℃以上的高温加热，所得裂解产物通常称为石油化工一级产品，通常称为三烯（乙烯、丙烯、丁二烯）、三苯（苯、甲苯、二甲苯）、一炔（乙炔）、一萘。石油化工的一级产品再经过一系列加工则可得二级产品，如乙醇、丙酮、苯酚等二三十种重要的有机原料。生产石油化工产品的第二步是以基本化工原料生产多种有机化工原料（约200种）及合成材料（塑料、合成纤维、合成橡胶）。

1920年开始以丙烯生产异丙醇，这被认为是第一个石油化工产品。20世纪，在裂化技术的基础上开发了以制取乙烯为主要目的的烃类水蒸气高温裂解（简称裂解）技术，裂解工艺的发展为发展石油化工提供了大量原料。同时，一些原来以煤为基本原料（通过电石、煤焦油）生产的产品陆续使用石油为基本原料，如氯乙烯等。在20世纪30年代高分子合成材料大量问世。按工业生产时间排序为：1931年为氯丁橡胶和聚氯乙烯；1933年

为高压法聚乙烯；1935 年为丁腈橡胶和聚苯乙烯；1937 年为丁苯橡胶；1939 年为尼龙66；第二次世界大战后石油化工技术继续快速发展，1950 年开发了腈纶；1953 年开发了涤纶；1957 年开发了聚丙烯。

二、石油化工生产的基本概念

石油化工生产过程是从石油自然资源出发，经过石油加工过程得到的以碳氢化合物及其衍生物为主的石油产品及基本有机化工原料，然后由这些基本有机化工原料合成复杂的下游产品的过程。石油化工生产过程是一个复杂的过程，包含多个工艺过程，多个工艺过程相互联系，为了更好地理解石油化工生产过程，首先应该了解石油化工生产的基本概念。

1. 装置或车间

把多种设备、机器和仪表适当组合起来的加工过程称为生产装置。例如石油烃热裂解装置是由原料油储罐、原料油预热器、裂解炉、急冷换热器、汽包、急冷器、油洗塔、燃油汽提塔、裂解轻柴油汽提塔、水洗塔、油水分离器等设备，鼓风机、离心泵等机器，热电偶、孔板流量计、压力计等仪表和自控器适当组合起来的。

2. 工艺流程

原料经化学加工制取产品的过程，是由单元过程和单元操作组合而成的。工艺流程就是按物料加工的先后顺序将这些单元表达出来。一般书中主要以流程框图和工艺（原理）流程图两种图形表达，以简明反映化工产品生产过程中的主要加工步骤，了解各单元设备的作用、物流方向及能量供给情况。而工厂生产装置的流程图需标明物料流动量、副产物及三废排放量、需要供给或移出的能量、工艺操作条件、测量及控制仪表、自动控制方法等。

任务二 石油及其产品的性质认知

一、石油的一般性状及化学组成

1. 石油的外观性质

石油是碳氢化合物的复杂混合物，其外观性质主要表现在石油的颜色、相对密度、流动性、气味上，表 1-1 列出了各类原油的主要外观性质。由于世界各地所产的原油在化学组成上存在差异、因而其在外观性质上也存在不同程度的差别。

表 1-2 为我国几种原油的主要物理性质。表 1-3 为国外几种原油的主要物理性质。

表 1-1 各类原油的主要外观性质

性状	影响因素	常规原油	特殊原油	我国原油
颜色	胶质和沥青质含量越多，石油的颜色越深	大部分石油是黑色，也有暗绿色或暗褐色	显赤褐色、浅黄色，甚至无色	四川盆地：黄绿色 玉门：黑褐色 大庆：黑色
相对密度	胶质、沥青质含量多，石油的相对密度就大	一般在 0.80～0.98	个别高达 1.02 或低至 0.71	一般在 0.85～0.95，属于偏重的常规原油

续表

性状	影响因素	常规原油	特殊原油	我国原油
流动性	常温下石油中含蜡量少,其流动性好	一般是流动或半流动状的黏稠液体	个别是固体或半固体	蜡含量和凝固点偏高,流动性差
气味	含硫量高,臭味较浓	有程度不同的臭味		含硫相对较少,气味偏淡

表 1-2 我国几种原油的主要物理性质

原油名称	大庆原油	胜利原油	孤岛原油	辽河原油	华北原油	中原原油	新疆吐哈原油	鲁宁管输原油
密度(20℃)/(g/cm³)	0.8554	0.9005	0.9495	0.9204	0.8837	0.8466	0.8197	0.8937
运动黏度(50℃)/(mm²/s)	20.19	83.36	333.7	109.0	57.1	10.32	2.72	37.8
凝固点/℃	30	28	2	17(倾点)	36	33	16.5	26.0
蜡含量(质量分数)/%	26.2	14.6	4.9	9.5	22.8	19.7	18.6	15.3
庚烷沥青质(质量分数)/%	0	<1	2.9	0	<0.1	0	0	0
残炭(质量分数)/%	2.9	6.4	7.4	6.8	6.7	3.8	0.90	5.5
灰分(质量分数)/%	0.0027	0.02	0.096	0.01	0.0097	—	0.014	—
硫含量(质量分数)/%	0.10	0.80	2.09	0.24	0.31	0.52	0.03	0.80
氮含量(质量分数)/%	0.16	0.41	0.43	0.40	0.38	0.17	0.05	0.29
镍含量/(μg/g)	3.1	26.0	21.6	32.5	15.0	3.3	0.50	12.3
钒含量/(μg/g)	0.04	1.6	2.0	0.6	0.7	2.4	0.03	1.5

表 1-3 国外几种原油的主要物理性质

原油名称	沙特原油(轻质)	沙特原油(中质)	沙特原油(轻重混)	伊朗原油(轻质)	科威特原油	伊拉克原油	阿拉伯联合酋长国(阿联酋)原油
密度(20℃)/(g/cm³)	0.8578	0.8680	0.8716	0.8531	0.8650	0.8559	0.8239
运动黏度(50℃)/(mm²/s)	5.88	9.04	9.17	4.91	7.31	6.50(37.8℃)	2.55
凝固点/℃	−24	−7	−25	−11	−20	−15(倾点)	−7
蜡含量(质量分数)/%	3.36	3.10	4.24		2.73		5.16
庚烷沥青质(质量分数)/%	1.48	1.84	3.15	0.64	1.97	1.10	0.36
残炭(质量分数)/%	4.45	5.67	5.82	4.28	5.69	4.2	1.96
硫含量(质量分数)/%	1.19	2.42	2.55	1.40	2.30	1.95	0.86
氮含量(质量分数)/%	0.09	0.12	0.09	0.12	0.14	0.10	—

2. 石油的元素组成

对于石油这样复杂的混合物组成的研究,首先从分析其元素组成入手,表 1-4 是国内外某些原油中一些主要元素组成。从表中可以看出,石油主要由碳、氢两种元素和硫、氮、氧以及一些微量金属、其他非金属元素组成。表 1-5 列出了它们的元素组成的质量分数。

表 1-4　国内外部分原油的主要元素组成

元素组成 原油名称	C的质量分数/%	H的质量分数/%	O的质量分数/%[①]	S的质量分数/%	N的质量分数/%
大庆原油	85.74	13.31	—	0.11	0.15
胜利原油	86.28	12.20	—	0.80	0.41
克拉玛依原油	86.1	13.3	0.28	0.04	0.25
孤岛原油	84.24	11.74	—	2.20	0.47
杜依玛兹原油	83.9	12.3	0.74	2.67	0.33
墨西哥原油	84.2	11.4	0.80	3.6	—
伊朗原油	85.4	12.8	0.74	1.06	—
印度尼西亚原油	85.5	12.4	0.68	0.35	0.13

① 氧含量一般用差减法求得的近似值,仅供参考。

表 1-5　原油中元素组成的质量分数

原油元素组成	常规原油中的元素含量[①]	特色原油	我国原油
主要元素(C、H)	C:83%~87% H:11%~14% 合计:96%~99%		H/C原子比高,油品轻油收率高
少量元素(S、N、O)	S:0.06%~0.8% N:0.02%~1.7% O:0.08%~1.82% 合计:1%~4%	委内瑞拉(博斯坎)原油含硫量高达5.7%;阿尔及利亚原油含氮量高达2.2%	含硫量偏低,多数<1% 含氮量偏高,多数>0.3%
微量金属元素、其他非金属元素(30余种)	金属元素和非金属元素含量甚微,在10^{-9}~10^{-6}级		大多数原油含Ni多,含V少

① 含量均为质量分数。

虽然非碳氢元素在石油中的含量较少,但是这些非碳氢元素都以碳氢化合物的衍生物形态存于石油中,因而含有这些元素的化合物所占的比例就大得多。这些非碳氢元素的存在(尤其是微量金属元素中的Ni、V),对于石油的性质、石油加工过程以及石油催化加工中的催化剂有很大的影响,必须充分予以重视。

3. 石油的烃类组成

石油主要是由各种不同的烃类组成的。石油中究竟有多少种烃,至今尚无法说明。但已确定石油中的烃类主要由烷烃、环烷烃和芳烃这三种烃构成。天然石油中一般不含烯烃、炔烃等不饱和烃,只有在石油的二次加工产物中和利用油页岩制得的页岩油中含有不同数量的烯烃。

(1) 烃类的类型及分布规律　石油及其馏分中烃类的类型及其分布规律列于表1-6中,一般随着石油馏分的沸程升高,正构烷烃、异构烷烃含量下降,单环环烷烃含量下降,单环芳烃变化不大,只是侧链变长,多环环烷烃、多环芳烃含量上升。

表 1-6　石油及其馏分中烃类的类型及其分布规律

烃类的类型	结构	特征	分布规律
烷烃	正构烷烃（含量高）	$C_1 \sim C_4$：气态 $C_5 \sim C_{10}$：液态 C_{16} 以上为固态	①$C_1 \sim C_4$ 是天然气和炼厂气的主要成分； ②$C_5 \sim C_{10}$ 存在于汽油馏分（200℃）中； ③$C_{11} \sim C_{15}$ 存在于煤油馏分（200～300℃）中； ④C_{16} 以上的多以溶解状态存在于石油中，温度降低时，有结晶析出，这种固体烃类为蜡
	异构烷烃（含量低，且带有两个或三个甲基的多）		
环烷烃（只有五元环、六元环）	环戊烷系（五碳环）	单环、双环、三环及多环，以并联方式为主	①汽油馏分中主要是单环环烷烃（重汽油馏分中有少量的双环环烷烃）； ②煤油、柴油馏分中含有单环、双环及三环环烷烃，且单环环烷烃具有更长的侧链或更多的侧链数目； ③高沸点馏分中则包括了单环、双环、三环及多于三环的环烷烃
	环己烷系（六碳环）		
芳烃	单环芳烃	烷基芳烃	①汽油馏分中主要含有单环芳烃； ②煤油、柴油及润滑油馏分中不仅含有单环芳烃，还含有双环及三环芳烃； ③高沸点馏分及残渣油中，除含有单环、双环芳烃外，主要含有三环及多环芳烃
	双环芳烃	并联多（萘系）	
	三环稠和芳烃	菲系多于蒽系	
	四环稠和芳烃		

（2）烃类的性质与用途

① 在一般条件下，烷烃的化学性质很不活泼，不易与其他物质发生反应，但在特殊条件下，烷烃也会发生氧化、卤化、硝化及热分解等反应。我国大庆原油含蜡量高（大分子烷烃多），蜡的质量好，是生产石蜡的优质原料。

② 环烷烃的化学性质与烷烃相近，但稍活泼，在一定的条件下可发生氧化、卤化、硝化、热分解等反应，环烷烃在一定的条件下还能脱氢生成芳烃。环烷烃的抗爆性较好，凝固点低，有较好的润滑性能和黏温性，是汽油、喷气燃料及润滑油的良好组分。特别是少环长侧链的环烷烃更是润滑油的理想组分。

③ 芳烃的化学性质较烷烃稍活泼，可与一些物质发生反应，但芳烃中的苯环很稳定，强氧化剂也不能使其氧化，也不易发生加成反应。在一定的条件下，芳烃上的侧链会被氧化成有机酸，这是油品氧化变质的重要原因之一。芳烃在一定的条件下还能进行加氢反应。芳烃抗爆性很高，是汽油的良好组分，常作为提高汽油质量的调和剂。灯用煤油中含芳烃多，点燃时会冒黑烟和使灯芯结焦，是有害组分。润滑油馏分中含有多环短侧链的芳烃，它将使润滑油的黏温特性变坏，高温时易氧化生胶，因此，润滑油精制时要设法除去芳烃类物质。

芳烃用途很广泛，可作为炸药、染料、医药、合成橡胶等原料，是重要的化工原料之一。

4. 石油的非烃类组成

石油中的非烃化合物主要指含硫、氮、氧的化合物。这些元素的含量虽仅为1%～4%，但非烃化合物的含量都相当高，可高达20%以上。非烃化合物在石油馏分中的分布是不均匀的，大部分集中在重质馏分和残渣油中。非烃化合物的存在对石油加工和石油产品使用性能影响很大，石油加工中绝大多数精制过程都是为了除去这类非烃化合物。如果处理适当，综合利用，可变害为利，生产一些重要的化工产品。例如，从石油气中脱硫的同时，又可回收硫黄。

(1) 含硫化合物　硫是石油中常见的组成元素之一，不同的石油含硫量相差很大，从万分之几到百分之几。硫在石油馏分中的含量随其沸点范围的升高而增加，大部分硫化物集中在重馏分和渣油中。由于硫对石油加工影响极大，所以含硫量常作为评价原油及其产品的一项重要指标，如含硫量高于2%的原油称为高硫原油，含硫量低于0.5%的原油称为低硫原油（如大庆原油），含硫量在0.5%～2.0%的原油称为含硫原油（如胜利原油）。

硫在石油中少量以单质硫（S）和硫化氢（HS）的形式存在，大多数以有机硫化物的形式存在，如硫醇（RSH）、硫醚（RSR′）、环硫醚（⬠S）、二硫化物（RSSR′）、噻吩（⬠S）及其同系物等。

含硫化合物的主要危害有以下几方面：
① 对设备管线有腐蚀作用。
② 可使油品某些使用性能（汽油的感铅性、燃烧性、储存安定性等）变坏。
③ 污染环境，含硫油品燃烧后生成二氧化硫、三氧化硫等，污染大气，对人有害。
④ 在二次加工过程中，使某些催化剂中毒，丧失催化活性。

通常采用酸碱洗涤、催化加氢、催化氧化等方法除去油品中的硫化物。

(2) 含氮化合物　石油中的含氮量一般在万分之几至千分之几。密度大、胶质多、含硫量高的石油，一般其含氮量也高。石油馏分中氮化物的含量随其沸点范围的升高而增加，大部分氮化物以胶状、沥青状物质存在于渣油中。

石油中的氮化物大多数是氮原子在环状结构中的杂环化合物，主要有吡啶（⬡N）、喹啉（⬡⬡N）等的同系物（统称为碱性氮化物）及吡咯（⬠NH）等的同系物（统称为非碱性氮化物）。石油中另一类重要的非碱性氮化物是金属卟啉化合物，分子中有四个吡咯环，重金属原子与卟啉中的氮原子呈络合状态存在。

石油中的氮含量虽少，但对石油加工、油品储存和使用的影响却很大。当油品中含有氮化物时，储存日期稍久，就会使颜色变深，气味发臭，这是因为不稳定的氮化物长期与空气接触氧化生成了胶质。氮化物也是某些二次加工催化剂的毒物。所以，油品中的氮化物需在精制过程中除去。

(3) 含氧化合物　石油中的氧含量一般都很少，为千分之几，个别石油中的氧含量高达2%～3%。石油中的含氧化合物大部分集中在胶质、沥青质中。因此，胶质、沥青质含量高的重质石油馏分，其含氧量一般比较高。这里讨论的是胶质、沥青质以外的含氧化合物。

石油中的氧均以有机物形式存在。这些含氧化合物分为酸性氧化物和中性氧化物两类。酸性氧化物中有环烷酸、脂肪酸和酚类，总称石油酸。中性氧化物有醛、酮和酯类，它们在石油中的含量极少。含氧化合物中以环烷酸和酚类最重要，特别是环烷酸，约占石油酸总量的90%，而且在石油中的分布也很特殊，主要集中在中间馏分中（沸程为250～

350℃），而在低沸馏分或高沸馏分中含量都比较低。

纯的环烷酸是一种油状液体，有特殊的臭味，具有腐蚀性，对油品的使用性能有不良影响。但是环烷酸却是非常有用的化工产品或化工原料，常用作防腐剂、杀虫杀菌剂、农作物助长剂、洗涤剂、颜料添加剂等。

酚类也有强烈的气味，具有腐蚀性，但可作为消毒剂，还是合成纤维、医药、染料、炸药等的原料。油品中的含氧化合物也是通过精制手段除去。

（4）胶状、沥青状物质　石油中的非烃化合物，大部分以胶状、沥青状物质（即胶质、沥青质）存在，都是由碳、氢、硫、氮、氧以及一些金属元素组成的多环复杂化合物。它们在石油中的含量相当可观，可高达20%以上，绝大部分存在于石油的减压渣油馏分中。

胶质和沥青质的组成和分子结构都很复杂，两者有差别，但并没有严格的界限。胶质一般能溶于石油醚（低沸点烷烃）及苯，也能溶于一切石油馏分。胶质有很强的着色力，油品的颜色主要来自胶质。胶质受热或在常温下氧化可以转化为沥青质。沥青质是暗褐色或深黑色脆性的非晶体固体粉末，不溶于石油醚而溶于苯。胶质和沥青质在高温时易转化为焦炭。

油品中的胶质必须除去，而含有大量胶质、沥青质的渣油可用于生产沥青（包括道路沥青、建筑沥青等）。沥青是石油的主要产品之一。

5. 石油的馏分组成

石油是多组分的复杂混合物，每个组分都有其各自不同的沸点。根据各组分沸点的不同，用蒸馏的方法把石油"分割"成几个部分，每一部分称为馏分。从原油直接分馏得到的馏分称为直馏馏分，其产品称为直馏产品。通常把沸点低于200℃的馏分称为汽油馏分或低沸馏分，200～350℃的馏分称为煤、柴油馏分或中间馏分，350～500℃的馏分称为减压馏分或高沸馏分，大于500℃的馏分称为渣油馏分。

必须注意，石油馏分不是石油产品，石油产品必须满足油品规格的要求。通常馏分油要经过进一步的加工才能变成石油产品。此外，同一沸点范围的馏分也可以因目的不同而加工成不同的产品。例如航空煤油（即喷气燃料）的馏分范围是150～280℃，灯用煤油是200～300℃，轻柴油是200～350℃。减压馏分油既可以加工成润滑油产品，也可作为裂化的原料。国内外部分原油直馏馏分和减压渣油的含量列于表1-7。

表1-7　国内外部分原油直馏馏分和减压渣油的含量

原油名称	相对密度 d_4^{20}	汽油馏分 （质量分数）/% <200℃	煤柴油馏分 （质量分数）/% 200～350℃	减压馏分 （质量分数）/% 350～500℃	渣油馏分 （质量分数）/% >500℃
大庆石油	0.8635	10.78	24.02(200～360℃)	23.95(360～500℃)	41.25
胜利石油	0.8898	8.71	19.21	27.25	44.83
大港石油	0.8942	9.55	19.7(200～360℃)	23.95(360～500℃)	40.95
伊朗石油	0.8551	24.92	25.74	24.61	24.73
印度尼西亚米纳斯石油	0.8456	13.2	26.3	27.8(350～480℃)	32.7(>480℃)
阿曼石油	0.8488	20.08	34.4	8.45	37.07

从表1-7可以看出，与国外原油相比，我国一些主要油田原油中的汽油馏分少（一般低于10%），渣油含量高，这是我国原油的主要特点之一。

二、石油及其产品的物理性质

石油及其产品的物理性质与其化学组成密切相关。由于石油及其产品都是复杂的混合物，所以它们的物理性质是所含各种成分的综合表现。与纯化合物的性质有所不同，石油及其产品的物理性质往往是条件性的，离开了一定的测定方法、仪器和条件，这些性质也就失去了意义。

石油及其产品性质测定方法都规定了不同级别的统一标准，其中有国际标准（简称ISO）、国家标准（简称GB）、中国石油化工总公司行业标准（简称SH）等等。

（一）蒸发性能

石油及其产品的蒸发性能是反映其汽化、蒸发难易的重要性质，可用蒸气压、馏程与平均沸点来描述。

1. 蒸气压

在一定温度下，液体与其液面上方蒸气呈平衡状态时，该蒸气所产生的压力称为饱和蒸气压，简称蒸气压。蒸气压越高，说明液体越容易汽化。

纯烃和其他纯的液体一样，其蒸气压只随液体温度而变化，温度升高，蒸气压增大。石油及石油馏分的蒸气压与纯物质有所不同，它不仅与温度有关，而且与汽化率（或液相组成）有关。当温度一定时，汽化量变化会引起蒸气压的变化。

油品的蒸气压通常有两种表示方法：一种是油品质量标准中的雷德（Reid）蒸气压，是在规定条件（38℃、气相体积与液相体积之比为4∶1）下测定的；另一种是真实蒸气压，指汽化率为零时的蒸气压。

2. 馏程与平均沸点

纯物质在一定的外压下，当加热到某一温度时，其饱和蒸气压等于外界压力，此液体就会沸腾，此温度称为沸点。在外压一定时，纯化合物的沸点是一个定值。

石油及其馏分或产品都是复杂的混合物，所含各组分的沸点不同，所以在一定的外压下，油品的沸点不是一个温度点，而是一段温度范围。

将一定量的油品放入仪器中进行蒸馏，经过加热、汽化、冷凝等过程，油品中的低沸点组分易蒸发出来，随着蒸馏温度的不断提高，较多的高沸点组分也相继蒸出。蒸馏时流出第一滴冷凝液时的气相温度称为初馏点（或初点），馏出物的体积依次达到10%，20%，30%，……，90%时的气相温度分别称为10%点（或10%馏出温度），30%点，……，90%点，蒸馏到最后达到的气体的最高温度称为终馏点（或干点）。从初馏点到终馏点这一温度范围称为馏程，在此温度范围内蒸馏出的部分叫作馏分。馏分与馏程或蒸馏温度与馏出量之间的关系称为原油或油品的馏分组成。

在生产和科研中常用的馏程测定方法有实沸点蒸馏与恩氏蒸馏，它们的不同点是：前者蒸馏设备较精密，馏出时的气相温度较接近馏出物的沸点，温度与馏出的质量百分数呈对应关系；而后者蒸馏设备较简便，蒸馏方法简单，馏程数据容易得到，但馏程并不能代表油品的真实沸点范围。所以，实沸点蒸馏馏程适用于原油评价及制定产品的切割方案，恩氏蒸馏馏程常用于生产控制、产品质量标准及工艺计算，例如工业上常把馏程作为汽油、喷气燃料、柴油、灯用煤油、溶剂油等的重要质量指标。

馏程在油品评价和质量标准上用处很大，但无法直接用于工程计算，为此提出平均沸点的概念，用于设计计算及其他物理性质常数的求定。平均沸点有五种表示方法，分别是体积平均沸点、质量平均沸点、立方平均沸点、实分子平均沸点、中平均沸点，其计算方法和用途各不相同，但都可以通过恩氏蒸馏馏程及平均沸点温度校正图求取（参见《石油化工设计手册》，化学工业出版社 2015 年出版）。

（二）密度、特性因数、平均分子量

1. 密度

在规定温度下，单位体积内所含物质的质量称为密度，单位是 g/cm^3 或 kg/m^3。密度是评价石油及其产品质量的主要指标，通过密度和其他性质可以判断石油的化学组成。

我国国家标准 GB/T 1884—2000 规定，20℃时的密度为石油和液体石油产品的标准密度，以 ρ_{20} 表示。其他温度下测得的密度用 ρ_t 表示。

油品的密度与规定温度下水的密度之比称为油品的相对密度，用 d 表示，量纲为 1。由于 4℃时纯水的密度近似为 $1g/cm^3$，常以 4℃的水为比较标准。我国常用的相对密度为 d_4^{20}（即 20℃时油品的密度与 4℃时水的密度之比）。欧美各国常用的为 $d_{15.6}^{15.6}$ 即 15.6℃（或 60℉）时油品的密度与 15.6℃时水的密度之比，并常用比重指数表示液体的相对密度，也称为 API 度，表示为°API，它与 $d_{15.6}^{15.6}$ 的关系为：

$$°API = 141.5/d_{15.6}^{15.6} - 131.5$$

与通常密度的观念相反，°API 数值越大，表示密度越小。油品的密度与其组成有关，同一原油的不同馏分油，随沸点范围升高密度增大。当沸点范围相同时，含芳烃越多，密度越大；含烷烃越多，密度越小。

2. 特性因数

特性因数（K）是反映石油或石油馏分化学组成特性的一种特性数据，对原油的分类、确定原油加工方案等是十分有用的。

特性因数的定义为

$$K = 1.216 T^{1/3}/d_{15.6}^{15.6}$$

上式中 T 为烃类的沸点、石油或石油馏分的立方平均沸点或中平均沸点，单位为 K。

不同烃类的特性因数是不同的。烷烃的最高，环烷烃的次之，芳烃的最低。由于石油及其馏分是以烃类为主的复杂混合物，所以也可以用特性因数表示它们的化学组成特性。含烷烃多的石油馏分的特性因数较大，为 12.5～13.0；含芳烃多的石油馏分的较小，为 10～11；一般石油馏分的特性因数为 9.7～13。大庆原油的 K 值为 12.5，胜利原油的 K 值为 12.1。

3. 平均分子量

石油是多种化合物的复杂混合物，石油馏分的分子量是其中各组分分子量的平均值，因此称为平均分子量。

石油馏分的平均分子量随馏分沸程的升高而增大。汽油的平均分子量为 100～120，煤油的平均分子量为 180～200，轻柴油的平均分子量为 210～240，低黏度润滑油的平均分子量为 300～360，高黏度润滑油的平均分子量为 370～500。

石油馏分的平均分子量可以从《石油化工设计手册》中查取，平均分子量常用来计算油品的汽化热、石油蒸气的体积、分压及了解石油馏分的某些化学性质等。

（三）流动性能

石油和油品在处于牛顿流体状态时，其流动性可用黏度来描述；当处于低温状态时，则用多种条件性指标来评定其低温流动性。

1. 黏度

黏度是评价原油及其产品流动性能的指标，是喷气燃料、柴油、重油和润滑油的重要质量标准之一，特别是对各种润滑油的分级、质量鉴别和用途具有决定意义。黏度对油品流动和输送时的流量和压力降也有重要影响。

黏度是表示液体流动时分子间摩擦而产生的阻力的大小。黏稠的液体比稀薄的液体流动得慢，因为黏稠液体在流动时产生的分子间的摩擦力较大。黏度的大小随液体组成、温度和压力不同而异。

黏度的表示方法有动力黏度、运动黏度及恩氏黏度等。国际标准化组织（ISO）规定统一采用运动黏度。

动力黏度是表示液体在一定的剪切应力下流动时内摩擦力的量度，其值为所加于流动液体的剪切应力和剪切速率之比。在我国法定单位制中以帕×秒（Pa·s）表示，习惯上用厘泊（cP）、泊（P）为单位（1Pa·s=10P=1000cP）。

运动黏度表示液体在重力作用下流动时内摩擦力的量度，其值为相同温度下液体的动力黏度与其密度之比。在法定单位制中以 m^2/s 表示。在物理单位制中运动黏度单位为 cm^2/s（斯，st），常用单位是 mm^2/s（厘斯，cst）。$1m^2/s=10^4 cm/s(st)=10^6 mm^2/s(cst)$。

恩氏黏度是条件性黏度，常用于表示油品的黏度。恩氏黏度是在规定的条件下，从仪器中流出 200mL 油品的时间与 20℃时流出 200mL 蒸馏水所需时间的比值，以 E 表示，单位为°E 表示。

石油及其馏分或产品的黏度随其组成不同而异。含烷烃多（特性因数大）的石油馏分黏度较小，含环状烃多（特性因数小）的黏度较大。一般地，石油馏分越重，沸点越高，黏度越大。温度对油品黏度影响很大。温度升高，液体油品的黏度减小，而油品蒸气的黏度增大。

油品黏度随温度变化的性质称为黏温性质。黏温性质好的油品，其黏度随温度变化的幅度较小。黏温性是润滑油的重要指标之一，为了使润滑油在温度变化的条件下能保证润滑作用，要求润滑油具有良好的黏温性质。油品黏温性质的表示方法常用的有两种，即黏度比和黏度指数（VI）。

黏度比最常用的是 50℃与 100℃运动黏度的比值，也有用-20℃与 50℃运动黏度的比值，分别表示为 $\nu_{50℃/100℃}$ 和 $\nu_{-20℃/50℃}$，黏度比越小，黏温性越好。黏度指数是世界各国表示润滑油黏温性质的通用指标，也是 ISO 标准。黏度指数越高，黏温性质越好。

油品的黏温性质是由其化学组成决定的。烃类中以正构烷烃的黏温性最好，环烷烃次之，芳烃的最差。烃类分子中环状结构越多，黏温性越差，侧链越长则黏温性越好。

2. 低温流动性

燃料和润滑油通常需要在冬季、室外、高空等低温条件下使用，所以油品在低温时的流动性是评价油品使用性能的重要项目，原油和油品的低温流动性对输送也有重要意义。油品低温流动性能包括浊点、结晶点、倾点、凝固点和冷滤点等，都是在规定的条件下测定的。

油品在低温下失去流动性的原因有两种。一种是对于含蜡很少或不含蜡的油品，随着温度降低，油品黏度迅速增大，当黏度增大到某一程度时，油品就变成无定形的黏稠状物质而失去流动性，即所谓的"黏温凝固"。另一种原因是对含蜡油品而言，油品中的固体蜡当温度适当时可溶解于油中，随着温度的降低，油中的蜡就会逐渐结晶出来。当温度进一步下降时，结晶大量析出，并联结成网状结构的结晶骨架，蜡的结晶骨架把此温度下还处于液态的油品包在其中，使整个油品失去流动性，即所谓的"构造凝固"。

浊点是在规定的条件下，清晰的液体油品由于出现蜡的微晶粒而呈雾状或浑浊时的最高温度。若油品继续冷却，直到油中出现肉眼能看得到的晶体，此时的温度就是结晶点。油品中出现结晶后，再使其升温，使原来形成的烃类结晶消失时的最低温度称为冰点。同一油品的冰点比结晶点稍高 1~3℃。

浊点是灯用煤油的重要质量指标，结晶点和冰点是航空汽油与喷气燃料的重要质量指标。

纯化合物在一定的温度和压力下有固定的凝固点，而且与熔点数值相同。而油品是一种复杂的混合物，它没有固定的"凝固点"。所谓油品的"凝固点"，是在规定的条件下测得的油品刚刚失去流动性时的最高温度，完全是条件性的。

倾点是在标准条件下，被冷却的油品能流动的最低温度。冷滤点是表示柴油在低温下堵塞滤网可能性的指标，是在规定的条件下测得的油品不能通过滤网时的最高温度。

油品的低温流动性与其化学组成有密切关系。油品的沸点越高，特性因数越大或含蜡量越多，其倾点或凝固点就越高，低温流动性越差。

（四）燃烧性能

石油及其产品是众所周知的易燃品，又是重要燃料，因此研究其燃烧性能，对于燃料使用性能和安全均十分重要。油品的燃烧性能主要用闪点、燃点和自燃点等来描述。

油品蒸气与空气的混合气在一定的浓度范围内遇到明火就会闪火或爆炸。混合气中油气的浓度低于这一范围，油气不足，而高于这一范围，空气不足，都不能发生闪火或爆炸。因此，这一浓度范围就称为爆炸范围，油气的下限浓度称为爆炸下限，上限浓度称为爆炸上限。

闪点是在规定的条件下，加热油品所逸出的蒸气和空气组成的混合物与火焰接触发生瞬间闪火时的最低温度。

由于测定仪器和条件的不同，油品的闪点又分为闭口闪点和开口闪点两种，两者的数值是不同的。通常轻质油品测定其闭口闪点，重质油和润滑油多测定其开口闪点。

石油馏分的沸点越低，其闪点也越低。汽油的闪点为 −50~30℃，煤油的闪点为 28~60℃，润滑油的闪点为 130~325℃。

燃点是在规定的条件下，当火源靠近油品表面的油气和空气混合物时，即着火并持续燃烧至规定时间（不少于 5s）所需的最低温度。

测定闪点和燃点时，需要用外部火源引燃。如果预先将油品加热到很高的温度，然后使之与空气接触，则无须引火，油品因剧烈的氧化而产生火焰自行燃烧，称为油品的自燃。发生自燃的最低温度称为油品的自燃点。

闪点和燃点与烃类的蒸发性能有关，而自燃点却与其氧化性能有关。所以，油品的闪点、燃点和自燃点与其化学组成有关。油品的沸点越低，其闪点和燃点越低，而自燃点越高。含烷烃多的油品，其自燃点低，但闪点高。

在加工装置中，重油的管件、接头、法兰等处有泄漏时，为什么会有着火的危险？

闪点、燃点和自燃点对油品的储存、使用和安全生产都有重要意义，是油品安全保管、输送的重要指标，在储运过程中要避免接近火源与高温。

（五）油品的热性质

在石油加工、储运、机械等工艺计算中，常需要油品的各种热性质，其中最常用的有比热容（过去称比热）、汽化潜热、焓和燃烧热等。这些热性质的测定难度较大，一般采用图表或方程求定，详见《石油化工设计手册》。

1. 比热容

单位质量的物质温度升高 1℃（或 K）所需要的热量称为比热容，单位是 $J/(kg·K)$ 或 $J/(kg·℃)$。油品的比热容随密度增加而减小，随温度升高而增大。

2. 汽化潜热

在常压沸点下，单位质量的物质由液态转化为气态所需要的热量称为汽化潜热，单位是 J/kg。汽油的汽化潜热为 290～315kJ/kg，煤油的汽化潜热为 250～270kJ/kg，柴油的汽化潜热为 230～250kJ/kg，润滑油的汽化潜热为 190～230kJ/kg。

3. 焓

焓是热力学函数之一。焓的绝对值是不能测定的，但可测定过程始态和终态焓的变化值。为了方便起见，人为地规定某个状态下的焓值为零，该状态称为基准状态。将单位物质从基准状态变化到指定状态时发生的焓变作为物质在该状态下的焓值，单位是 J/kg。石油馏分的焓值可以从"石油馏分焓图"查取，详见《石油化工设计手册》。

油品的焓与其化学组成有关。在相同的温度下，油品的密度越小，特性因数越大，其焓值越高。

4. 燃烧热

单位质量燃料完全燃烧所放出的热量称为燃烧热或热值，单位为 J/kg。热值有以下三种表示方法。

（1）标准热值　标准热值的定义为在 25℃ 和 100kPa 标准状态时燃料完全燃烧所放出的热量。此时燃料燃烧的起始温度和燃烧产物的最终温度均为 25℃，燃烧产物中的水蒸气全部冷凝成水。

（2）高热值　高热值与标准热值的差别仅在于起始和终了温度均为 15℃ 而不是 25℃，这个差别很小，通常可忽略不计。

（3）低热值　低热值又称为净热值，是燃料起始温度和燃烧产物的最终温度均为 15℃，但燃烧产物中的水蒸气为气态时完全燃烧所放出的热量。

实际燃烧时，燃烧产物中的水蒸气用来冷凝，所以通常在计算过程中均采用净热值。石油馏分的热值随其密度增大而下降，一般净热值为 40～44MJ/kg。净热值是航空燃料的重要质量指标。热值可以用实验测定，也可以通过燃料的化学组成和物理性质进行计算或查阅相关资料得到。

（六）油品的其他物理性质

1. 折射率

严格地讲，光在真空中的速度（2.9979×10^8 m/s）与光在物质中的速度之比称为折射率，也称为折光率，以 n 表示。通常用的折射率数据是光在空气中的速度与在被空气饱和的物质中的速度之比。

折射率的大小与光的波长、被光透过物质的化学组成以及密度、温度和压力有关。在其他条件相同的情况下，烷烃的折射率最低，芳烃的折射率最高，烯烃和环烷烃的折射率介于它们之间。对环烷烃和芳烃，分子中环数越多则折射率越高。常用的折射率是 n_D^{20}，即温度为20℃，常压下钠的D线（波长为58.926 nm）的折射率。

油品的折射率常用于测定油品的烃类族组成，炼油厂的中间控制分析也采用折射率来求定残炭值。

2. 含硫量

如前所述，石油中的硫化物对石油加工及石油产品的使用性也影响较大，因此含硫量是评价石油及产品性质的一项重要指标，也是选择石油加工方案的依据。含硫量的测定方法有多种，如硫醇硫含量、硫含量（即总硫含量）、腐蚀等定量、定性方法。通常，含硫量是指油品中含硫元素的质量分数。

3. 胶质、沥青质和蜡含量

原油中的胶质、沥青质和蜡含量对原油输送影响很大，特别是制定高含蜡、易凝原油的加热输送方案时，胶质与含蜡量之间的比例关系会显著影响热处理温度和热处理的效果。这三种物质的含量对制定原油的加工方案也至关重要。因此通常需要测定原油中的胶质、沥青质和蜡的含量，均以质量分数表示。

4. 残炭值

用特定的仪器，在规定的条件下，将油品在不通空气的情况下加热至高温，此时油品中的烃类即发生蒸发和分解反应，最终成为焦炭。此焦炭占试验用油的质量分数，称为油品的残炭值。

残炭值与油品的化学组成有关。生成焦炭的主要物质是沥青质、胶质和芳烃，在芳烃中又以稠环芳烃的残炭值最高。所以石油的残炭值在一定程度上反映了其中沥青质、胶质和稠环芳烃的含量，这对于选择石油加工方案有一定的参考意义。此外，因为残炭值的大小能够直接地表明油品在使用中积碳的倾向和结焦的多少，所以残炭值还是润滑油和燃料油等重质油以及二次加工原料的质量指标。

> **小资料： 石油的形成**
>
> 石油和天然气的化学成分，暴露了它们的来源，它们都是有机物，应当与古代生物有关系。一部分科学家认为，油气（石油和天然气）是伴随着沉积岩的形成而产生的。远古时期繁盛的生物制造了大量的有机物，在流水的搬运下，大量的有机物被带到了地势低洼的湖盆或海盆里。在自然界这些巨大的水盆中，有机物与无机物的碎屑混合，并沉积在盆底。宁静的深层水体是缺乏氧气的还原环境，有机物中的氧逐渐散失，

而碳和氢保留下来，形成了新的碳氢化合物，并与无机物碎屑共同形成了石油源岩。

在石油源岩中，油气是零散地分布的，还没有形成可以开采的油田。此时，水盆底部的沉积物在重力的作用下开始下沉，在地下的压力和高温的影响下，沉积物逐渐被压实，最终变成沉积岩。而液体的石油油滴拒绝变成岩石，在沉积物体积缩小的过程中，它们被挤了出来，并聚集在一处，由于密度比水还小，所以石油开始向上迁移。幸运的话，在岩石裂缝中穿行的石油，最终会遭遇一层致密的岩石，比如页岩、泥岩、盐岩等，这些岩石缺少让石油通过的裂隙，拒绝给石油发通行证，石油于是停留在致密岩层的下面，逐渐富集，形成了油田。含有石油的岩层叫作储集层，拒绝让石油通过的岩石叫作盖层。如果没有盖层，石油会上升回到地表，最终消失在地球历史的尘烟中，保留不到人类出现的时候。

三、石油产品的分类

石油产品种类繁多，有数百种，且用途各异。为了与国际标准一致，我国参照国际标准化组织发表的国际标准 ISO/DIS 8681—1985，制定了 GB/T 498—2014《石油产品及润滑剂 分类方法和类别的确定》，将石油产品分为燃料，溶剂和化工原料，润滑剂、工业润滑油和有关产品，蜡，沥青五大类。总分类列于表 1-8 中。

表 1-8　石油产品及润滑剂的总分类（GB/T 498—2014）

类别	类别含义	类别	类别含义
F	燃料	W	蜡
S	溶剂和化工原料	B	沥青
L	润滑剂、工业润滑油和有关产品		

（1）燃料　燃料占石油产品总量的 90% 左右，它是主要能源之一，其中以汽油、柴油等发动机燃料为主。GB/T 12692.1—2010《石油产品燃料（F 类）第一部分：总则》将燃料分为以下五组，见表 1-9。

表 1-9　燃料的分组

识别字母	燃料类型
G	气体燃料:主要由甲烷或乙烷或由它们组成的混合气体燃料组成
L	液化石油气:主要由 C_3、C_4 烷烃或烯烃组成
D	馏分燃料:汽油、煤油、柴油、喷气燃料，重馏分油可含少量残油
R	残渣燃料:主要由蒸馏残油组成的石油燃料
C	石油焦:由原油或原料油深度加工所得，主要是碳组成的来源于石油的固体燃料

新制定的产品标准，把每种产品分为优级品、一级品和合格品三个质量等级，每个等级根据使用条件不同，还可以分为不同的牌号。

（2）润滑剂　润滑剂包括润滑油和润滑脂，主要用于降低机件之间的摩擦和防止磨损，以减少能耗和延长机械寿命。其产量不多，仅占石油产品总量的 2%～5%，但品种和牌号却是最多的一大类产品。

（3）石油沥青　石油沥青用于道路、建筑及防水等方面，其产品约占石油产品总量的 3%。

(4) 石油蜡 石油蜡属于石油中的固态烃类,是轻工、化工和食品等工业部门的原料,其产量约占石油产品总量的1%。

(5) 石油焦 石油焦可用于制作炼铝及炼钢用的电极等,其产量约为石油产品总量的2%。

(6) 溶剂和化工原料 约有10%的石油产品用作石油化工原料和溶剂,其中包括制取乙烯的原料(轻油)以及石油芳烃和各种溶剂油。

本部分重点讨论石油燃料的使用要求,对其他石油产品只做简要介绍。

四、石油燃料的使用要求

在石油燃料中,用量最大、最重要的是D组中的发动机燃料,它包括以下几方面。

① 点燃式发动机燃料——汽油:主要用于各种汽车、摩托车和活塞式飞机发动机等。

② 喷气发动机燃料——喷气燃料(航空煤油):主要用于各种民用和军用喷气发动机。

③ 压燃式发动机燃料——柴油:用于各种大功率载重汽车、坦克、拖拉机、内燃机车和舰船等。

不同的使用场合对所用燃料提出了相应的质量要求。产品的质量标准是指综合考虑产品使用要求、所加工原油的特点、加工技术水平及经济效益等因素,经一定的标准化程序,对每一种产品制定出相应的规格,作为生产、使用、运销等各部门必须遵循的具有法规性的统一指标。车用汽油和柴油的使用要求主要取决于汽油机和柴油机的工作过程,因此必须先讨论汽油机和柴油机的工作状况。

(一) 汽油机和柴油机的工作过程比较

汽油机和柴油机的工作过程以四冲程发动机为例,如图1-1所示。均包括进气、压

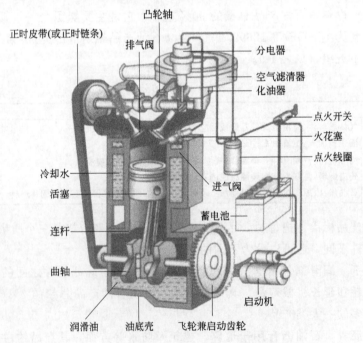

图1-1 四冲程汽油机示意图

缩、燃烧膨胀做功、排气四个过程，活塞在发动机气缸中往复运动两次，曲柄连杆机构带动飞轮在发动机中运行一周。但柴油机和汽油机的工作原理有两点本质的区别。

第一，汽油机中进气和压缩的介质是空气和汽油的混合气，柴油机中进气和压缩的介质只是空气，而不是空气和燃料的混合气，因此柴油发动机压缩比的设计不受燃料性质的影响，可以设计得比汽油机高许多。一般柴油机的压缩比可达13~24，汽油机的压缩比受燃料质量的限制，一般只有6~8.5。

第二，在汽油机中燃料是靠电火花点火而燃烧的，而在柴油机机中燃料则是由于喷散在高温高压的热空气中自燃的。因此汽油机称为点燃式发动机，柴油机则叫作压燃式发动机。表1-10列出了汽油机和柴油机工作过程的比较。

表1-10 汽油机和柴油机工作过程的比较

工作过程	汽油机（点燃式发动机）	柴油机（压燃式发动机）
进气	进气阀打开，活塞从气缸顶部往下运动。空气和汽油在混合室混合、汽化形成可燃性混合气后被吸入气缸，活塞运行到下死点时，进气阀关闭	进气阀打开，活塞从气缸顶部往下运动。空气经空气滤清器被吸入气缸，活塞运行到下死点时，进气阀关闭
压缩	活塞自下死点在飞轮惯性力的作用下转而上行，开始压缩过程。气缸中的可燃性混合气体逐渐被压缩，压力和温度随之升高。压缩过程终了时，可燃混合气压力和温度分别上升到0.7~1.5MPa和300~450℃	活塞自下死点在飞轮惯性力的作用下转而上行，开始压缩过程。空气受到压缩（混合气体逐渐被压缩，压力和温度随之升高，缩比可达16~20）。压缩是在近于绝热的情况下进行的，因此空气温度和压力急剧上升，到压缩终了温度可达500~700℃，压力可达3.5~4.5MPa
燃烧膨胀做功	当活塞运动到接近上死点时，火花塞闪火，可燃性混合气体被火花塞产生的电火花点燃，并以20~50m/s的速度燃烧。最高燃烧温度达2000~2500℃，压力可达2.5~4.0MPa。燃烧产生的大量高温气体迅速膨胀，推动活塞向下运动做功。此时燃烧时放出的热能转变为机械能，燃气温度、压力逐渐下降	当活塞快到上死点时燃料由雾化喷嘴喷入气缸。由于气缸内空气温度已超过燃料的自燃点，因此喷入的柴油迅速自燃燃烧，最高燃烧温度达2000~2500℃，燃烧温度高达1500~2000℃，压力可达4.6~12.2MPa。燃烧产生的大量高温气体迅速膨胀，推动活塞向下运动做功。燃料燃烧时放出的热能转变为机械能。此时燃气温度、压力逐渐下降
排气	当活塞经过下死点靠惯性往上运动时，排气阀打开，燃烧产生的废气被排出。然后开始新的循环	当活塞经过下死点靠惯性往上运动时，排气阀打开，燃烧产生的废气被排出。然后开始新的循环

柴油发动机和汽油发动机相比，单位功率的金属耗量大，但热功效率高，耗油少，耗油率比汽油机低30%~70%，并且使用来源多而成本低的较重馏分柴油作为燃料，所以大功率的运输工具和一些固定式动力机械等都普遍采用柴油机。在我国除应用于拖拉机、大型载重汽车等外，在公路、铁路运输和轮船、军舰上也越来越广泛地采用柴油发动机。

（二）车用汽油和柴油的使用要求

1. 车用汽油的使用要求

汽油是用作点燃式发动机燃料的石油轻质馏分，对汽油的使用要求主要有以下几方面：

① 在所有的工况下，具有足够的挥发性以形成可燃混合气。
② 燃烧平稳，不产生爆震燃烧现象。
③ 储存安定性好，生成胶质的倾向小。
④ 对发动机没有腐蚀作用。

⑤ 排出的污染物少。

汽油按其用途分为车用汽油和航空汽油,各种汽油均按辛烷值(RON)划分牌号。我国车用汽油的质量指标如表1-11所示。

表1-11 车用汽油(Ⅴ)标准与(Ⅵ)标准对比(GB 17930—2016)

项目		Ⅴ			ⅥA			ⅥB		
		89	92	95	89	92	95	89	92	95
抗爆性:										
研究法辛烷值(RON)	≥	89	92	95	89	92	95	89	92	95
抗爆指数(RON+MON)/2	≥	84	87	90	84	87	90	84	87	90
铅含量/(g/L)	≤	0.005			0.005			0.005		
馏程:										
10%蒸发温度/℃	≤	70			70			70		
50%蒸发温度/℃	≤	120			110			110		
90%蒸发温度/℃	≤	190			190			190		
终馏点/℃	≤	205			205			205		
残留物(体积分数)/%	≤	2			2			2		
蒸气压/kPa 11月1日至4月30日		45~85			45~85			45~85		
蒸气压/kPa 5月1日至10月31日		40~65			40~65			40~65		
胶质含量/(mg/100mL):										
未洗胶质含量(加入清洁剂前)	≤	30			30			30		
溶剂洗胶质含量	≤	5			5			5		
诱导期/min	≥	480			480			480		
硫含量(质量分数)/(mg/kg)	≤	10			10			10		
硫醇(博士实验)		通过			通过			通过		
铜片腐蚀(50℃,3h)/级	≤	1			1			1		
水溶性酸或碱		无			无			无		
机械杂质及水分		无			无			无		
苯含量(体积分数)/%	≤	1			0.8			0.8		
芳烃含量(体积分数)/%	≤	40			35			35		
烯烃含量(体积分数)/%	≤	24			18			15		
氧含量(质量分数)/%	≤	2.7			2.7			2.7		
甲醇含量(质量分数)/%	≤	0.3			0.3			0.3		
锰含量/(g/L)	≤	0.002			0.002			0.002		
铁含量/(g/L)	≤	0.01			0.01			0.01		
密度(20℃)/(kg/m³)		720~775			720~775			720~775		

注:1. 车用汽油Ⅴ标准2019年1月1日起废止,车用汽油ⅥA标准2019年1月1日起执行;车用汽油ⅥA标准2023年1月1日起废止,车用汽油ⅥB标准2023年1月1日起起执行。

2. MON指马达法辛烷值,表示高速运转时汽油的抗爆性。RON为低速运转时汽油的抗爆性。

2. 车用柴油的使用要求

柴油是压燃式发动机(简称柴油机)的燃料,按照柴油机的类别,柴油分为轻柴油和重柴油。前者用于1000r/min以上的高速柴油机;后者用于500~1000r/min的中速柴油机和小于500r/min的低速柴油机。由于使用条件的不同,对轻、重柴油制定了不同的标准,现以轻柴油为例说明其质量指标。

轻柴油按凝固点分为10、0、-10、-20、-35、-50共6个牌号,对轻柴油的主要质量要求有以下几方面：
① 具有良好的燃烧性能。
② 具有良好的低温性能。
③ 具有合适的黏度。

各种柴油均按凝固点来划分牌号。我国车用柴油的质量指标如表1-12所示。

表1-12 车用柴油（Ⅴ）标准与（Ⅵ）标准对比（GB 19147—2016）

项目		Ⅴ					Ⅵ				
		0#	10#	20#	35#	50#	0#	10#	20#	35#	50#
氧化安定性（以总不溶物计）/（mg/100mL）	≤	2.5					2.5				
硫含量/（mg/kg）	≤	10					10				
酸度/（mg/100mL）	≤	7					7				
10%蒸余物残炭（质量分数）/%	≤	0.3					0.3				
灰分（质量分数）/%	≤	0.01					0.01				
铜片腐蚀（50℃,3h）/级	≤	1					1				
水分（体积分数）/%	≤	痕迹					痕迹				
机械杂质		无					—				
总污染物含量/（mg/kg）	≤	—					24				
润滑性：校正磨痕直径(60℃)/μm	≤	460					460				
多环芳烃含量（质量分数）/%	≤	11					7				
运动黏度(20℃)/（mm²/s）		3.0~8.0	2.5~8.0		1.8~7.0		3.0~8.0	2.5~8.0		1.8~7.0	
凝点/℃	≤	0	−10	−20	−35	−50	0	−10	−20	−35	−50
冷滤点/℃	≤	4	−5	−14	−29	−44	4	−5	−14	−29	−44
闪点(闭口)/℃	≥	60	50		45		60	50		45	
十六烷值	≥	51	49		47		51	49		47	
十六烷值指数	≥	46	46		43		46	46		43	
馏程： 50%回收温度/℃ 90%回收温度/℃ 95%回收温度/℃	≤	300 355 365					300 355 365				
密度(20℃)/（kg/m³）		810~850	790~840				810~845	790~840			
脂肪酸甲酯(体积分数)/%	≤	1.0					1.0				

注：车用柴油Ⅴ标准2019年1月1日起废止，车用柴油Ⅵ标准2019年1月1日起执行。

（三）其他石油产品的使用要求

1. 石油沥青

石油沥青是以减压渣油为主要原料制成的一类石油产品，它是黑色固态或半固态黏稠状物质。石油沥青主要用于道路铺设和建筑工程上，也广泛用于水利工程、管道防腐、电器绝缘和油漆涂料等方面。我国的石油沥青产品按品种牌号计有44种，可分为4个大类，即道路沥青、建筑沥青、专用沥青和乳化沥青。

石油沥青的性能指标主要有3个，即针入度、伸长度（简称延度）和软化点。表1-13列出了道路石油沥青的主要技术要求。

表 1-13 道路石油沥青的主要技术要求

指标	单位	等级	沥青标号						
			160	130	110	90	70	50	30
针入度	0.1mm		140~200	120~140	100~120	80~100	60~80	40~60	20~40
适用的气候			见注①	见注①	2-1 2-2 2-3	1-1 1-2 1-3 2-2 2-3	1-2 1-3 1-4 2-2 2-3 2-4	1-3 1-4 2-2 2-3 2-4	见注①
针入指数 PI		A	−1.5~+1.0						
		B	−1.8~+1.0						
软化点 不小于	℃	A	38	40	43	45	46	49	55
		B	36	39	42	43	44	46	53
		C	35	37	41	42	43	45	50
60℃动力黏度 不小于	Pa·s	A	—	60	120	160	180	200	260
10℃延度 不小于	cm	A	50	50	40	30	20	15	10
		B	30	30	30	20	15	10	8
15℃延度 不小于	cm	A	80	80	60	50	40	30	20
		B							
		C							
蜡含量（蒸馏法）不大于	%	A	2.2						
		B	3.0						
		C	4.5						

续表

指标	单位	等级	沥青标号						
			160	130	110	90	70	50	30
闪点不小于	℃		230			245	260		
溶解度不小于	%		99.5						
密度(15℃)	g/cm³		实测记录						
TFOT(或 RTFOT)后									
质量变化不大于	%		±0.8						
残留针入度比(25℃)不小于	%	A	48	54	55	57	61	63	65
		B	45	50	52	54	58	60	62
		C	40	45	48	50	54	58	60
残留延度(10℃)不小于	cm	A	12	12	10	8	6	4	—
		B	10	10	8	6	4	2	—
残留延度(15℃)不小于	cm	C	40	35	30	20	15	10	—

注：1. 按照国家现行标准《公路工程沥青及沥青混合料试验规程》JTJ 052规定的方法执行。用于仲裁试验求取 PI 时的 5 个温度关系的针入度关系的相关系数不得小于 0.997。
2. 70 号沥青可根据建设单位同意，表中 PI 值、60℃动力黏度、10℃延度可作为选择性指标，也可不作为施工质量检验指标。
3. 30 号沥青仅适用于沥青稳定基层。130 号和 160 号沥青除寒冷地区可直接在次干道路以下道路上直接应用外，通常用作乳化沥青、稀释沥青、改性沥青的基质沥青。
4. 老化试验以 TFOT 为准，也可用 RTFOT 代替。
5. 表中的适用气候条件按《公路沥青路面施工技术规范》JTJF40附录 A 沥青路面使用性能气候分区。

(1) 针入度 石油沥青的针入度是以标准针在一定的荷重、时间及温度条件下垂直穿入沥青试样的深度来表示的，单位为 1/10mm。非经另行规定，其标准的荷重为 100g，时间为 58s，温度为 25℃。为了考察沥青在较低温度下塑性变形的能力，有时还需要测定其在 15℃、10℃ 或 5℃ 下的针入度。针入度表示石油沥青的硬度，针入度越小表明沥青越稠硬。我国用 25℃ 时的针入度来划分石油沥青的牌号。

(2) 延度 石油沥青的延度是以规定的蜂腰形试件，在一定的温度下以一定的速度拉伸试样至断裂时的长度，以 cm 表示。非经特殊说明，试验温度为 25℃，拉伸速度为 5mm/min。为了考察沥青在低温下是否容易开裂，有时还需要测定其在 15℃、10℃ 或 5℃ 下的延度。延度表示沥青在应力作用下的稠性和流动性，也表示它拉伸到断裂前的伸展能力。延度大，表明沥青的塑性变形性能好，不易出现裂纹，即使出现裂纹也容易自愈。

(3) 软化点 石油沥青的软化点是试样在测定条件下，因受热而下坠 25.4mm 时的温度，以摄氏温度表示。软化点表示沥青受热从固态转变为具有一定的流动能力时的温度。软化点高，表示石油沥青的耐热性能好，受热后不致迅速软化，并在高温下有较高的黏滞性，所铺路面不易因受热而变形。软化点太高，则会因不易熔化而造成铺浇施工的困难。

除上述三项指标外，还有抗老化性。石油沥青在使用过程中，由于长期暴露在空气中，加上温度及日光等环境条件的影响，沥青会因氧化而变硬、变脆，即所谓老化，表现为针入度和延度减小，软化点增高。所以要求沥青有较好的抗老化性能，以延长其使用寿命。

2. 石油蜡

石油蜡是石油加工的副产品之一，它具有良好的绝缘性和化学安定性，广泛用于国防、电气、化学和医药等工业。我国已形成由石蜡、微晶蜡（地蜡）、凡士林和特种蜡构成的石油产品系列，其中石蜡和微晶蜡是基本产品。

石蜡是从石油馏分中脱出的蜡，经脱油、精制而成。常温下为固体，因精制深度不同，颜色呈白色至淡黄色。主要由 C_{15} 以上正构烷烃、少量短侧链异构烷烃构成。按精制深度不同，石蜡分为粗石蜡、半精炼石蜡、全精炼石蜡三类。石蜡一般以熔点作为划分牌号的标准。

地蜡具有较高的熔点和细微的针状结晶，我国地蜡以产品颜色为分级指标，分为合格品、一级品和优级品，同时又按其滴熔点分为 70 号、75 号、80 号、85 号、95 号等 5 个牌号。地蜡的主要用途之一是作为润滑脂的稠化剂。由于它的黏附性和防护性能好，可制造密封用的烃基润滑脂等。地蜡的质地细腻、柔润性好，经过深度精制的地蜡是优质的日用化工原料，可制成软膏及化妆品等。地蜡也是制造电子工业用蜡、橡胶防护蜡、调温器用蜡、军工用蜡、冶金工业用蜡等一系列特种蜡的基本材料。

地蜡还可作为石蜡的改质剂。向石蜡中添加少量地蜡，即可改变石蜡的晶型，提高其塑性和挠性，从而使石蜡更适用于防水、防潮、铸模、造纸等各领域。

3. 石油焦

石油焦是渣油在 490～550℃ 高温下分解、缩合、焦炭化后生成的黑色或暗灰色固体焦炭，带有金属光泽，呈多孔性，是由微小石墨结晶形成粒状、柱状或针状结构的碳化物。其碳氢比高达 18~24，灰分为 0.1%~1.5%，挥发分为 3%~16%，并含有少量硫、氮、氧和金属化合物。灰分小于 0.3%的为低灰焦，是冶金电极的良好原料。灰分含量小于 0.1%的称为无灰焦，是原子能工业用的原料。

由延迟焦化装置生产的延迟石油焦，称为生焦或普通焦，其质量标准列于表 1-14 中。生焦含挥发分多、强度小、粉末多，只能用于钢铁、炼铝工业，作为制造碳化硅和碳化钙的原料。生焦经过 1300℃以上高温煅烧，脱除挥发分和进行脱氢碳化反应，成为质地坚硬致密的煅烧焦，可作为冶金电极原料。

表 1-14 普通石油焦（生焦）的技术要求和实验方法

项目		质量指标					实验方法
		1号	2A	2B	3A	3B	
硫含量(质量分数)/%	不大于	0.5	1.0	1.5	2.0	3.0	GB/T 387① GB/T 214—2007 中第四章 GB/T 25214 SH/T 0172
挥发分(质量分数)/%	不大于	12.0	12.0	12.0	14.0	14.0	SH/T 0026
灰分(质量分数)/%	不大于	0.3	0.4	0.5	0.6	0.6	SH/T 0029
总水分②(质量分数)/%		报告					SH/T 0032
真密度(煅烧 1300℃,5h)/(g/cm³)	不小于	2.04	—	—	—	—	SH/T 0033
粉焦量③(质量分数)/%	不大于	35	报告	报告	—	—	附录 A
微量元素④/(μg/g)	不大于						
硅含量		300	报告	—	—	—	ASTM D 5600
钒含量		150	报告	—	—	—	
铁含量		250	报告	—	—	—	YS/T 587.5
钙含量		200	报告	—	—	—	YS/T 63.16
镍含量		150	报告	—	—	—	
钠含量		100	报告	—	—	—	
氮含量(质量分数)/%		报告					SH/T 0656

① 也可采取其他合适的方法，结果有争议时，以 GB/T 387 为仲裁方法。
② 扣水率由供需双方协商。
③ 该项目由供需双方协商确定，用户对普通石油焦有其他块粒大小的要求时，可与生产单位协商。
④ 该项目由供需双方协商确定。

任务三　石油化工生产过程的催化剂选择

现代石油化工生产已广泛使用催化剂，在石油化工过程中，催化过程占 94%以上，这一比例还在不断增长。采用催化方法生产，可以大幅度降低生产成本，提高产品质量，同时还能合成用其他方法不能制得的产品。石油化工许多重要产品的技术突破都与催化技术的发展有关。没有现代催化科学的发展和催化剂的广泛应用，就没有现代的石油化工。

一、催化剂的基本特征

催化剂是加入化学反应中使化学反应速率明显加快，但在反应前后其自身的组成、化学性质和质量不发生变化的物质。催化剂的作用在于它能与反应物生成不稳定的中间化合物，改变了反应途径，降低了反应的活化能，从而加快反应速率。明显降低反应速率的物质称为负催化剂，但工业上用得最多的是加快反应速率的催化剂。催化剂有以下几个基本特征。

① 催化剂参与了反应，但在反应终了时，催化剂本身未发生化学性质和数量的变化。因此催化剂在生产过程中可以在较长时间内使用。

② 催化剂只能缩短达到化学平衡的时间（即加速作用），但不能改变平衡，即当反应体系的始末状态相同时，无论有无催化剂存在，该反应的自由能变化、热效应、平衡常数和平衡转化率均相同。因此催化剂不能使热力学上不可能进行的反应发生，催化剂是以同样的倍率同时提高正、逆反应速率的，能加速正反应速率的催化剂，必然也能加速逆反应速率。因此，对于那些受平衡限制的反应体系，必须在有利于平衡向产物方向移动的条件下来选择和使用催化剂。

③ 催化剂具有明显的选择性，特定的催化剂只能催化特定的反应。催化剂的这一特性在石油化工领域中起了非常重要的作用，因为有机反应体系往往同时存在许多反应，选用合适的催化剂，可使反应向需要的方向进行。对于副反应在热力学上占优势的复杂体系，可选用只加速主反应的催化剂，使主反应在动力学竞争上占优势，达到抑制副反应的目的。

二、催化剂的分类

按催化反应体系的物相均一性可将催化剂分为均相催化剂和非均相催化剂。

均相催化剂是指催化剂与其催化的反应物处于同一种相态（固态、液态或者气态），例如，反应物是气体，催化剂也是一种气体。四氧化二氮是一种惰性气体，被作为麻醉剂。然而，当它在氯气和日光的作用下，就会分解成氮气和氧气。这时，氯气就是一种均相催化剂，它把本来很稳定的四氧化二氮分解成了组成元素的单质。

多相催化剂是指催化剂与其所催化的反应物处于不同的相态。例如，生产人造黄油时通过固态镍催化剂，能够把不饱和的植物油和氢气两种物料转变成饱和的脂肪。固态镍就是一种非均相催化剂，被它催化的反应物则是液态（植物油）和气态（氢气）。

按反应机理可将催化剂分为氧化还原型催化剂、酸碱催化剂等。

按使用条件下的物态可将催化剂分为金属催化剂、金属氧化物催化剂、硫化催化剂、酸催化剂、碱催化剂、配合物催化剂和生物催化剂等。

催化剂有的是单一化合物，有的是配合物或混合物，在石油化工中应用较为广泛的是多相固体催化剂。

三、对催化剂的要求

为了在生产中能更多地得到目的产物、减少副产物、提高产品质量，并具有合适的工艺操作条件，要求催化剂必须具备以下特性。

① 具有良好的活性，特别是在低温下的活性；

② 对反应过程，具有良好的选择性，尽量减少或不发生不需要的副反应；

③ 具有良好的耐热性和抗毒性；

④ 具有一定的使用寿命；
⑤ 具有较高的机械强度，能够经受开停车和检修时物料的冲击；
⑥ 制造催化剂所需要的原材料价格便宜，并容易获得。

催化剂要达到上述要求，主要取决于催化剂的化学和物理性能，制备过程中，也必须采用合适的工艺条件和操作方法。

四、催化剂的化学组成

催化剂一般都由活性组分、助催化剂与载体三部分组成。金属、金属氧化物、硫化物、羰基化物、氯化物、硼化物以及盐类，都可用作催化剂原料。适用的催化剂常常包括一种以上金属或者盐类。

1. 活性组分（主催化组分）

活性组分指的是对一定化学反应具有催化活性的主要物质，一般称为该催化剂的活性组分或活性物质。例如，加氢用的镍催化剂，其中镍为活性组分。

2. 助催化剂

助催化剂是在催化剂中加入的另一些物质，本身不具有活性或活性很小的物质，但能改变催化剂的部分性质如化学组成、离子价态、酸碱性、表面结构、晶粒大小等，从而使催化剂的活性、选择性、抗毒性或稳定性得以改善。例如，脱氢催化剂中的 CaO、MgO 或 ZnO 就是助催化剂。

在镍催化剂中加入 Al_2O_3 和 MgO 可以提高加氢活性。但当加入钡、钙、铁的氧化物时，则苯加氢的活性下降。单独的铜对甲醇的合成无活性，但当它与氧化锌、氧化铬组合时，就成为合成甲醇的良好助催化剂。在催化裂化中，单独使用 SiO_2 或 Al_2O_3 催化剂时，汽油的生成率较低，如果两者混合作催化剂时，则汽油的生成率可提高。

3. 载体

载体是把催化剂活性组分和其他物质载于其上的物质。载体是催化剂的支架，又称催化活性物质的分散剂。它是催化剂组分中含量最多、不可缺少的组成部分。载体能提高催化剂的机械强度和热传导性，增大催化剂的活性、稳定性和选择性，降低催化剂成本。特别是对于贵重金属催化剂，可显著降低成本。

石油化工生产过程中所用的催化剂，多数属于固体载体催化剂。最常用的载体有 Al_2O_3、SiO_2、分子筛、硅藻土以及各种黏土等。载体有的是微粒子，是比表面积大的细孔物质；有的是粗粒子，是比表面积小的物质。根据构成粒子的状况，可大致分为微粒载体、粗载体和支持物三种。在工业生产中由于反应器形式不同，所以载体具有各种形状和大小。

五、催化剂的物理性质

催化剂的物理性质，如机械强度、形状、直径、密度、比表面、孔容积、孔隙率等都是十分重要的。它不仅影响催化剂的使用寿命，而且还与催化剂的催化活性密切相关。所以一个良好的催化剂，也应该同时具有良好的物理性质。

1. 催化剂的机械强度

催化剂的机械强度是催化剂的一个重要物理性质。随着石油化工工艺过程的发展，对催化剂的机械强度提出了更高的要求。如果在使用过程中，催化剂的机械强度不好，催化剂将破碎或粉化，结果导致催化剂床层压降增加，催化效能也会随之下降。

催化剂机械强度的大小与组成催化剂的物质性质、制备催化剂的方法、催化剂的机械强度、催化剂使用时的升温快慢、还原和操作条件以及气流组成等因素有关。

2. 催化剂的比表面积

当以 1g 催化剂为标准，计算其表面积时，称为催化剂的比表面职，以符号 S_g 表示，单位为 m^2/g。催化剂的比表面积可用下式计算：

$$S_g = \frac{VmN_AA_m}{22400w}$$

式中 S_g——催化剂的比表面积，m^2/g；

N_A——阿伏伽德罗常数，1/mol（$N_A=6.022\times10^{23}$ 个基本单元）；

A_m——被吸附气体分子的横截面积，m^2；

w——待测样品重量，g。

不同的催化剂具有不同的比表面积，用不同的制备方法制备的催化剂，其比表面积也相差很大。催化剂比表面积的大小与催化剂的活性有关，通常是比表面积越大活性越高，但不成正比例关系，因此催化剂的比表面积只是作为各种处理对催化剂总表面积改变程度的一个参数。

3. 催化剂的孔容积

为了比较催化剂的孔容积，用单位质量催化剂所具有的孔体积来表示。通常以每克催化剂中颗粒内部微孔所占据的体积作为孔容积，以符号 V_s 表示，单位为 mL/g。

催化剂的孔容积实际上是催化剂内部许多微孔容积的总和。各种催化剂均具有不同的孔容积。测定催化剂的孔容积，是为了帮助人们选定合适的孔结构，以便提高催化反应速率。

4. 催化剂的形状和粒度

在石油化工生产中，所用的固体催化剂有各种不同的形状，常用的有环状、球状、条状、片状、粒状、柱状和不规则形状等。催化剂的形状取决于催化剂的操作和反应器类型。例如，烃类蒸汽转化反应是将催化剂装在直径为 10cm 左右、高 9m 左右的管式反应器中，为了减少床层的阻力降，将催化剂制成环状。当反应为内扩散控制的气-固相催化反应时，一般将催化剂制成小圆柱状或小球状。

催化剂粒度大小的选择，一般由催化反应的特征与反应器的结构以及催化剂的原料来决定。例如，固定床反应器常用柱状或球状等直径在 4mm 以上的颗粒催化剂，流化床反应器常用 3～4mm 或更大粒径的球状催化剂，沸腾床常用直径为 20～150μm 或更大的微球颗粒催化剂，悬浮床常用直径为 1～2mm 的球形颗粒催化剂。总之，选择何种粒度的催化剂，既要考虑反应的特征，又要从工业生产实际出发。

5. 催化剂的密度

表示催化剂密度的方式有三种，即堆积密度、假密度与真密度。

(1) 堆积密度 堆积密度指单位堆积体积内催化剂的质量，用符号 ρ_0 表示，计算公式为 $\rho_0=m/V_堆$，单位为 kg/L。堆积体积是指催化剂本身的颗粒体积（包括颗粒内的气孔）以及颗粒间的空隙。催化剂的堆积密度通常都是指催化剂活化还原前的堆积密度。催化剂堆积密度的大小与催化剂的颗粒形状、大小、粒度分布和装填方式有关。

工业生产中常用的测定方法是用一定容器按自由落体方式，放入 1L 催化剂，然后称量催化剂质量，经计算即得其堆积密度。

(2) 假密度　取 1L 催化剂，将对催化剂不浸润的液体（如汞）注入催化剂颗粒间的空隙，由注入的不浸润液体的体积，即可算出催化剂空隙的体积。1L 催化剂的质量除以催化剂空隙的体积，则为该催化剂的假密度，用符号 ρ_φ 表示。

$$\rho_\varphi = \frac{m}{V_\text{堆} - V_\text{隙}}$$

测定催化剂假密度的目的是计算催化剂的孔容积和孔隙率。

(3) 真密度　将催化剂（1L）颗粒之间的空隙及颗粒内部的微孔，用某种气体（如氮）或液体（如苯）充满，用 1L 减去所充满的气体或液体的体积，即为催化剂的真实体积。以此体积除以质量，即为真密度，以符号 ρ_t 表示，单位为 kg/L。

$$\rho_\text{t} = \frac{m}{V_\text{真}}$$

6. 催化剂的寿命

催化剂从开始使用到经过再生也不能恢复其活性的时间，即为催化剂的寿命。每种催化剂都有其随时间变化的活性曲线（生命曲线），通常分成熟期、不变活性期、衰退期三个阶段，如图 1-2 所示。

(1) 成熟期（诱导期）　一般情况下，催化剂开始使用时，其活性都会有所升高，这种现象可以看成是活性过程的延续。到一定时间即可达到稳定的活性，即催化剂成熟了，这一时期一般并不太长，如图 1-2 中线段Ⅰ所示。

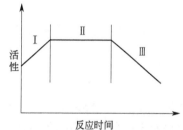

图 1-2　催化剂的活性曲线
Ⅰ—成熟期；Ⅱ—不变活性期；
Ⅲ—衰退期

(2) 不变活性期（稳定期）　只要遵循最合适的操作条件，催化剂活性在一段时间内基本上稳定，即催化反应将按着基本不变的速率进行。催化剂的不变活性期是比较长的，催化剂的寿命主要指这一时期，如图 1-2 中线段Ⅱ所示。催化剂不变活性期的长短与使用催化剂的种类有关，可以从很短的几分钟到几年，催化剂的不变期越长越好。催化剂的寿命既决定于催化剂本身的特性（抗毒性、耐热性等），又取决于操作条件，要求在运转操作中选择最适宜的操作条件。

(3) 衰退期　催化剂随着使用时间的增长，催化剂的活性将逐渐下降，即开始衰老。当催化剂的活性降低到不能再使用时，必须再生使其活化。如果再生无效，就要更换新的催化剂，如图 1-2 中线段Ⅲ所示。

不同的催化剂，对于这三个时期，无论其性质和时间长短都是各不相同的。催化剂的寿命越长，生产运转周期越长，它的使用价值就越大。但是，对催化剂寿命的要求不是绝对的，如长直链烷烃脱氢的铂催化剂，在活性极高状态下，寿命只有 40 天。对容易再生或回收的催化剂，与其长时期在低活性下操作，不如在短时间内高活性下操作，这样从经济角度来衡量是合理的。

六、催化剂的活性与选择性

1. 活性

催化剂的活性是衡量催化剂催化效能的标准,根据使用的目的不同,催化剂活性表示方法也不一样。催化剂活性的表示方法可一般分为两类:一类是在工业上衡量催化剂生产能力的大小,另一类是供实验室筛选催化活性物质或进行理论研究。

工业催化剂的活性,通常是以单位质量催化剂在一定条件下,在单位时间内所得的生成物质量来表示,其单位为 kg/(kg·h)。工业催化剂的活性,也可用在一定条件下(温度、压力、反应物浓度、空速等)反应物转化的百分数(转化率)表示活性的高低。转化率越高,表示催化剂的活性越大。

$$转化率 = \frac{转化了的反应物的物质的量}{通过催化剂床层反应物的物质的量} \times 100\%$$

2. 选择性

当化学反应在理论上可能有几个反应方向(如平行反应)时,通常催化剂在一定条件下,只对某一个反应方向起加速作用,这种性能称为催化剂的选择性。

催化剂的选择性(S)通常以转化为目的产物的原料对参加反应原料的摩尔分数表示。如下式所示。

$$S = \frac{生成目的产物所消耗的原料物质的量}{通过催化剂床层转化的物质的量} \times 100\%$$

七、催化剂的中毒与再生

1. 催化剂中毒

在使用过程中,催化剂的活性与选择性可能由于外来微量物质(如硫化物)的存在而下降,这种现象称为催化剂中毒,外来的微量物质叫作催化剂毒物。催化剂毒物主要来自原料及气体介质,毒物可能在催化剂制备过程中混入,也可能来自其他方面的污染。

催化剂中毒可分为可逆中毒和不可逆中毒两类。当毒物在催化剂活性表面上以弱作用力吸附时,可用简单的方法使催化活性恢复,这类中毒称为可逆中毒,或称暂时中毒。当毒物与表面结合很强、不能用一般方法将毒物除去时,这类中毒称为不可逆中毒,或称永久中毒。

在工业生产中,预防催化剂中毒和使已中毒的催化剂恢复活性是人们十分关注的问题。

在一个新型催化剂投入工业生产以前,需给出毒物的种类和允许的最高浓度。对于可逆中毒的催化剂,通常可以用氢气、空气或水蒸气再生。当反应产物在催化剂表面沉淀时会造成催化剂活性下降,这对于催化剂的活性表面来说只是一种简单的物理覆盖,并不会破坏活性表面的结构,因此只要将沉淀物烧掉,就可以使催化剂活性再生。

2. 催化剂再生

催化剂再生是指催化剂在生产运行中,暂时中毒而失去大部分活性时,可采用适当的方法(如燃烧或分解)和工艺操作条件进行处理,使催化剂恢复或接近原来的活性。工业上常用的再生方法有如下几种。

（1）蒸汽处理　如镍基催化剂处理积炭时，用蒸汽吹洗催化剂床层，可使所有的积碳全部转化为氢和二氧化碳。因此，工业上常用加大原料中的蒸汽含量，对清除积炭、脱除硫化物等均可收到较好的效果。

（2）空气处理　当炭或烃类化合物吸附在催化剂表面，并将催化剂的微孔结构堵塞时，可通入空气进行燃烧，使催化剂表面上的炭及其焦油状化合物与氧反应。例如，原油加氢脱硫，当铁铜催化剂表面吸附一定量的炭或焦油状物时，活性显著下降。采用通入空气的办法，可将吸附物烧尽，恢复催化剂活性。

（3）氢或不含毒物的还原性气体处理　当原料气体中含氧或氧化物浓度过高时，催化剂受到毒害，通入氢气、氮气，催化剂即可获得再生。加氢的办法，也是除去催化剂中含焦油状物质的一个有效途径。

（4）酸或碱溶液处理　加氢用的骨架镍催化剂中毒后，通常采用酸或碱溶液恢复活性。

催化剂的再生操作可以在固定床、流化床或移动床内进行，再生操作取决于许多因素。当催化剂的活性下降比较慢，例如能允许数月或数年后再生时，可采用固定床再生。对于反应周期短、需要进行频繁再生的催化剂，最好采用移动床或流化床连续再生，如石油馏分流化床催化裂化催化剂的再生。移动床或流化床再生需要两个反应器，设备投资高，操作也较复杂，然而这种方法能使催化剂始终保持着新鲜的表面，为催化剂充分发挥催化效能提供了条件。

八、催化剂的使用技术

为了更好地发挥催化剂的作用，除了选取合适的催化剂外，在使用过程中还需要按其基本规律精心操作。

1. 催化剂的装填方法

催化剂的装填方法取决于催化剂的形状与床层的形式，对于条状、球状、环状催化剂，其强度较差容易粉碎，装填时要特别小心。对于列管床层，装填前必须将催化剂过筛，在反应管最下端先铺一层耐火球和铁丝网，防止高速气流将催化剂吹走。在装填过程中催化剂应均匀撒开然后整平，使催化剂均匀分布。为了避免催化剂从高处落下造成破碎，通常采用装有加料斗的布袋装料，加料斗架于人孔外面，当布袋装满催化剂时缓慢提起，并不断移动布袋，直到最后将催化剂装满为止。不管用什么方法装填催化剂，最后都要对每根装有催化剂的管子进行阻力降测定，以保证在生产运行时每根管子的气量分布均匀。

2. 催化剂的活化

许多固体催化剂在出售时的状态一般是较稳定的，但这种稳定状态不具有催化性能，出厂的催化剂必须在反应前对其进行活化，使其转化成具有活性的状态。不同类型的催化剂要用不同的活化方法，有还原、氧化、酸化、热处理等，每种活化方法均有各自的活化条件和操作要求，应该严格按照操作规程进行活化，才能保证催化剂发挥作用。

催化剂的升温还原活化，实际上是催化剂制备过程的继续，升温还原将使催化剂表面发生不同的变化，如结晶体的大小、孔结构等，其变化直接影响催化剂的使用性能。例如，用于加氢或脱氢等反应的催化剂，常常是先制作成金属盐或金属氧化物，然后在还原性气体下活化（还原）。催化剂的活化，必须达到一定温度后才能进行。铁、铅、镍、铜等金属催化剂一般在 200～300℃下用氢气或其他还原性气体，将其氧化物还原为金属或低价氧化物。因此，从室温到还原完成，都要对催化剂床层逐渐提升温度。催化剂从室温到还原开始，在外热供应下进行稳定、缓慢的升温，平稳地脱除催化剂表面所吸附的水分（即表面水）。这段时间的升温速率一般控制在每小时 30～50℃。为了使催化剂床层径向温度均匀分布，升温到一定温度时还要恒温一段时间，特别是在接近还原温度时，恒温更显得重要。还原开始后，大多数催化剂放出热量，对于放热量不大的催化剂，一般采用原料气作为还原气，在还原的同时也进行了催化过程。

催化剂升温所用的还原介质气氛因催化剂不同而不同，如氢、一氧化碳等均可作为还原介质。催化剂的还原温度也各不同，每一种金属催化剂都有一个合适的还原温度与还原时间，不管哪种催化剂，在升温还原过程中，温度必须均匀地升降。为了防止温度急剧升降，可采用惰性气体（氮气、水蒸气等）稀释还原介质，以便控制还原速率。还原时一般要求催化剂层要薄，采用较大的空速，在合适的较低的温度下还原，并尽可能在较短的时间内得到足够的还原度。

催化剂经还原后，在使用前不应再暴露于空气中，以免剧烈氧化引起着火或失活。因此，还原活化通常就在催化剂反应的床层中进行，还原以后即在该反应器中进行催化反应。已还原的催化剂，在冷却时常常会吸附定量的活性状态的氢，这种氢碰到空气中的氧就能产生强烈的氧化作用，引起燃烧。因此，当停车检修时，常用纯氮气充满反应器床层，以保护催化剂不与空气接触。

3. 催化剂储存

石油化工生产用的许多催化剂都是有毒、易燃的物质，并且具有吸水性，一旦受潮，其活性会降低。因此，对未使用的催化剂一定要妥善保管，要做到密封储存、远离火源且放在干燥处。在搬运、装填、使用催化剂时也要加强防护，并轻装轻卸，防止破碎。

由于催化剂活化后在空气中常容易失活、有些甚至容易燃烧，所以催化剂常在尚未活化的状态下包装成商品。商品催化剂多装于圆形容器中，包装质量为 10～100kg，此外要注意防潮，且保证在 80℃以下不会自燃。

▶ 任务四 石油化工生产过程的工艺流程组织

一、石油化工生产过程的构成

石油化工生产过程即石油化工技术或石油化学生产技术，是指将原料物主要经过化学反应转变为产品的方法和过程，包括实现这一转变的全部措施。

石油化工生产过程一般可概括为三个主要步骤：原料预处理、化学反应和产品分离精制。图 1-3 给出了石油化工生产过程的构成。

（1）原料预处理　原料预处理过程即为生产准备过程（原料工序），为了使原料符合化学反应所要求的状态和规格，根据具体情况，不同的原料需要经过净化、破碎、筛分、提浓、混合、乳化或粉碎（对固体原料）等多种不同的预处理。

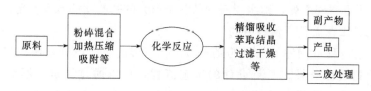

图1-3 石油化工生产过程的构成

（2）化学反应　化学反应即反应过程，这是生产的关键步骤。经过预处理的原料，在一定的温度、压力等条件下进行反应，以达到所要求的反应转化率和收率。反应类型是多样的，可以是氧化、还原、复分解、磺化、异构化、聚合、焙烧等。通过化学反应，获得目的产物或其混合物。

（3）产品精制过程　产品精制过程包括产物的分离、未反应物料的回收，以及目的产物的后加工过程。

① 分离过程不仅指反应生成的产物从反应系统分离出来，进行精制、提纯，得到目的产物的过程，还包括将未反应的原料、溶剂以及随反应物带出的催化剂、副产物等分离出来的过程。分离过程尽可能实现原料、溶剂等物料的循环使用。分离精制的方法很多，常用的有冷凝、吸收、吸附、冷冻、蒸馏、精馏、萃取、膜分离、结晶、过滤和干燥等。对于不同生产过程，可采用不同的分离精制方法。

② 回收过程是对反应过程生成的副产物，或一些少量未反应原料、溶剂，以及催化剂等物料设有必要的精制处理以回收使用的过程。因此要设置一系列分离、提纯操作，如精馏、吸收等。

③ 后加工过程的目的是将分离过程获得的目的产物按成品质量要求进行必要的加工制作、储存和包装出厂的过程。

在石油化工生产过程中，为回收能量而设的过程（如废热利用）、为稳定生产而设的过程（如缓冲、稳压、中间储存）、为治理"三废"而设的过程（如废气焚烧）以及产品储运过程等。这些虽然属于辅助过程，但也不可忽视。

石油化工生产过程通常包括多步化学反应转化过程，因此除了起始原料和最终产品外，尚有多种中间产物生成，原料和产品也可能是多个。因此石油化工生产过程虽然是上述步骤相互交替，但是以化学反应为中心，将反应与分离有机地组织起来。

二、工艺流程的组织原则与评价方法

1. 石油化工生产的工艺流程

石油化工生产工艺流程指由若干个单元过程（反应过程和分离过程、动量和热量的传递过程等）按一定顺序组合起来，完成从原料变成为目的产品的生产过程。石油化工工艺流程的组织是确定各单元过程的具体内容、顺序和组合方式，并以工艺流程图解的形式表示出整个生产过程。

每一个化工产品都有自己特有的工艺流程。即便是同一种产品，由于选定的工艺路线不同，则工艺流程中各个单元过程的具体内容和相关联的方式也可能不同。此外，工艺流程的组成也与其实施工业化的时间、地点、资源条件、技术条件等有密切关系。但是，如果对一般化工产品的工艺流程进行分析、比较之后,发现组成整个流程的各个单元过程或工序所起的作用有共同之处,即组成流程的各个单元的基本功能具有一定的规律性。

2. 石油化工工艺流程评价的目的

对化工工艺流程进行评价的目的是根据工艺流程的组织原则来衡量被考察的化工生产过程是否达到最佳效果。对新设计的工艺流程,可以通过评价,不断改进,不断完善,使之成为一个优化组合的流程;对于既有的化工产品工艺流程,通过评价可以清楚该工艺流程有哪些特点,存在哪些不合理或可以改进的地方,与国内外相似工艺过程相比,又有哪些技术值得借鉴等,由此确立改进工艺流程的措施和方案,使其得到不断优化。

3. 石油化工生产工艺流程评价的原则

在石油化工生产中评价工艺流程的标准不仅是技术上先进、经济上合理、安全上可靠,而且还应是符合国情、切实可行的。因此,评价和组织工艺流程时应遵循以下原则。

(1) 物料及能量的充分利用原则

① 尽量提高原料的转化率和主反应的选择性。为了达到此目的,应采用先进的技术、合理的单元操作、安全可靠的设备,选用最适宜的工艺条件和高效催化剂。

② 充分利用原料。对未转化的原料应采用分离、回收等措施循环使用以提高总转化率。副反应物也应当加工成副产品。对采用的溶剂、助剂等也应建立回收系统,减少废物的产生和排放。对废气、废液(包括废水)、废渣等应考虑综合利用,以免造成环境污染。

③ 认真研究换热流程及换热方案,最大限度地回收热量。尽可能采用交叉换热、逆流换热等优化的换热方案,注意安排好换热顺序,提高传热效率。

④ 注意设备位置的相对高低,充分利用位能输送物料。如高压设备的物料可以自动进入低压设备,减压设备可以靠负压自动抽入物料,高位槽与加压设备的顶部设平衡管可有利于进料等。

(2) 工艺流程的连续化和自动化原则 对大批量生产的产品,工艺流程宜采用连续操作,且设备大型化和仪表自动化控制,可以提高产品产量,降低生产成本;对精细化工产品以及小批量、多品种产品的生产,工艺流程应有一定的灵活性、多功能性,以便于改变产量和更换产品的品种。

(3) 对易燃易爆因素采取安全措施原则 对一些因原料组成或反应特性等因素而存在的易燃、易爆等危险性,在组织流程时要采取必要的安全措施。可在设备结构上或适当的管路上考虑安装防爆装置,增设阻火器、保安氮气等。另外,工艺条件也要做相应的严格规定,安装自动报警系统及联锁装置以确保安全生产。

(4) 合理的单元操作及设备布置原则 要正确选择合适的单元操作。确定每一个单元操作中的流程方案及所需设备的形式,合理安排各单元操作与设备的先后顺序。要考虑全流程的操作弹性和各个设备的利用率,并通过调查研究和生产实践来确定弹性的适宜幅度,尽可能使各台设备的生产能力相匹配,以免造成浪费。

根据上述工艺流程的组织原则,就可以对某工艺流程进行综合评价。主要内容是根据实际情况讨论该流程有哪些地方采用了先进的技术并确认其合理性;论证流程中有哪些物料和热量充分利用的措施及其可行性;工艺上确保安全生产的条件等流程具有的特点。此外,也可同时说明因条件所限还存在的有待改进的问题。

任务五　石油化工生产过程的开停车操作

一、开车前安全检查及准备工作

(1) 开车现场的安全要求　地面平整，安全通道及操作道路通畅，将安装、检修搭设的脚手架、起吊绳索及妨碍操作的构件一律拆除；现场无检修垃圾、废旧物质，设备表面无油污和灰垢；设备保温良好。做好安全工作，做好"三查"、"四定"和"三同时"。

(2) 安全消防器材的要求　安全防毒及消器材完好、好用　长管呼吸器、氧气呼吸器、隔离式防毒面具及防毒器材柜摆放准确，且灵活、安全、好用；各种干粉及泡沫灭火器定置摆放完好无损；各消防水带、水枪齐全完好。

(3) 照明及电源的要求　操作现场照明灯及电源良好，安全灯及电源符合安全生产要求，照明充足良好，正在检修的设备应拉开刀闸，挂上"有人工作，请勿启动"或"请勿送电"等警告牌。

(4) 操作工用的机具齐全备用　开车所用的"F"扳手摆放在固定位置；各操作报表、记录齐全；维修和维护所用的工具完好无缺。

(5) 冷却水处于正常备用状态　各种泵、各类转动轴封、轴瓦、轴承使用的冷却水进出口阀开启，水流通畅，冷却水压力正常，无泄漏、无堵塞。

(6) 防冻　冬季易存水的管道、阀门、容器设备、泵等零部件在其停车或备车状态下，勤检查防冻措施（放干吹净，勤盘车，多排放，保温加热等），防止设备结冰冻坏。

(7) 设备基础检查　设备基础检查包括以下五个方面：检查转动设备及电机基础地盘、基础，地脚螺栓不松动，无震动、无垃圾污垢；检查驱动装置，转动设备靠背轮、弹性联轴器的连接螺母不松动；检查安全护罩：转动设备的围栏、靠背轮护罩完好，护罩（电机或设备）上标注的转动方向与实际相一致；检查润滑油状况，检查各油杯、油盒、油箱及各油枪注油点润滑充足，油位保持在1/2处，机体内使用刮油勺或甩油杯的转动润滑部位保持旋转润滑良好；检查各润滑油（脂），油品品质符合设计要求，否则更换油（脂）。

(8) 温度计完好　测量电机温度、设备轴瓦温度的温度计完好、准确无误。

(9) 检查滑漏　各类泵体、轴密封填料、吸入阀、排出阀，其动、静漏点应在规定范围内，必要时压紧螺母防止泄漏，打开检查泵体吸入阀、排出阀阀头无脱落，并检查吸入、排出管道、阀门压力表无异常。排出管道上的止逆阀不内漏；转动设备手动盘车2～3圈，无卡阻摩擦及异常声；具备"自启动"功能的备用泵投入"自启"开关位置；备用泵吸入、排出口阀门全开。冷却水畅通、以备应急启动。

(10) 电器检查　通知电工并协调检查电机绝缘、接地线，现场及控制室内的远距离开关、按钮、指示灯、继电器、电流、电压表、报警器、联锁开关准确好用；通知仪表人员检查测压、测温、测量点及测量元件和一次表灵敏好用；设计有两套功能的按钮开关、仪表装置（现场一套，控制室一套），以现场为准，进行校正控制室指示，控制室的停车开关只供远距离紧急停车使用；检查系统所有的安全阀按期校验，防爆膜按期校验，确保灵敏好用。

(11) 通信联络　电话通信畅通,开车前与调度及相关的车间、岗位联系配合。

二、泵的通用规则

单级离心泵启动前开启吸入阀、排出阀及进出口排污阀,灌引水泵内气体可顺利排出,再关闭排出阀及进出口排污阀,对于离心泵,启动前稍开循环阀,启动后可较省力地开启泵排出阀。

各类泵可使用循环阀调整部分流量及泵出口压力,转子式容积泵及正位移柱塞泵开车前为防泵憋压损坏泵体,泵进、出口阀在启动前均应开启。

泵的停车步骤,备用泵按开车程序开车,开车后压力达到正常,先并入运行管网,逐渐调整备用泵水量,逐渐关小运行泵出水量,最后停运行泵,注意停车中不出现压力及流量波动。

对于具有"自启动"功能的泵,检查单向阀不得有大量内漏。备用泵日常生产中进、出口阀均开启,时刻处于备车紧急状态,不必盘车。

各类泵日常生产中进出口压力表根部阀处于开启状态,泵的冷却水均处于开启状态;冬季停车时,放掉泵内的存水,防止冻裂;对于输送颗粒的渣浆泵在开车前及停车后要及时冲洗泵的吸入、排出管道阀门及泵体;各类泵的日常加油(脂)一般在白班进行(缺油时例外)。各类泵的出口管道上的安全阀每半年校正一次。

三、事故处理的通用规则

① 单台运转设备如遇到下列情况应做紧急停车处理,或迅速启动备用设备保证系统运行。

　　a. 电机冒烟、冒火或严重超温;

　　b. 机体剧烈振动,轴瓦超温或烧坏;

　　c. 机体内有激烈冲击摩擦声;

　　d. 与设备连接的管道、管件、阀门破裂,大量漏水、漏气或设备出现爆裂;

　　e. 大量煤气外泄,有可能引起着火及爆炸。

② 具有"自启动"功能的泵如果不能保证系统正常运行,备用泵又达不到备车要求,则请示申请系统停车。

③ 发现危及设备安全或造成后果严重的重大设备事故苗头,在来不及向上级汇报的情况下,操作人员有权自行组织停车,然后通知有关部门。

④ 发现运行管道、泵吸入或排出口堵塞、管道过滤器堵塞,则切换备用泵或管道过滤器,然后设法冲洗堵塞部分。

四、润滑通用规则

① 设备润滑要定质、定量、定人、定点和定期对润滑部位清洗换油。

② 各当班班组配备滤网,实行三级过滤(向油桶装油过滤;油桶向油壶装油过滤;油壶向设备注油点加注过滤)。

③ 滤网尺寸规定。透平油、拎冻机油、压缩机油、机械油、车用机油等滤网尺寸:

一级 60 目；二级 80 目；三级 100 目。气缸油、齿轮油滤网尺寸：一级 40 目；二级 60 目；三级 80 目。

④ 设备带有自动注油的润滑点，每小时检查一次油位油压、油温、注油泵油量，发现问题及时处理。

⑤ 各种丝杠的阀门和法兰螺栓，每月加润滑脂一次。

⑥ 各类转动设备润滑部位在主机启动前检查油润滑情况，不充足的要在启动前添加润滑油（脂）至标准范围。

任务六　石油化工生产过程的工艺评价

为了说明生产中化学反应进行的情况，反映某一反应系统中原料的变化情况和消耗情况，需要引用一些常用的指标，用于工艺过程的研究开发及指导生产。

(1) 生产能力　化工装置在单位时间内生产的产品量或在单位时间内处理的原料量，单位为 kg/h、t/d、kt/a、Mt/a 等。化工装置在最佳条件下可以达到的最大生产能力称为设计能力。

(2) 转化率　转化率是表示进行反应器内的原料与参加反应的原料之间的数量关系。转化率越大，说明参加反应的原料量越多，转化程度越高。由于进入反应器的原料一般不会全部参加反应，所以转化率的数值小于 1。

工业生产中有单程转化率和总转化率之分。

① 单程转化率：

$$单程转化率 = \frac{参加反应的反应物量}{进入反应器的反应物量} \times 100\%$$

$$= \frac{进入反应器的反应物量 - 反应后剩余的反应物量}{进入反应器的反应物量} \times 100\%$$

② 总转化率：对于有循环和旁路的生产过程，常用总转化率。

$$总转化率 = \frac{过程中参加反应的反应物量}{进入过程的反应物总量} \times 100\%$$

(3) 产率　产率表示了参加主反应的原料量与参加反应的原料量之间的数量关系。即参加反应的原料有一部分被副反应消耗掉了，而没有生成目的产物。产率越高，说明参加反应的原料生成的目的产物越多。

$$产率 = \frac{生成目的产物所消耗的原料量}{参加反应的原料量} \times 100\%$$

(4) 收率　表示进入反应器的原料与生成目的产物所消耗的原料之间的数量关系。收率越高，说明进入反应器的原料中，消耗在生产目的产物上的数量越多。收率也有单程收率和总收率之分。

$$单程收率 = \frac{生成目的产物所消耗的原料量}{进入反应器的原料量} \times 100\%$$

$$总收率 = \frac{生成目的产物所消耗的原料量}{新鲜原料量} \times 100\%$$

(5) 消耗定额　消耗定额是指生产单位产品所消耗的原料量，即每生产1t的产品所需要的原料数量。工厂中产品的消耗定额包括原料、辅助原料及动力的消耗情况。消耗定额的高低说明生产工艺水平的高低和操作技术水平的好坏。生产中应选择先进的工艺技术，严格控制各操作条件，才能达到高产低耗，即低的消耗定额的目的。

任务七　石油化工生产过程中的 HSE 管理

一、HSE 管理的基本概念

(1) HSE　健康（health）、安全（safety）与环境（environment）英文字母的缩写组合，表示对安全、健康与环境三方面的一体化管理。

(2) 危险源（hazard）　可能导致人员伤害或疾病、物质财产损失、工作环境破坏或这些情况组合的根源或状态因素。

(3) 危险源辨识（hazard identification）　识别危险源的存在并确定其特性的过程。

(4) 风险（risk）　某特定危险情况发生的可能性和后果的组合。

(5) 风险评价（risk assessment）　评估风险大小以及确定风险是否可容许的全过程。

(6) 可容许风险（tolerable risk）　根据法律义务和方针，已降至可接受程度的风险。

(7) 安全（safety）　免除了不可接受的损害风险的状态。

(8) 职业健康安全（OHS，accupational health and safety）　影响工作场所内员工、临时工作人员、合同方人员、访问者和其他人员健康和安全的条件和因素。

(9) 环境（environment）　运行活动的外部存在，包括空气、水、土地、自然资源、植物、动物、人，以及它们之间的相互关系。

(10) 污染预防（prevention of pollution）　为了降低有害的环境影响而采用过程、惯例、技术、材料、产品、服务或能源，以避免、减少或控制任何类型的污染物或废物的产生、排放或废弃。

二、健康防护

1. 中毒

(1) 中毒的分类　化工毒物所引起的中毒，可分急性中毒和慢性中毒。大量毒物进入人体并迅速引起全身症状甚至死亡者称之为急性中毒；如分批少量的毒物侵入人体逐渐积累引起的中毒，称为慢性中毒。

(2) 中毒的因素　发生中毒的因素很多：如毒物的物理化学性质、侵入人体的数量、作用时间和部位，中毒者的生理状况、年龄、性别、体质，与温度等其他因素也有关。

(3) 中毒的防止

① 密闭设备检修后必须对设备管道进行气密性检查，正确选择密封形式和填料质量。

② 换气通风，降低厂房内有毒气体的含量。

③ 齐全的劳保用具：有毒物品称量时应戴口罩或防毒面具，进入有毒气体储槽容器作业时，应事前接通空气置换合格，令专人监视，并设有安全梯、安全带。

2. 烧伤及机械伤害

（1）**烧伤及防止**　烧伤分化学烧伤和物理烧伤。化学烧伤是由酸碱等物落到皮肤上引起的。物理烧伤是由人体碰到蒸汽或热水和高温设备未保温部分引起的。但当碰到极易汽化的物质如液态氯乙烯会产生冻伤。

为了防止烧伤，一切高温设备和管道应进行保温，对其裸露部分，工作中尽量远离，并有适当的安全措施。接触腐蚀性物质的操作人员要戴好防护眼镜、手套、帽子、胶皮靴。

对产生的物理烧伤，可先涂上清凉油脂、然后到医务部门诊治。如遇化学烧伤可用大量清水冲洗后到医务部门诊治。

（2）**机械伤害及防止**　企业中绝大部分事故都属于机械性伤害事故。机械伤害大多由于工作方法不当、不正确的使用工具、缺少安全装置和适当的劳动保护，以及不遵守安全技术规程造成的。为了防止机械伤害，在日常工作中采取如下措施：

① 经常检查各种传动机械、液面计等是否有安全防护装置和防护栏杆；

② 操作人员必须穿规定的工作服，禁止穿宽大的衣服，女同志留辫子极易造成事故，应将辫子盘起戴好工作帽；

③ 经常注意各机械设备的运转情况及各转动部位的摩擦情况，以免机械损伤时飞出伤人，运转中的设备严禁修理；

④ 各带压容器设备，一律要将压力排空后才能检修。

3. 噪声的危害和防止

（1）**耳聋**　噪声可造成耳聋，分为轻度、中度、重度的噪声性耳聋。

（2）**引起多种疾病**　噪声刺激大脑皮层，引起精神紧张、心血管收缩、睡眠不好、神经衰弱或神经官能症、血压高、心动过速，影响胃分泌，使人感到疲劳。

（3）**影响正常生活**　如声响大于50dB即可影响人的睡眠。

（4）容易引起工作差错，降低劳动生产效率，在声响大于120dB时可对建筑物有破坏。

综上所述，一般均把噪声控制在90dB以下。

4. 粉尘的危害及防止

生产性粉尘是污染厂房和大气的重要因素之一，它不但影响人们的健康，而且还因生产中的原料、半成品、成品粉尘的大量飞扬造成经济上的损失；粉尘进入转动设备导致其损坏；精密仪器、仪表、设备等受粉尘的影响而使性能变坏。因此防止粉尘不仅具有卫生方面的意义，而且经济上也有重大意义。

生产粉尘，根据其不同的物理化学特性和作用部位，可在体内引起不同的病理过程。所以工作人员在易于产生粉尘的岗位要戴防护用品，如口罩；工作过后应坚持洗浴；在易于造成粉尘飞扬的部位，应装有除尘抽风系统，如料口、筛子、放料口、包装机等。

三、安全卫生防护措施

1. 防火和防爆

防火防爆是互相关联的，防爆的大部分措施也适用于防火。

（1）**爆炸的分类**　如果因反应激烈或受压容器、设备、管道机械强度降低，使压力超过了设备所能承受的限度，而使之造成爆炸，称为物理爆炸。由一种或数种物质在瞬间内经过化学变化转为另外一种或几种物质，并在极短的时间内产生大量的热和气体产物，伴随着产生破坏力极大的冲击波，称之为化学性爆炸。

（2）爆炸形成的原因　产生化学性爆炸的原因很多，当爆炸性混合物中易爆物质和空气或氧气混合达到一定的爆炸范围且又存在激发能源时可能发生爆炸。爆炸范围是指与空气组成的混合物中易燃易爆物质的浓度范围。其最高浓度称为爆炸上限，最低浓度称为爆炸下限。在此范围内遇有明火或火花，或温度升高达到着火点即发生爆炸，在此浓度以外，气体不会爆炸。

爆炸浓度的上下限与气体混合物的温度和压力有关，压力升高使爆炸浓度上下限扩大。另外物理性爆炸和化学性爆炸常常相伴发生，同时着火可能是化学爆炸的直接原因，而爆炸也可能引起着火。

① 操作原因：由于操作控制不严谨，造成反应激烈使设备超压。

② 设备缺陷：设备制造上带来的隐患（如裂纹、砂眼）；安全装置不全；使用日久受化学腐蚀的设备，而又未及时发现纠正。

③ 明火和火花。设备管道的泄漏使易爆气体逸出和外部的空气混合形成爆炸性气体混合物，此时明火或火花则是产生爆炸的导火线。

（3）火灾原因及防止　由于明火和火花极易成为爆炸的导火线，故火灾的防止就有了特殊的意义，其原因和防止措施列举如下。

① 现场动火。现场的焊接和动火极易引起火灾和爆炸，所以要有严格的动火制度。凡有可能应尽力避免现场动火，如必须在现场动火时，应远离设备 30m 以外并经各有关安全技术部门批准，而且动火地点必须分析可燃气含量合格，经点火试燃后方能进行。动火时要有专人监督，注意风向以保证安全。

② 电器设备不良，产生火源。应定期检查电器设备，凡接触到易燃易爆物的，其电器设备应采用防爆型。

③ 摩擦与撞击。设备撞击摩擦极易产生火花，所以进入车间不允许穿钉子鞋，不允许用铁锤敲打设备及管道，应使用铜（70%以下）制品。

④ 静电。当介电液体、固体、气体在管道内很快流动或从管道中排出时，都能促使静电荷产生。静电荷的多少与管内介质流动的速度有关，流速越快，产生静电荷越多，所以一般要求液体在管道内的流速不超过 4~5m/s，气体不超过 8~15m/s。同时设备及管道应有接地设施，使产生的静电荷很快导入地下，转动设备应尽量减少皮带传动，不得已采用时应适当使用皮带油，以减少摩擦静电。

⑤ 引发剂及易燃品。引发剂，特别是过氧化物高效引发剂，因半衰期较短，在常温下易分解，甚至引起火灾，必须加强保管，要在冷库中保存。所以有机溶剂均属易燃品，必须严格保管。限制使用范围。

（4）爆炸事故的防止

① 防止火源的产生；

② 密闭设备：加强管理，杜绝设备的跑冒滴漏，注意各设备管道不得超过其允许压力，压缩机入口压力不允许产生负压，以防空气的漏入而形成爆炸混合物。

负压操作装置必须保证系统不漏，防止爆炸事故发生。

③ 分析、置换和通风。对易燃、易爆、有毒气体的控制都有赖于气体分析，它是化工生产中保证安全的重要手段。生产系统检修时，必须对设备管道中可能残存的可燃性气体，用氮气或热气排除置换干净后分析合格，方可进行。

④ 设备应有安全装置。凡超过一个大气压以上的设备均应设置压力计，以便检查；但设备超过预定压力时，安全阀自行打开，将压力排放，保证设备安全。安全阀应定期校正，并应保持无堵塞现象以保证灵活好用；防爆膜一般设在没有安全阀又须防爆炸的地方；当带压设备超过一定压力值时，报警信号发出警告，以便操作人员及时采取措施。

2. 安全技术规定

① 严格遵守安全规程和操作法的操作程序，认真、准确进行操作。
② 严禁任何设备违反操作法规定的范围进行超压操作。
③ 设备运行中，必须严格按操作法规定的时间进行记录和动态巡视检查。
④ 特殊、异常现象应通知车间、工段技术人员、班长，研究处理意见后处理。
⑤ 严禁设备带压拆装、调整零部件，转动设备在运转情况下严禁检修和加填料。
⑥ 人员进入设备前必须进行含氧分析，含氧19％以上为合格，转动设备必须断电并设警示牌及专人监护。
⑦ 严禁在厂房内用铁器敲打设备、穿钉子鞋及携带引火物品进入岗位，12m以上高空作业必须系好安全带。
⑧ 紧急情况需紧急处理时，必须先行处理，在处理过程中通知分厂及各有关单位，处理后详细记录处理情况、原因和经过。在岗人员应服从指挥，在危险地带处理必须有人监护。
⑨ 准确进行计量、入料等各项操作，非操作法规定的任何操作，必须经车间技术人员、分厂、技术科审批后方可执行。
⑩ 凡使用的过氧化物类引发剂，在储存地及储槽之间严禁停留，配制完立即将储存运输的危险物等放在指定地点。严禁将过氧化物类引发剂与碱类或其他氧化剂类药品放在一起。
⑪ 严格遵守公司和分厂制定、颁发的各类安全技术规定及规程中的各有关条款。
⑫ 操作人员上岗必须按规定穿戴好劳动保护用品。

3. 设备维护保养制度

① 操作人员对本岗位设备要做到"四懂""三会"，即懂结构、懂原理、懂性能、懂用途，会使用、会维护保养、会排除故障。
② 严格执行设备操作规程，不超温、超压、超速、超负荷运行。
③ 按时定点巡回检查设备运转的情况，及时做好调整、紧固、润滑等工作，保证设备安全正常运行。
④ 做好设备的经常性清洁维护工作。
⑤ 发现不正常现象应立即查找原因，及时反映，并采取果断措施进行处理。
⑥ 认真写好设备运行记录。

4. 操作工岗位责任制

① 熟悉本岗位工艺流程、设备结构原理、物料性质、生产原理及安全消防基本知识。
② 严格遵守岗位操作规程及各项规章制度。

③ 认真负责地做好以下工作。

a. 严格控制各工艺指标，保证生产正常进行；

b. 及时处理、排除生产故障；

c. 完成上级布置的任务；

d. 按要求用仿宋体准确及时填写好生产原始记录。

④ 及时与上、下工序、岗位及工段联系，共同协作搞好生产。

⑤ 严格遵守劳动纪律，上班时间不准睡觉、不准干私活，操作室的门不准上锁，操作工不得随意离岗、申岗，有特殊情况临时离岗得到本岗位人员或班组长同意。

⑥ 操作工上班时间内受班（组）长、工段长及调度的领导管理，并服从厂（公司）调度的指挥。

四、环境保护

环境保护是石油化工生产企业的责任。在石油化工生产过程中要做好环境保护需要注意以下几点：有毒有害场所监测的环境保护指标达标率100%，施工（生产）、生活场所达到环保要求，杜绝发生重大环境污染、文物破坏事故、事件，废弃物分类集中收集处理，噪声排放达标，试压用水、生活污水达标排放，污染物排放达标率100%。

任何一个工艺装置在开停工过程和正常生产过程中要密切关注废气、废液和废固的"三废"来源，"三废"的处理方法以及废气、废液和废固的排放标准。

习题

一、填空题

1. 石油中的主要化合物是烃类，天然石油中主要含烷烃、_____和环烷烃，一般不含_____。

2. 特性因数 K 相同的各种石油组分，随着分子量_____，油品的密度_____。

3. 油品的物理性质、化学性质是条件性很强的数据，为了便于比较油品的质量，往往用_____与_____测定。

4. 油品进行蒸馏时，从_____到_____这一温度范围叫作馏程。

5. 油品的流动性主要由含_____少和_____多少而决定的。

6. 油品的密度取决于组成它的烃类的分子_____和分子_____。

7. 石油产品分为_____、溶剂和化工原料、_____和有关产品、蜡、沥青五大类。

8. 汽油机和柴油机的工作过程以四冲程发动机为例，均包括_____、_____、燃烧膨胀做功、排气四个过程。

9. 柴油机与汽油机比较，主要区别：(1) 柴油机比汽油机压缩比_____；(2) 柴油机是压燃（自燃），汽油机是_____。

10. 轻柴油的主要质量要求是：(1) 具有良好的_____；(2) 具有良好的_____（3) 具有合适的_____。

二、简答题

1. 石油中的元素组成有哪些？它们在石油中的含量如何？
2. 请归纳一下我国主要原油的外观特性。
3. 石油中有哪些非烃化合物？它们在石油中的分布情况如何？它们的存在对石油加工有何危害？
4. 什么是油品的特性因数？为什么说油品的特性因数的大小可以大致判断石油及其馏分的化学组成？
5. 有两种油品的馏程一样，但相对密度 d_4^{20} 不同，请说明相对密度 d_4^{20} 大小与特性因数 K 的大小关系。
6. 什么叫作闪点、燃点、自燃点？油品的组成与它们有什么关系？
7. 请分析一下油品的化学组成对相对密度、黏度、凝固点、闪点、自燃点、比热容、蒸发潜热有什么影响？
8. 什么是油品的黏度和黏温特性？有几种表示方法？黏温特性有何实用意义？
9. 请分析一下油品在低温下流动性能变差的原因。
10. 为什么说少环长侧链的环烷烃是润滑油的理想组分？
11. 下表是我国某种原油的某些性质及硫、氮含量，根据这些数据，你对这种原油能得到哪些主要印象？

密度(20℃)/(g/cm)	运动黏度(70℃)/(mm²/s)	凝固点/℃	硫含量/%	氮含量/%
0.9746	1653.5	12	0.58	0.82

项目二

原油常减压蒸馏生产技术

知识目标

① 了解常减压蒸馏目的。
② 知道常减压蒸馏产品的组成和性质。
③ 理解常减压蒸馏的原理。
④ 掌握常减压蒸馏的工艺流程。
⑤ 熟悉常减压蒸馏的主要设备。
⑥ 理解影响常减压蒸馏的工艺条件。
⑦ 了解常减压蒸馏的开工、停工及故障处理方案。

能力目标

① 能结合工艺说明、识读带控制点的工艺流程图。
② 能结合开、停工操作规程,在实训设备或仿真软件上进行装置的开工和停工操作。
③ 能对影响常减压蒸馏的工艺条件进行分析和判断。

任务一　原油常减压蒸馏生产原理

一、原油蒸馏的目的

原油是极其复杂的混合物，不能直接用作内燃机燃料和润滑油产品。通过原油的蒸馏可以按所制定的产品方案将其分割制成直馏汽油、煤油、轻柴油或重柴油馏分及重质馏分油（减压馏分油）和渣油等。原油蒸馏是原油加工的第一道工序，故通常称原油蒸馏为一次加工。原油蒸馏装置在炼油厂占有重要的地位，也被称为炼油厂的"龙头"。

原油的一次加工即原油常减压蒸馏，其目的是将原油这种极其复杂的混合物按其沸点的不同进行分割，得到原油蒸馏产品，然后按制定的产品方案进一步生产其他相关产品。所以，一次加工能力即原油蒸馏装置的处理能力，常被视为一个国家炼油工业发展水平的标志。

原油常减压蒸馏流程示意，如图 2-1 所示。

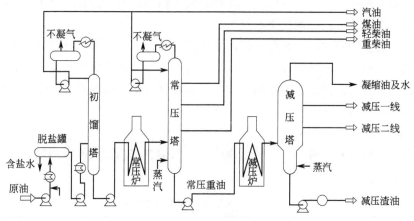

图 2-1　原油常减压蒸馏流程图

从装置外来的原油先经过脱盐脱水，然后换热到 230～240℃，进入初馏塔，从初馏塔塔顶分出轻汽油或催化重整原料油，初馏塔侧线一般不出产品；初馏塔底油（初底油）经一系列换热后，再经常压炉加热到 360～370℃ 进入常压塔，塔顶蒸出汽油，常压塔通常开 3～5 根侧线，从上到下分别抽出煤油（喷汽燃料与灯煤）、轻柴油、重柴油和变压器原料油等组分（统称为常压馏分）；常压塔底油又称常压重油（如无减压塔，亦可称常压渣油），用泵抽出送至减压炉，加热至 400℃ 左右进入减压塔，塔顶出凝缩油和水，减压塔一般设有 4～5 根侧线，分别抽出重质馏分油（减压馏分油），减压塔底油又称减压渣油，经适当冷却后送出装置。

原油蒸馏装置主要由原油电脱盐脱水部分、初馏部分、常压蒸馏部分、减压蒸馏部分、换热网络部分及产品精制部分等组成。另外考虑防腐还需要设有注缓蚀剂、注水系统。

(1) 电脱盐脱水 电脱盐脱水部分的目的是将进入蒸馏装置的原油中对蒸馏过程有害的水分和无机盐除去，属原油的预处理过程。

(2) 蒸馏过程 初馏部分、常压蒸馏部分、减压蒸馏部分是蒸馏过程。其目的是将原油中组成按其沸点（相对挥发度）的不同进行分离，以初步得到相应产品。

(3) 产品精制 产品精制主要是将由常压塔得到的汽油、煤油、柴油等半成品进行碱洗脱硫。

(4) 换热网络 换热网络是将需要被加热的原油与将要出装置的各馏分，通过一定的科学搭配的换热器网络进行换热，以回收各温位的热量，达到工艺要求及节能目的。

(5) 防腐措施 防腐措施是保证设备完好运行，防止腐蚀引起设备堵塞和泄漏，从而保证安全生产的必要措施。

二、常减压蒸馏的产品

对于燃料型的石油加工企业，在蒸馏过程中得到的直馏汽油、煤油、轻柴油或重柴油等馏分只是半成品，将其分别经过适当的精制和调和便成为合格的产品；在蒸馏过程中得到的重质馏分油（减压馏分油）和渣油可以作为二次加工过程用原料，如催化裂化原料、加氢裂化原料、焦化原料等，以便进一步提高轻质油的产率。另外，为了提高汽油的辛烷值，还必须对汽油馏分进行催化重整加工。

如果是综合型的石油加工企业，则还可由减压馏分油经脱蜡、精制分离出润滑油基础油，同时副产石蜡；由减压渣油经脱沥青、脱蜡、精制分离出润滑油基础油，同时副产沥青和石蜡；亦可将直馏汽油、轻柴油等作为石油烃裂解制乙烯的原料；亦可对直馏汽油经催化重整生产石油芳烃。

1. 直馏汽油

直馏汽油一般由初馏塔和常压塔塔顶拔出。我国主要原油实沸点蒸馏切割的汽油馏分性质见表2-1。

表2-1 我国主要汽油馏分的性质

原油	大庆	胜利	辽河	华北	新疆	中原
实沸点范围/℃	初馏点～200	初馏点～200	初馏点～200	初馏点～200	初馏点～200	初馏点～200
收率(占原油的质量分数)/%	10.7	7.6	7.8	6.1	15.4	19.4
密度(20℃)/(g/cm^3)	0.7432	0.7446	0.7532	0.7472	0.7446	0.7416
辛烷值(MON)	37	55	50	41	52	55
馏程/℃						
初馏点	60	61	66	87	65	56
10%	97	90	98	114	98	80
50%	141	133	132	150	142	128
90%	184	183	166	189	182	178
终馏点	205	204	187	213	201	205
硫含量(质量分数)/%	0.02	0.015	—	<0.01	0.003	0.024
酸度/[mg/100mL]	0.82	—	7.6	1.0	0.82	5.9

注：此处用于测定酸度的物质为KOH。

由表 2-1 可知，我国中原及新疆原油的直馏汽油馏分含量较高，分别占原油的 19.4% 及 15.4%，其他原油的汽油馏分含量均较低。大庆、华北汽油馏分的辛烷值很低，仅为 40 左右（马达法），其他汽油馏分的辛烷值为 50~55。由于直馏汽油馏分的辛烷值低，而且 10% 馏出温度偏高，不符合石油产品标准的要求。因此，这些馏分除可作为重整原料外，一般只作为调和汽油的组分，也可作为裂解制乙烯的原料。另外，辽河、中原汽油馏分的酸度较高。

2. 直馏煤油

直馏煤油一般由常压塔第一侧线抽出，直馏煤油可用作喷气燃料和民用灯用煤油，我国主要原油实沸点蒸馏切割的喷气燃料馏分性质见表 2-2。

表 2-2 我国主要喷气燃料馏分的性质

原油	大庆	胜利	辽河	华北	新疆	中原
实沸点范围/℃	130~230	130~230	130~230	130~240	130~240	145~230
收率(占原油的质量分数)/%	8.6	6.9	8.1	7.3	13.9	11.1
密度(20℃)/(g/cm³)	0.7782	0.7932	0.8033	0.7798	0.7883	0.7891
馏程/℃						
初馏点	141	134	142	139	157	164
10%	160	157	168	160	169	171
50%	183	181	183	186	192	198
90%	212	214	215	220	227	234
98%(或终馏点)	224	230	230(终馏点)	234(终馏点)	—	261(终馏点)
运动黏度/(mm²/s)						
20℃	11.39	1.35	1.51	1.49	1.66	1.57
−40℃	5.08	5.27	—	6.26	8.00	7.66
芳烃含量(质量分数)/%	<13.0	17.4	16.0	7.0	<10.0	19.0
硫含量(质量分数)/%	0.04	0.079	—	0.02	0.003	0.05
硫醇性硫含量/%	0.001	0.002	0.0002	0.0003	—	—
酸度/[mg/100mL]	0.90	9.27	1.10	1.02	2.76	20.10
碘值/(gI/100g)	3.11	0.21	0.36	0.65	4.81	0.15
闪点/℃	32	31	—	30	43	—
冰点/℃	−57	−63	<−60	−54	−63	−52
无烟火焰高度/mm	>25	—	21	33	35	33
净热值/(kJ/kg)	43811	43208	43124	43777	43459	43610

注：测定酸度的物质为 KOH。

喷气燃料的主要指标是密度和冰点（我国 1 号和 2 号喷气燃料使用结晶点，3 号喷气燃料使用冰点），要求密度高，冰点低，而这两者是互相制约的。由于我国大部分原油含正烷烃多，而沸点高的正烷烃冰点高，因此，当生产冰点要求较低的 1 号或 2 号喷气燃料时，只能切割终沸点比较低、馏程也相应比较窄的馏分，故产品收率较低。大庆原油一般适合生产结晶点不高于 −50℃ 的 2 号喷气燃料。胜利、辽河及新疆原油的喷气燃料馏分冰点低、密度大，可以生产 1 号喷气燃料。但辽河原油 130~230℃ 馏分的无烟火焰高度不符合产品标准要求。此外，除大庆喷气燃料外，其他原油喷气燃料馏分的酸度都超过产品标准的要求，需要精制。

3. 直馏柴油

直馏柴油可分为轻柴油和重柴油，分别从常压塔第二侧线（也可出灯用煤油）和第三侧线抽出。大部分含蜡高、含硫低的原油,都适宜生产质量很好的灯用煤油及直馏轻柴油。我国主要原油实沸点蒸馏切割的柴油馏分性质见表2-3。

表2-3 我国主要柴油馏分的性质

原油	大庆	胜利	辽河	华北	新疆	中原
实沸点范围/℃	200~320	180~350	200~350	180~350	200~350	200~350
收率(占原油的质量分数)/%	13.1	19.0	21.6	21.1		25.1.
密度(20℃)/(g/cm^3)	0.8131	0.8270	0.8541	0.8080	26.0	0.8160
十六烷值	67.5	58.0	—	67	0.8265	—
馏程/℃					56	
初馏点	224	205	225	206		230
10%	236	235	236	236	207	247
50%	257	280	272	283	229	280
90%	288	318	311	317	290	319
终馏点	310	332	324	328	335	336
运动黏度(20℃)/(mm^2/s)	3.78	4.85	5.53	4.87	354	5.06
苯胺点/℃	75.4	75.4	65.8	84.0	6.21	81.7
凝点/℃	−15.0	−12	−18	−4	82.9	−2
硫含量(质量分数)/%	0.050	0.250	0.050	0.100	−7	0.15
闪点(闭口)/℃	99	81~85	—	82	0.021	—
酸度/[mg/100mL]	4.97	20.1	41.8	3.3	99	43.5

注:测定酸度的物质为KOH。

4. 重质馏分油

重质馏分油是从减压塔侧线抽出,也称减压馏分油。重质馏分油可作催化裂化原料,有的也可作润滑油加工原料,我国主要原油实沸点蒸馏切割的重质馏分油性质见表2-4。

表2-4 我国主要重质馏分油的性质

原油	大庆	胜利	辽河	华北	新疆	中原
实沸点范围/℃	350~500	355~500	350~500	350~500	350~500	350~500
收率(占原油的质量分数)/%	26.0~30.0	27.0	29.7	34.9	23.2	28.9
密度(20℃)/(g/cm^3)	0.8564	0.8876	0.9083	0.8690	0.8560	0.8721
运动黏度/(mm^2/s)						
50℃	—	25.26	—	17.94	14.18	30.31
100℃	4.60	5.94	6.88	5.30	4.44	6.55
凝点/℃	42	39	34	46	43	30
特性因数	12.5	12.3	11.8	12.4	12.5	12.3
分子量	398	382	366	369	400	401
硫含量(质量分数)/%	0.045	0.470	0.150	0.270	0.350	0.055
氮含量(质量分数)/%	0.068	—	0.200	0.090	0.042	0.018
钒含量/(µg/g)	0.01	<0.10	0.06	0.03	0.01	<0.01
镍含量/(µg/g)	<0.10	<0.10	—	0.08	0.20	<0.07
残炭/%	<0.10	<0.10	0.038	<0.10	0.04	<0.10
结构族组成						
C_P/%	74.4	62.4	54.5	66.5	74.5	64.0
C_N/%	15.0	25.1	27.1	22.3	15.9	29.4
C_A/%	10.6	12.5	18.4	11.2	9.6	6.6
R_N/%(总环数)	0.83	1.6	1.69	1.24	0.80	1.80
R_A/%(芳香环)	0.48	0.56	0.83	0.47	0.43	0.32

5. 常压重油

常压重油是常压蒸馏塔塔底产品，有时也叫常压渣油。常压重油可进行减压蒸馏，得到减压馏分油和减压渣油；也可直接进行催化裂化或热裂化。

6. 减压渣油

减压渣油是减压蒸馏塔塔底产品。减压渣油可作为催化裂化、加氢裂化、热裂化的原料，也可作为生产高黏度润滑油的原料。

三、常减压蒸馏的基本原理

1. 复杂体系蒸馏

原油是一个组成非常复杂的混合物，一般只能采用蒸馏的办法对其进行较粗略的分离。常见的石油及其馏分蒸馏方法有平衡汽化、简单蒸馏（渐次汽化）、精馏。

（1）平衡汽化　液体混合物加热并部分汽化后，气液两相一直密切接触，达到一定程度时，气液两相一次分离，此分离过程称为平衡汽化，又称一次汽化。在一次汽化过程中，混合物中各组分都有部分汽化，由于轻组分的沸点低，易汽化，所以一次汽化后的气相中含有较多轻组分，液相中则含有较多的重组分。

工业生产上有一种应用较广泛的蒸馏类型称为闪蒸。所谓闪蒸是指进料以某种方式被加热至部分汽化，经过减压设施，在一个容器的空间（如闪蒸罐、蒸发塔、蒸馏塔的汽化段等）内，在一定的温度和压力下，气、液两相迅速分离，得到相应的气相和液相产物的过程，见图2-2。

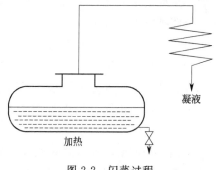

图2-2　闪蒸过程

在上述过程中，如果气、液两相有足够的时间密切接触，达到了平衡状态，则这种汽化方式称为平衡汽化。在实际生产过程中，并不存在真正的平衡汽化，因为真正的平衡汽化需要气、液两相有无限长的接触时间。然而在适当的条件下，气、液两相可以接近平衡，因而可以近似地按平衡汽化来处理。

平衡汽化的逆过程称为平衡冷凝。例如催化裂化分馏塔塔顶气相馏出物，经过冷凝冷却进入接受罐中进行分离，此时汽油馏分冷凝为液相，而裂化气和部分汽油蒸气则仍为气相（裂化富气）。

平衡汽化和平衡冷凝都可以使混合物得到一定程度的分离，气相产物中含有较多的低沸点轻组分，而液相产物中则含有较多的高沸点重组分。但是在平衡状态下，所有组分都同时存在于气、液两相中，而两相中的每个组分都处于平衡状态，因此这种分离是比较粗略的。

（2）简单蒸馏　液体混合物在蒸馏釜中被加热，在一定压力下，当温度到达混合物的泡点温度时，液体即开始汽化，生成微量蒸气，又叫渐次汽化。生成的蒸气当即被引出并经冷凝冷却收集起来，同时液体继续加热，继续生成蒸气并被随时引出。这种蒸馏方式称为简单蒸馏或微分蒸馏，见图2-3。

在简单蒸馏中，每个瞬间形成的蒸气都与残存液相处于平衡状态（实际上是接近平衡

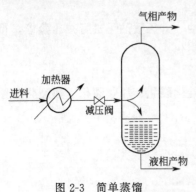

图 2-3 简单蒸馏

状态），由于形成的蒸气不断被引出，因此，在整个蒸馏过程中，所产生的一系列微量蒸气的组成是不断变化的。最初得到的蒸气中轻组分最多，随着加热温度的升高，相继形成的蒸气中轻组分的浓度逐渐降低，而残存液相中重组分的浓度则不断增大。但是对在每瞬间所产生的微量蒸气来说，其中的轻组分浓度总是要高于与之平衡的残存液体中的轻组分浓度。由此可见，借助于简单蒸馏，可以使原料中的轻、重组分得到一定程度的分离。

从本质上看，上述过程是由无穷渐次平衡汽化所组成的，是渐次汽化过程。与平衡汽化相比较，简单蒸馏所剩下的残液是与最后一个轻组分含量不高的微量蒸气相平衡的液相，而平衡汽化时剩下的残液则是与全部气相处于平衡状态，因此简单蒸馏所得的液体中的轻组分含量会低于平衡汽化所得的液体中的轻组分含量。换言之，简单蒸馏的分离效果要优于平衡汽化。

简单蒸馏是一种间歇过程，而且分离程度不高，一般只是在实验室中使用。广泛应用于测定油品馏程的恩氏蒸馏，可以看作是简单蒸馏。严格地说，恩氏蒸馏中生成的热气并未能在生成的瞬间立即被引出，而且蒸馏瓶颈壁上也有少量蒸气会冷凝而形成回流。因此，只能把它看作是近似的简单蒸馏。

简单蒸馏是实验室或小型装置上常用于浓缩物料或粗略分割油料的一种蒸馏方法。

（3）精馏　精馏是分离液相混合物很有效的手段，精馏有连续式和间歇式两种，现代石油加工装置中大部分采用连续式精馏；而间歇式精馏则由于它是一种不稳定过程，而且处理能力有限，因而只用于小型装置和实验室如实沸点蒸馏等，典型连续式精馏塔见图2-4。

由图2-4可见，连续式精馏塔，有两段：进料段以上是精馏段，进料段以下是提馏段，因此是个完全精馏塔。精馏塔内装有提供气、液两相接触的塔板或填料。塔顶送入轻组分浓度很高的液体，称为塔顶回流。通常是把塔顶馏出物冷凝后，取一部分作为塔顶回流，而其余部分作为塔顶产品。塔底有再沸器，加热塔底流出的液体以产生一定量的气相回流，塔底气相回流是轻组分含量很低而温度较高的蒸气。由于塔顶回流和塔底气相回流的作用，沿着精馏塔高度建立了两个梯度：温度梯度，即自塔底至塔顶温度逐级下降；浓度梯度，即气、液相物流的轻组分浓度自塔底至塔顶逐级增大。由于这两个梯度的存在，在每一个气、液接触级内，由下而上的较高温度和较低轻组分浓度的气相与由上而下的较低温度和较高轻组分浓度的液相互相接触，进行传质和传热，达到平衡而产生新的平衡的气、液两相，使气相中的轻组分和液相中的重组分分别得到提浓，如此经过多

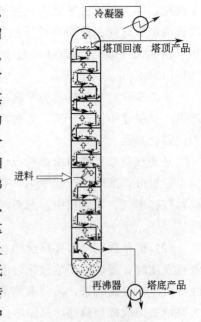

图 2-4 典型连续式精馏塔

次的气、液相逆流接触,最后在塔顶得到较纯的轻组分。而在塔底则得到较纯的重组分,这样,不仅可以得到纯度较高的产品,而且可以得到相当高的产品收率。这样的分离效果显然远优于平衡汽化和简单蒸馏。

由此可见,精馏过程有两个前提:

一是气、液两相间的浓度差,是传质的推动力;

二是合理的温度梯度,是传热的推动力,在塔盘上才能进行不断的汽化与冷凝过程。

精馏过程的实质是不平衡的气液两相,经过热交换,气相多次部分冷凝与液相多次部分汽化相结合的过程,从而使气相中的轻组分和液相中的重组分都得到了提浓,最后达到预期的分离效果。

为了使精馏过程能够进行,必须具备以下两个条件。

① 精馏塔内必须要有塔板或填料,它是提供气液充分接触的场所。气液两相在塔板上达到分离的极限是两相达到平衡,分离精确度越高,所需塔板数越多。例如,分离汽油、煤油、柴油一般仅需 4~8 块塔板,而分离苯、甲苯、二甲苯时,塔板数达数十块。

② 精馏塔内提供气、液相回流,是保证精馏过程传热、传质的另一必要条件。气相回流是在塔底加热(如重沸器)或用过热水蒸气汽提,使液相中的轻组分汽化上升到塔的上部进行分离,塔内液相回流的作用是在塔内提供温度低的下降液体,冷凝气相中的重组分,并造成沿塔自下而上温度逐渐降低。为此,必须提供温度较低、组成与回流入口处产品组成接近的外部回流。

利用精馏过程,可以得到一定沸程的馏分,也可以得到纯度很高的产品,例如纯度可达 99.99% 的产品。

对于石油精馏,一般只要求其产品是有规定沸程的馏分,而不是某个组分纯度很高的产品,或者在一个精馏塔内并不要求同时在塔顶和塔底都出很纯的产品。因此,在炼油厂中,常常有些精馏塔在精馏段抽出一个或几个侧线产品,也有一些精馏塔只有精馏段或提馏段,前者称为复杂塔,而后者称为不完全塔。例如原油常压精馏塔,除了塔顶出汽油馏分外,在精馏段还抽出煤油、轻柴油和重柴油馏分(侧线产品)。原油常压精馏塔进料段以下的塔段,与前述的提馏段不同。在塔底,它只是通入一定量的过热水蒸气,降低塔内油气分压,使一部分带下来的轻馏分蒸发,回到精馏段。由于过热水蒸气提供的热量很有限,轻馏分蒸发时所需的热量主要是依靠物流本身温度降低而得,因此,由进料段以下,塔内温度是逐步下降而不是逐步增高的。

综上所述,原油常压精馏塔是一个复杂塔,同时也是一个不完全塔。

2. 复合塔蒸馏策略

原油通过常压蒸馏要切割成汽油、煤油、轻柴油、重柴油和重油等馏分。按照一般的多元精馏办法,需要有 $N-1$ 个精馏塔才能把原料分割成 N 个产品。如图 2-5 所示。

当要分成五种产品时就需要四个精馏塔以串联方式排列。当要求得到较高纯度的产品时,这种方案无疑是必要的。但是在石油精馏中,各种产品本身依然是一种复杂混合物,它们之间的分离精确度要求并不很高,两种产品之间需要的塔板数并不多,如果按照图 2-5 的方案,则要有多个矮而粗的精馏塔。这种方案投资和能耗高,占地面积大,这些问

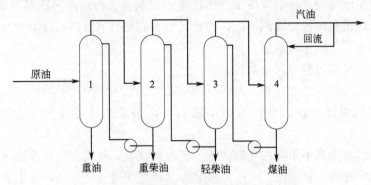

图 2-5 四个精馏塔把原料分制成五种产品

题还由于生产规模大而显得更突出。因此,可以把这几个塔结合成一个塔,如图 2-6 所示。这种塔实际上等于把几个简单精馏塔重叠起来,它的精馏段相当于原来四个简单塔的四个精馏段组合而成,而其下段则相当于塔 1 的提馏段,这样的塔称为复合塔。

3. 控制进料温度

常压重油当将原油加热到 350℃ 以上后,其中的一些重组分就会发生热裂解、缩合等反应。所以工业上一般控制进料温度不超过 350℃,或者不能超过 350℃ 太多。而原油中有 30%~70% 的成分其常压沸点是超过 350℃ 的,要想将其用蒸馏的办法分离,必须要采用减压、水蒸气汽提等方法。一般常压炉出口不超过 360~370℃(对于国外原油,由于轻组分含量高,一般取 355~365℃),常压塔进口 350℃。

4. 水蒸气汽提

(1) 汽提塔和汽提段 如前所述,石油蒸馏塔是复合塔。在塔内,汽油、煤油、柴油等产品

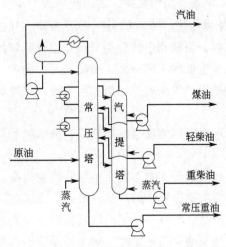

图 2-6 常压精馏塔

之间只有精馏段而没有提馏段,侧线产品中必然会含有相当数量的轻馏分,这样不仅影响本侧线产品的质量(如轻柴油的闪点等),而且降低了较轻馏分的产率。为此,在常压塔的外侧,为侧线产品设汽提塔,在汽提塔底部吹入少量过热水蒸气以降低侧线产品的油气分压,使混入产品中的较轻馏分汽化而返回常压塔。这样既可达到分离要求,又很简便。显然,这种汽提塔与精馏塔的提馏段在本质上有所不同,侧线汽提用的过热水蒸气量通常为侧线产品的 2%~3%(质量分数)。各侧线产品的汽提塔常常重叠起来,但相互之间是隔开的。

在有些情况下,侧线的汽提塔不采用水蒸气而仍像正规的提馏段那样采用再沸器。这种做法是基于以下几点考虑。

① 侧线油品汽提时,产品中会溶解微量水分,对有些要求低凝点或低冰点的产品如喷气燃料可能使冰点升高。采用再沸提馏可避免此弊病。

② 汽提用水蒸气的质量分数虽小,但水的分子量比煤油、柴油低数十倍,因而体积流量相当大,增大了塔内的气相负荷。采用再沸提馏代替水蒸气汽提有利于提高常压塔的

处理能力。

③ 水蒸气的冷凝潜热很大，采用再沸提馏有利于降低塔顶冷凝器的负荷。

④ 采用再沸提馏有助于减少装置的含油污水量。

采用再沸提馏代替水蒸气汽提会使流程设备复杂些，因此采用何种方式要具体分析。至于侧线油品用作裂化原料时则可不必汽提。

石油蒸馏塔进料汽化段中未汽化的油料流向塔底，这部分油料中还含有相当多的小于350℃轻馏分。因此，在进料段以下也要有汽提段，在塔底吹入过热水蒸气以使其中的轻馏分汽化后返回精馏段，以达到提高常压塔拔出率和减轻减压塔负荷的目的。塔底吹入的过热水蒸气的质量分数一般为2%～4%。常压塔底不可能用再沸器代替水蒸气汽提，因为常压塔底温度一般在350℃左右，如果用再沸器，很难找到合适的热源，而且再沸器也十分庞大。减压塔的情况也是如此。

由上述可见，石油蒸馏塔不是一个完全精馏塔，它不具备真正的提馏段。

另外，由于进入炼厂加工装置的原油总是带有或多或少的水分；塔顶的气相馏出物往往在水蒸气的存在下冷凝冷却等。所以在蒸馏过程中经常会遇到油-水共存体系的气液平衡问题。这些情况可以归纳成三种类型，即：过热水蒸气存在下油的汽化；饱和水蒸气存在下油的汽化；油气-水蒸气混合物的冷凝。具体讨论如下。

（2）过热水蒸气存在下油的汽化　在这种情况下，水蒸气始终处于过热状态，即没有液相水的存在。减压塔底吹入过热水蒸气以降低塔内油气分压，原油精馏塔侧线汽提、某些溶剂回收过程所用的汽提塔等都可归属于此类。在这些例子中，过热水蒸气的作用在于降低油气分压以降低它的沸点。

①过热水蒸气存在下降低其他物质沸点的原理。为阐述方便，先以纯物质A代替石油馏分来进行分析。

在气相中

$$p = p_A + p_S \tag{2-1}$$

式中　p——体系总压；

p_A——蒸气的分压；

p_S——水蒸气的分压。

由于只有A一个液相，而且与气相呈平衡，故

$$p_A = p_A^0 \tag{2-2}$$

式中　p_A^0——纯A的饱和蒸气压。

则由式(2-1)和式(2-2)得：

$$p = p_A^0 + p_S \tag{2-3}$$

当体系总压一定时，而且没有水蒸气存在，则液体A要在$p_A^0 = p$时才能沸腾，可是在水蒸气存在时，由于水蒸气已经分担了部分的分压，所以只要$p_A^0 = p - p_S$（显然，$p - p_S < p$），A就能沸腾。或者说，过热水蒸气的存在使A的沸点下降了。

这里，体系的组分数$c=2$，相数$\Phi=2$，根据相律，体系的自由度$F = c - \Phi + 2 = 2$，即必须同时规定两个独立变量才能确定体系的状态。例如仅仅规定一个温度条件，只能规定p_A^0和p_A，而p或p_S是可以在一定范围内自由变动的。这意味着，用过热水蒸气来蒸

馏或汽提，p 和 T 都是可以人为地控制的，为了保证体系中的水保持过热蒸气状态，p_S 必须低于水在温度 T 下的饱和蒸气压 p_S^0，否则体系中就会出现液相水。

② 过热水蒸气数量的影响。水蒸气数量越多，p_S 越大，在 p 一定时（一定的总压力下），$p-p_S$ 越小，则 p 亦越小。即：A 的沸点越小，能在越低的温度下使 A 沸腾汽化。水蒸气用量一般可以用水蒸气与物质 A 的摩尔比 n_S/n_A 表示。

③ 石油馏分的汽化与过热水蒸气量的关系。如果体系中的物料不是纯物质 A 而是石油馏分 O，上述的基本原理仍然适用，但是由于石油馏分不是纯物质而是一种混合物，在具体计算中会带来一些重要的差别。如式 (2-3) 可以变为下式：

$$p = p_O^0 + p_S \tag{2-4}$$

其中，油的饱和蒸气压 p_O^0 在一定温度下不是一个常数，它还与汽化率 e 有关，即 p 是 T 和 e 的函数。当 T 一定时，p_O^0 随着 e 的增大而降低。换言之，当 T 一定时，n_S/n_O 不是一个常数，而是随着 e 的增大而增大。即随着 e 的增大，汽化 1mol 油所需的水蒸气的物质的量要增加。这需要借助石油馏分的 p-T-e 相图才能作定量的计算。图 2-7 是某石油馏分的 p-T-e 相图。

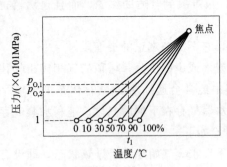

图 2-7 石油馏分蒸气压与汽化率的关系

由图 2-7 可知，当温度为 t_1、汽化率为 10% 时，油品的饱和蒸气压是 $p_{O,1}^0$，若 $p_{O,1}^0$ 正好等于总压 p，则不需要水蒸气的帮助，该油品在 t_1 下就可以汽化 10%。若 $p_{O,1}^0 < p$，就需要借助于水蒸气，此时

$$p = p_{O,1}^0 + p_{S,1} \tag{2-5}$$

每汽化 1mol 油品所需过热水蒸气的物质的量则通过下式计算：

$$\frac{n_{S,1}}{n_{O,1}} = \frac{p_{S,1}}{p_{O,1}^0} = \frac{p - p_{O,1}^0}{p_{O,1}^0} \tag{2-6}$$

如果温度 t_1 不变，要求汽化率为 30%，则

$$\frac{n_{S,2}}{n_{O,2}} = \frac{p_{S,2}}{p_{O,2}^0} = \frac{p - p_{O,2}^0}{p_{O,2}^0} \tag{2-7}$$

式中，$p_{O,2}^0$ 为温度 t_2 下，汽化率为 30% 时油品的饱和蒸气压。显然，$p_{O,2}^0 < p_{O,1}^0$，故 $(n_{S,2}/n_{O,2}) > (n_{S,1}/n_{O,1})$。即：汽化率越高，需要的水蒸气量越多（总压一定时）。

(3) 饱和水蒸气存在下油的汽化 对于这种情况，在气相中是水蒸气和油气组成的均匀相，在液相中则有不互溶的两相——水相和油相。

油与水一起汽化的过程是比较复杂的。以图 2-8 所表示的含水原油在换热器中被加热汽化为例说明。含水原油在换热器内流动时，由于换热而使其温度逐渐升高，原油和水的饱和蒸气压也随之增大。当温度升高至某一温度 t_0 时，原油的泡点压力 $p_{O,0}^0$ 和水的饱和蒸气压之和等于体系总压 p 时，油和水就同时开始汽化。汽化了一点以后，油的蒸气压就要下降一点，如果温度仍然是 t_0，则此时 $p_O^0 + p_S^0 < p$，汽化就不能继续下去。若继续加热升温，则油的蒸气压与水的饱和蒸气压之和又能继续保持与体系总压相等，汽化量又可以增加一点。如此进行下去，随着温度的升高，油和水的汽化持续地发生着，油和水的

饱和蒸气压也在不断地变化着，但是它们两者之和总是保持着与体系的总压相等。这个过程一直持续到液相中的水全部汽化为止。水全部汽化之后就属于过热水蒸气存在下油的汽化的问题了。

（4）油气-水蒸气混合物的冷凝　油气-水蒸气混合物的冷凝实际上就是前述两种情况的逆过程。只要弄清楚了前述的汽化过程，就不难理解和处理它的逆过程。

石油加工装置的蒸馏塔塔顶馏出物常常带有一定数量的水蒸气，它们在冷

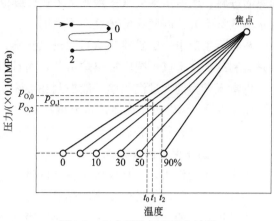

图 2-8　含水原油加热汽化过程

凝冷却器中所经历的过程就属于油气水蒸气混合物冷凝过程。如果油气和水蒸气都处于过热状态，则在混合汽中，$p_O + p_S = p$，在恒压下冷却时，这个关系不会改变，直到冷却到某个温度 t_1。在此 t_1 下，油的露点压力等于 p_O 或是水的饱和蒸气压等于 p_S，这时就开始冷凝而出现第一个液相。通常总是油的露点压力首先到达 p_O 值而使油气先冷凝。为了防止水蒸气在精馏塔顶部凝结成水而加重腐蚀，精馏塔的操作条件总是选择使塔内的水蒸气处于过热状态的条件，而塔顶馏出的油气则总是处于露点状态。因此，在冷却时，油气首先开始冷凝，出现液相的油，而水蒸气则仍处于过热状态。当油气冷凝了一点后，气相中的 p_O 降低而 p_S 增大，若体系温度不继续降低，则油气的冷凝就停止。只有使体系温度继续降低，油的饱和蒸气压继续下降，又使 $p_O = p_O^0$，油气才能继续冷凝。这样的过程一直进行至某个温度 t_2，在 t_2 下水的饱和蒸气压也等于当时的 p_S，则水蒸气也开始冷凝。以后，随着体系温度不断下降，油气和水汽的冷凝分率不断增大，一直到油气和水蒸气在同一时间冷凝完毕。再继续降低温度，则只是液态的水和油的冷却问题了。

在实际过程中，油气-水蒸气混合物是在流动中被冷凝冷却，在流动中会有流动压降，因此，混合物的冷凝过程也不是一个恒压过程。但是，此过程的基本原理仍然是一样的，只是问题变得稍微复杂些罢了。在系统压降不太大时，为方便起见，常可把它当作恒压过程来对待。

5. 塔进料的适当过汽化率

所谓过汽化率是指石油蒸馏塔为保证拔出率，进料在汽化段（塔进口板上部）必须要有足够的汽化分率。或者说：在汽化段温度、压力等条件下，原油中在此处汽化的数量和由塔底汽提而汽化的数量之和（也可忽略第二项）要比塔顶及各侧线产品数量之和多出一些，这多出的汽化量（按占原油的百分数表示）即称之为过汽化率。正常操作必须维持一定的过汽化率。石油精馏塔的过汽化率一般在 2%～5%。

从全塔物料平衡来看，为使最低一个侧线以下的几层塔板有一定量的液相回流，进料段的汽化率应该比塔上部各产品的总收率略高一些，高出的部分称过汽化量，过汽化量占进料量的百分数即过汽化率。一般二元或多元精馏塔，理论上进料的汽化率可以在 0～1 之间任意变化而仍能保证产品产率。

从全塔热量平衡来看，由于常压塔塔底不用再沸器，热量来源几乎完全取决于加热炉

加热的进料。汽提水蒸气（一般约450℃）虽也带入一些热量，但由于只放出部分显热，且水蒸气量不大，因而这份热量是不大的。

在实际生产中一定要控制适当的过汽化率，只要侧线产品质量能保证，过汽化度低一些是有利的。这不仅可减轻加热炉负荷，而且由于炉出口温度降低可减少油料的裂化。

以常压塔为例，过汽化率一般控制在2%～3%可以降低常压炉出口温度，实践证明，过汽化率提高1%，可使加热炉负荷增加2%。

可见，一是必须要有过汽化率，二是过汽化率必须适宜，特别是不能过大。

6. 回流的作用和回流方式

塔内回流的作用，一是提供塔板上的液相回流，造成气液两相充分接触，达到传热、传质的目的；二是取走塔内多余的热量，维持全塔热平衡，以控制、调节产品的质量。

从塔顶打入的回流量，常用回流比来表示。

$$回流比 = \frac{回流量(m^3/h)}{塔顶产品流量(m^3/h)}$$

回流比增加，塔板的分离效率提高；当产品分离程度一定时，加大回流比，可适当减少塔板数，但是增大回流比是有限度的，塔内回流量的多少是由全塔热平衡决定的，如果回流比过大，必然使下降的液相中轻组分浓度增大，此时，如果不相应地增加进料的热量或塔底的热量，就会使轻组分来不及汽化，而被带到下层塔板甚至塔底，一方面减少了轻组分的收率，另一方面也会造成侧线产品或塔底产品不合格。此外，增加回流比，塔顶冷凝冷却器的负荷也随之增加，提高了操作费用。

根据回流的取热方式不同，回流可分为冷回流、热回流、循环回流等。

(1) 冷回流　冷回流是塔顶气相馏出物以过冷液体状态从塔顶打入塔内。塔顶冷回流是控制塔顶温度，保证产品质量的重要手段。冷回流入塔后，吸热升温、汽化、再从塔顶蒸出。其吸热量等于塔顶回流取热，回流热一定时，冷回流温度越低，需要的冷回流量就越少，但冷回流的温度受冷却介质、冷却温度的限制。冷却介质用水时，冷回流的温度一般不低于冷却水的最高出口温度，常用的汽油冷回流温度一般为30～45℃。

(2) 热回流　在塔顶装有部分冷凝器，将塔顶蒸气部分冷凝成液体作回流，回流温度与塔顶温度相同（为塔顶馏分的露点）。部分冷凝器只吸收汽化潜热，所以，取走同样的热量时，热回流量比冷回流量大，热回流也可有效地控制塔顶温度，适用于小型塔。

(3) 循环回流　循环回流是从塔内某塔板上抽出液相，将其冷却至某个温度再送回塔中，物流在整个过程中均处于液相，而且在塔内流动时一般也不发生相变化，它只是在塔内塔外循环流动，借助于换热器取走回流热。

① 塔顶循环回流。它的主要作用是塔顶回流热较大时，考虑回收这部分热量以降低装置能耗。塔顶循环回流热的温位（或者称能级）较塔顶冷回流的高，便于回收；塔顶馏出物中含有较多的不凝气（例如催化裂化分馏塔），使塔顶冷凝冷却器的传热系数降低，采用塔顶循环回流可大大减少塔顶冷凝冷却器的负荷，避免使用庞大的塔顶冷凝冷却器群；降低塔顶馏出线及冷凝冷却系统的流动压降，以保证塔顶压力不致过高（如催化裂化分馏塔），或保证塔内有尽可能高的真空度（例如减压精馏塔）。

在某些情况下，也可以同时采用塔顶冷回流和塔顶循环回流两种形式的回流方案。

② 中段循环回流。循环回流如果设在精馏塔的中部，就称为中段循环回流。它的主

要作用有两点：使塔内的气、液相负荷沿塔高分布比较均匀；石油精馏塔沿塔高的温度梯度较大，从塔的中部取走的回流热的温位显然要比从塔顶取走的回流热的温位高出许多，因而是价值更高的可利用热源。

大、中型石油精馏塔几乎都采用中段循环回流。当然，采用中段循环回流也会带来一些不利之处：中段循环回流上方塔板上的回流比相应降低，塔板效率有所下降；中段循环回流的出入口之间要增设换热塔板，使塔板数和塔高增大；相应地增设泵和换热器，工艺流程变得更复杂等。对常压塔，中段回流取热量一般以占全塔回流热的 40%～60% 为宜。中段回流进出口温差国外常采用 60～80℃，国内则多用 80～120℃。

近年来炼油厂节能的问题日益受到重视，在某些情况下，为了多回收能值级较高的热量，有的常压塔还考虑了采用第三个中段循环回流。

7. 石油蒸馏塔的气液相负荷

前面已经讲到，石油蒸馏塔具有以下特点：
① 是复合塔（一个塔出多个产品——侧线抽出）；
② 是不完全塔（对侧线设汽提塔和进口部位以下是汽提段）；
③ 控制进料温度及塔进料适当过汽化率；
④ 采用水蒸气汽提；
⑤ 多种回流方式等。

下面进一步讨论石油蒸馏塔的沿塔气、液相负荷问题。

（1）恒分子回流的假定完全不适用　在二元和多元精馏塔的设计计算中，为了简化计算，对性质及沸点相近的组分所组成的体系作出了恒分子回流的近似假设，即在塔内的气液相的摩尔流量不随塔高而变化，这个近似假设的依据是：塔内各组分分子大小相近，分子性质相似；精馏塔上、下部温差不大。

但是这个近似假设对原油常压精馏塔是完全不能适用的。石油是复杂混合物，各组分间的性质可以有很大的差别，它们的摩尔汽化潜热可以相差很远，沸点之间的差别甚至可达几百摄氏度，例如常压塔顶和塔底之间的温差就可达 250℃ 左右。显然，以精馏塔上下部温差不大，塔内各组分的摩尔汽化潜热相近为基础所做出的恒分子回流这一假设对常压塔是完全不适用的。

（2）石油蒸馏塔内的沿塔气、液相负荷　对石油蒸馏塔做热量衡算和物料衡算（过程略），可画出图 2-9。

原油进入汽化段后，其气相部分进入精馏段。自下而上，由于温度逐板下降引起液相回流量（kmo/h）逐渐增大，因而气相负荷（kmo/h）也不断增大。到塔顶第一、第二层塔板之间，气相负荷达到最大值。经过第一板后，气相负荷显著减小。从塔顶送入的冷回流，经第一板后变成了热回流（即处于饱和状态），液相回流量有较大幅度的增加，达到最大值。在这以后自上而下，液相回流量逐板减小，每经过一层侧线抽出板，液相

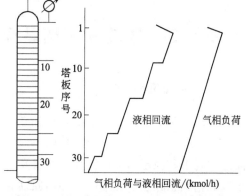

图 2-9　石油蒸馏塔的气、液相负荷分布图

荷均有突然的下降，其减少的量相当于侧线抽出量。到了汽化段，如果进料没有过汽化量，则从精馏段末一层塔板流向汽化段的液相回流量等于零。通常原油入精馏塔时都有一定的过汽化度，则在汽化段会有少量液相回流，其数量与过汽化量相等。

进料的液相部分向下流入汽提段。如果进料有过汽化度，则相当于过汽化量的液相回流也一起流入汽提段。由塔底吹入水蒸气，自下而上地与下流的液相接触，通过降低油气分压的作用，使液相中所携带的轻质油料汽化。因此，在汽提段，由上而下液相和气相负荷越来越小，其变化大小视流入的液相携带的轻组分的多少而定。轻质油料汽化所需的潜热主要靠液相本身来提供，因此液体向下流动时温度逐板有所下降。

塔内的气、液相负荷分布是不均匀的，即上大下小，而塔径设计是以最大气、液相负荷来考虑的。对一定直径的塔，处理量受到最大蒸汽负荷的限制，因此很不经济。同时，全塔的过剩热全靠塔顶冷凝器取走，一方面要庞大的冷凝设备与大量的冷却水，投资、操作费用高；另一方面低温位的热量不易回收和利用。

(3) 采用中段循环回流后石油蒸馏塔的气、液相负荷　采用中段循环回流后石油蒸馏塔的气、液相负荷分布情况见图2-10，可见解决了以上的问题，即使塔内的气、液相负荷沿塔高分布比较均匀；从塔的中部取走温位高的回流热，因而可以更有效地回收可利用热源。

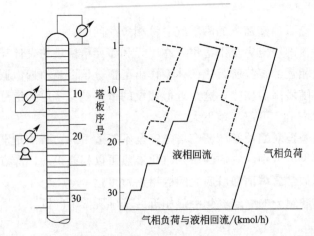

图2-10　采用中段循环回流后石油蒸馏塔的气、液相负荷分布图

任务二　原油常减压蒸馏工艺流程组织

一、原油预处理

从地底油层中开采出来的石油都伴有水，这些水中都溶解有无机盐，如 NaCl、$MgCl_2$、$CaCl_2$ 等。原油含水含盐给原油运输、储存、加工和产品质量都会带来危害。原油经过脱水和稳定，可以把大部分水及水中的盐脱除，但仍有部分水不能脱除，因为这些水以乳化状态存在于原油中。外输原油含水量控制在 0.5% 以下，含盐小于 50mg/L。我国主要原油进厂时含盐、含水量见表2-5。

表 2-5　我国主要原油进厂时含盐、含水量

原油种类	含盐量/(mg/L)	含水量/%	原油种类	含盐量/(mg/L)	含水量/%
大庆原油	3～13	0.15～1.00	辽河原油	6～26	0.30～1.00
胜利原油	33～45	0.10～0.80	鲁宁管输原油	16～60	0.10～0.50
中原原油	约200	约1.00	新疆原油	33～49	0.30～1.80
华北原油	3～18	0.08～0.20			

由于原油在油田的脱盐、脱水效果很不稳定，含盐量及含水量仍不能满足石油加工过程对原油含水和盐的要求。必须在原油加工之前进一步脱盐脱水。

1. 原油含盐、含水的危害及其脱除要求

（1）原油含盐、含水的危害

① 增加能量消耗。原油在加工中要经历汽化、冷凝的相变化，水的汽化潜热（2255kJ/kg）较烃类（300kJ/kg 左右）大得多。若水与原油一起发生相变时，必然要消耗大量的燃料和冷却水，增加加工过程能耗。如原油含水增加 1%，由于水汽化吸热，可使原油换热温度下降 10℃，相当于加热炉负荷增加 5% 左右，而且原油在通过换热器、加热炉时，因所含水分随温度升高而蒸发，溶解于水中的盐类将析出而在管壁上形成盐垢，不仅降低了传热效率，也会减小管内流通面积而增大流动阻力，水汽化之后体积明显增大也造成系统压力增大，这些都会使原油泵出口压力增大，动力消耗增大。

② 影响蒸馏塔的平稳操作。水的分子量（18）比油（平均分子量为 100～1000）小得多，水汽化后使塔内气相负荷增大，含水量的波动必然会打乱塔内的正常操作，轻则影响产品分离质量，重则因水的"爆沸"而造成冲塔事故。

③ 腐蚀设备。氯化物，尤其是氯化钙和氯化镁，在加热并有水存在时，可发生水解反应放出 HCl，后者在有液相水在时即成盐酸，造成蒸馏塔顶部低温部位的腐蚀。

$$CaCl_2 + 2H_2O \longrightarrow Ca(OH)_2 + 2HCl$$
$$MgCl_2 + 2H_2O \longrightarrow Mg(OH)_2 + 2HCl$$

当加工含硫原油时，虽然生成的 FeS 能附着在金属表面上起保护作用，可是，HCl 存在时，FeS 对金属的保护作用不但被破坏，而且还加剧了腐蚀。

$$Fe + H_2S \longrightarrow FeS + H_2 \uparrow$$
$$FeS + 2HCl \longrightarrow FeCl_2 + H_2S$$

④ 影响二次加工原料的质量。原油中所含的盐类在蒸馏之后会集中于减压渣油中，对渣油进一步深度加工时，无论是催化裂化还是加氢脱硫都要控制原料中钠离子的含量，否则将使催化剂中毒。含盐量高的渣油作为延迟焦化的原料时，加热炉管内因盐垢面结焦，产物石油焦也会因灰分含量高而降低等级。

（2）脱除要求　为了减少原油含盐、含水对加工的危害，目前对设有重油催化裂化装置的炼油厂提出了深度电脱盐的要求：脱后原油含盐量要小于 3mg/L，含水量小于 0.2%；对不设重油催化裂化的炼油厂，仅为满足设备不被腐蚀时可以放宽要求，脱后原油含盐量应小于 5mg/L，含水量小于 0.3%。

2. 原油脱盐、脱水方法

原油脱盐、脱水可根据原油中水和盐的存在形式选择相应的脱除方法。

(1) 水的存在形态

① 游离水。由于水在原油及油品中溶解度很小，相对密度又较原油大。因此，绝大部分水以游离分层的形态存在于原油底层。这部分水采用静置沉降或机械沉降方法就能容易除去，油田中大部分水采用此方法脱除。

② 溶解水。尽管水在油中溶解度很小，但还是有一定的溶解度。因此，有少量水溶解于油中，由于这部分水量很小，且又难除去，工业上一般不考虑除去溶解水。

③ 乳化水。由于原油中含有一些天然乳化剂，使一部分水以乳化形态存在于油中，由于乳化水颗粒较小、表面强度又大，使乳化水不易聚集和沉降，分散于原油层中。这部分水采用加破乳化剂及加载高压电场的方法除去。

(2) 盐的存在形态　原油中盐一般有两种存在形态，即大部分盐溶解于水中；少量未溶解的盐以颗粒形态存在于油中。颗粒盐采用加水使其溶解于水中，这样只要除去水，溶解于水中的盐也一并除去。

(3) 脱盐、脱水方法　在脱盐、脱水之前向原油中注入一定量不含盐的清水，充分混合，使颗粒盐溶于水中，然后在破乳剂和高压电场的作用下，使微小水滴聚集成较大水滴，借重力从油中分离，达到脱盐、脱水的目的，这通常称为电化学脱盐、脱水过程。

3. 原油脱盐、脱水工艺流程

原油的二级脱盐、脱水工艺原理流程示意如图 2-11 所示。

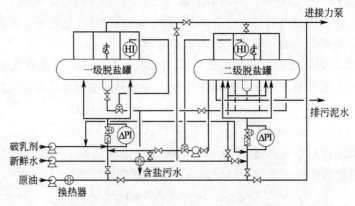

图 2-11　原油二级脱盐、脱水工艺原理流程

一级脱盐罐脱盐率在 90%～95%，在进入二级脱盐罐之前，仍需注入淡水，一级注水是为了溶解悬浮的盐粒；二级注水是为了增大原油中的水量，以增大水滴的偶极聚结力。

原油进装置后，注入 5～40mg/kg（占原油比例）浓度为 1% 的破乳剂，由原油泵抽分成三路换热，换热温度达 120～145℃，然后注入≤10%（占原油比例）软化水（净化水），最后经混合阀使原油、水、破乳剂、杂质充分进行混合，进入电脱盐罐。电脱盐罐压力控制在 0.8～1.2MPa，电脱盐罐内设有金属电极板，在电极板之间形成高压电场，在破乳剂和高压电场作用下，产生破乳和水滴极化，小水滴聚成大水滴，具有一定的质量后，由于油水密度差，水穿过油层落于罐底。又由于水是导电的，这样下层接电极板与水层之间形成弱电场，促使油水进一步分离，从而达到脱除水和溶解于水中的盐的目的。罐底的水通过自动控制连续地自动排出，脱盐后油从罐顶集合管流出，进入脱盐后的原油换热部分。

二、原油常减压工艺流程

(一) 原油常减压蒸馏工艺流程的类型

为了蒸出更多的馏分油作为二次加工原料和充分回收剩余热量，常压和减压蒸馏过程一般连接在一起而构成常减压蒸馏工艺流程。

原油蒸馏装置一般均在常压分馏塔前设置初馏塔或闪蒸塔。初馏塔或闪蒸塔的主要作用，在于将原油在换热升温过程中已经汽化的轻质油及时蒸出，使其不进入常压加热炉，以降低加热炉的热负荷和降低原油换热系统的操作压力，从而节省装置能耗和操作费用。此外，初馏塔或闪蒸塔还具有使常压塔操作稳定的作用，原油中的气体烃和水在其中全部被除去，而使常压分馏塔的操作平稳，有利于保证多种产品特别是煤油、柴油等侧线产品的质量。

初馏塔与闪蒸塔的差别，在于前者出塔顶产品，而后者不出塔顶产品，塔顶蒸气进入常压塔中上部，因而前者有冷凝和回流设施，而后者无。

初馏塔是简单的（一般不出侧线）的常压蒸馏塔。原油蒸馏过程是否采用初馏塔，应根据以下因素进行综合分析后决定。

(1) 原油的轻馏分含量　含轻馏分较多的原油在经过换热器被加热时，随着温度的升高，轻馏分汽化，从而增大了原油通过换热器和管路的阻力，这就要求提高原油输送泵的扬程和换热器的压力等级，也就是增加了电能消耗和设备投资。因此，当原油含汽油馏分接近或大于20%时，可采用初馏塔。这样，一则能减少原油管路阻力，降低原油泵出口压力；二则能减少常压炉的热负荷，两者均有利于降低装置能耗。

(2) 原油脱水效果　当原油因脱水效果波动而引起含水量高时，水能从初馏塔塔顶分出，使得常压塔操作免受水的影响，保证产品质量合格。

(3) 原油的含砷量　重整催化剂极易因砷中毒而永久失活，重整原料油的砷含量要求小于200μg/g。如果进入重整装置的原料的含砷量超过200μg/g，则仅依靠预加氢精制是不能使原料含砷量降至1μg/g以下的。重整原料的含砷量不仅与原油的含砷量有关，而且与原油被加热的温度有关。例如在加工大庆原油时，初馏塔进料温度约230℃，只经过一系列换热，温度低且受热均匀，不会造成砷化合物的热分解，由初馏塔顶得到的重整原料的含砷量小于200μg/g。若原油加热到370℃直接进入常压塔，则从常压塔顶得到的重整原料的含砷量通常高达1500μg/g。

因此，对含砷量高的原油，如果要生产重整原料油，必须设置初馏塔，并且只取初馏塔顶的产物作为重整原料。

(4) 原油的含硫量和含盐量　当加工含硫原油时，在温度超过160~180℃的条件下，某些含硫化合物会分解而释放出H_2S，原油中的盐分则可能水解而析出HCl，造成蒸馏塔顶部、气相馏出管线与冷凝冷却系统等低温部位的严重腐蚀。设置初馏塔可使大部分腐蚀转移到初馏塔系统，从而减轻了主塔——常压塔顶系统的腐蚀，这在经济上是合理的。但是这并不是从根本上解决问题的办法。实践证明，加强脱盐、脱水和防腐蚀措施，可以大大减轻常压塔的腐蚀而不必设初馏塔。

在原油蒸馏过程中，在一个塔内分离一次称为一段汽化。原油经过加热汽化的次数，称为汽化段数,汽化段数一般取决于原油性质,产品方案和处理量等。原油蒸馏装置的汽化段数可分为一段汽化式、二段汽化式、三段汽化式、四段汽化式等几种。

① 一段汽化式:常压。

② 二段汽化式:初馏(闪蒸)—常压;常压—减压。

③ 三段汽化式:初馏—常压—减压;常压——级减压—二级减压。

④ 四段汽化式,初馏—常压——级减压—二级减压。

一段汽化式和初馏(闪蒸)—常压二段汽化式主要适用于中、小型炼油厂,只生产轻、重燃料或较为单一的化工原料。

常压—减压二段汽化式和初馏—常压—减压三段汽化式主要用于大型炼油厂的燃料型、燃料润滑油型和燃料化工型产品的生产。

常压——级减压—二级减压三段汽化式和初馏—常压——级减压—二级减压四段汽化式用于燃料-润滑油型和较重质的原油,以提高拔出深度或制取高黏度润滑油料。

原油蒸馏中,最常见的是初馏—常压—减压三段汽化形式。

根据产品的用途不同,可将原油蒸馏工艺流程分为燃料型、燃料-润滑油型及化工型三类。

1. 燃料型

燃料型原油蒸馏的典型流程见图 2-12。

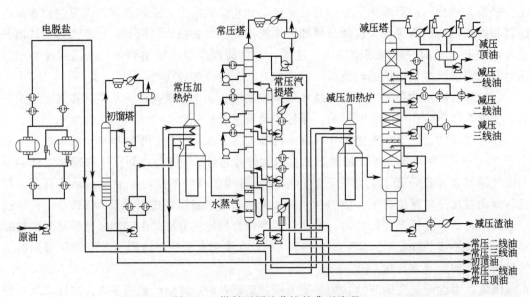

图 2-12 燃料型原油蒸馏的典型流程

经过脱盐脱水的原油换热到 210~230℃,进入初馏塔,从初馏塔塔顶分出轻汽油或催化重整原料油,其中一部分返回塔顶作顶回流。初馏塔顶产品轻汽油一般作为催化重整装置原料。由于原油中的金属有机化合物特别是砷的有机物质,随着原油温度的升高而分解汽化,因而初馏塔顶汽油含砷量较低,而常压塔顶汽油则含砷量很高。

初馏塔底油称作拔头原油(初底油),经一系列换热后,再经常压炉加热到 350~370℃进入常压塔,常压塔设 3~4 个侧线。常压塔生产汽油、溶剂油、煤油(或喷气燃料)、重柴油等产品或调和组分。为了调整各侧线产品的闪点和馏程范围,各侧线都设汽提塔。

常压塔底重油又称常压渣油，用泵抽出送至减压炉，加热至400℃左右进入减压塔。减压塔侧线出催化裂化或加氢裂化原料。减压塔产品较简单、分馏精度要求又不高，故只设2~3个侧线，且可不设汽提塔。如对最下一个侧线产品的残炭值和重金属含量有较高要求，则需在塔进口与最下一个侧线抽出口之间设1~2个洗涤段。

原油中的350℃以上的高沸点馏分是馏分润滑油和催化裂化、加氢裂化的原料。但是由于在高温下会发生分解反应，所以不能通过提高温度（超过350℃）的办法在常压塔获得这些馏分，而只能在减压和较低的温度下通过减压蒸馏获得。在现代技术水平下，通过减压蒸馏可以从常压重油中蒸馏出沸点约550℃以前的馏分油。

尽可能提高拔出率。在"干式"减压蒸馏工艺中，减压塔顶的不凝气体负荷小，可采用三级蒸汽抽真空器，建立残压很低的减压系统，以获得较高的拔出率。

主要操作指标。以鲁宁管输原油为例，脱盐温度为110~130℃，进初馏塔温度为215~230℃，进常压塔温度为350~365℃，进减压塔温度为380~390℃。减压塔顶残压为1.33~2.66kPa，换热终温为280~300℃。

2. 燃料-润滑油型

燃料-润滑油型原油蒸馏的典型流程见图2-13。

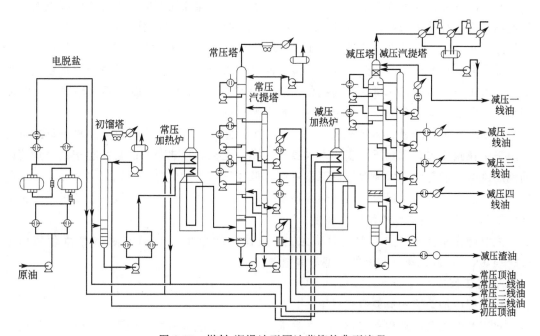

图2-13 燃料-润滑油型原油蒸馏的典型流程

经过严格脱盐脱水的原油换热到230~240℃，进入初馏塔，从初馏塔塔顶分出轻汽油或催化重整原料油，其中一部分返回塔顶作顶回流。初馏塔侧线不出产品，但可抽出组成与重汽油馏分相似的馏分，经换热后，一部分打入常压塔中段回流入口处（常压塔侧一线、侧二线之间），这样，可以减轻常压炉和常压塔的负荷；另一部分则送回初馏塔作循环回流。初馏塔底油经一系列换热后，再经常压炉加热到360~370℃进入常压塔，它是原油的主分馏塔。在塔顶冷回流和中段循环回流作用下，从汽化段至塔顶温度逐渐降低，组分越来越轻,塔顶蒸出汽油。常压塔通常开 3～5 根侧线,煤油(喷汽燃料与灯用煤油)、轻柴油、重柴油和变压器原料油等组分则呈液相按轻重依次馏出。这些侧线馏分经汽提塔汽提出轻组分后,经泵抽出,与原油换热,回收一部分热量后冷却到一定温度才送出装置。

常压塔底重油又称常压渣油,用泵抽出送至减压炉,加热至 400℃ 左右进入减压塔。塔顶分出不凝气和水蒸气,进入冷凝器。经冷凝器冷却后,用 2～3 级蒸气抽空器抽出不凝气,维持塔内残压为 0.027～0.1MPa,以利于馏分油充分蒸出。减压塔一般设有 4～5 根侧线和对应的汽提塔。经汽提后与原油换热并冷却到适当温度送出装置。减压塔底油又称减压渣油,经泵升压后送出与原油换热回收热量,再经适当冷却后送出装置。

润滑油型减压塔在塔底吹入过热蒸汽汽提,对侧线馏出油也设置汽提塔,因为塔内有水蒸气而称为湿式操作。对塔底不吹过热蒸汽、侧线油也不设汽提塔的燃料型减压塔,因塔内无水蒸气而称为干式操作。它的优点是降低能耗和减少含油污水量,它的缺点是失去了水蒸气汽提降低油气分压的作用,对减少减压渣油<500℃馏分的含量和提高拔出率不利,对这一点即使采用提高塔顶真空度和以全填料层取代塔盘降低全塔压降也难以完全弥补,所以还要保留一些蒸汽。近年来有些炼油厂对燃料型减压塔采用微湿汽提的操作方式,即在减压加热炉入口注入一些过热蒸汽,以提高油在炉管内的流速,对黏度大、残炭值高的原油可起到提高传热效率、防止炉管结焦、延长操作周期的作用。在塔底也吹入少量过热蒸汽,有助于渣油中轻组分的挥发,将渣油中<500℃馏分的含量降到 5% 以下。炉管注汽和塔底吹汽两者总和不超过 1%、此量大大低于常规的塔底 2%～3% 的汽提量。

常压系统在原油和产品要求与燃料型相同时,其流程亦相同。减压系统流程较燃料型复杂,减压塔要出各种润滑油原料组分,故一般设 4～5 个侧线,而且要有侧线汽提塔以满足对润滑油原料馏分的闪点要求,并改善各馏分的馏程范围。

控制减压炉管内最高油温不大于 395℃,以免油料因局部过热而裂解。减压蒸馏系统一般采用在减压炉管和减压塔底注入水蒸气的操作工艺,注热蒸汽的目的在于改善炉管内油流的流型,避免油料因局部过热而裂解;降低减压塔内油气分压,以提高减压馏分油的拔出率。减压塔进料段以上、最低侧线抽出口以下,设轻、重油洗涤段(或仅设一个重油洗涤段),以改善重质润滑油料的质量。

主要操作指标:以加工大庆原油为例,脱盐温度为 90～110℃,减压塔塔顶残压为 3.3～4.0kPa。其他条件与燃料油型基本相同。

3. 化工型

化工型原油蒸馏的典型流程见图 2-14。

化工型原油蒸馏流程是三类流程中最简单的。常压蒸馏系统一般不设初馏塔而设闪蒸塔。闪蒸塔塔顶油气引入常压塔中上部。常压塔设 2～3 个侧线,产品作裂解原料,分离精度要求低,塔板数可减少,不设汽提塔。减压蒸馏系统与燃料型基本相同。

主要操作指标与燃料型基本相同。

(二)原油蒸馏过程中的防腐措施

随着采油技术的不断进步,我国原油产量稳步增长,尤其是重质原油产量增长较快,使炼厂加工的原油种类日趋复杂、性质变差、含硫量和酸值都有所提高。此外,我国加工进口原油的数量也逐年增加,其中含硫量高的中东原油必须采取相应对策防止设备腐蚀。

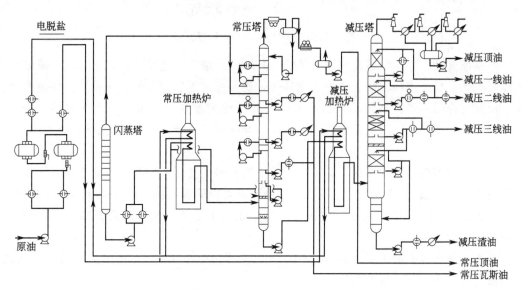

图 2-14 化工型原油蒸馏的典型流程

另外,原油中含有的环烷酸也是引起设备腐蚀的重要原因。

一般可从原油的盐、硫、氮含量和酸值的大小来判断加工过程对设备造成腐蚀的轻重。

通常认为含硫量>0.5%、胺值>0.5mg/g、总氮>0.1%和盐未脱到5mg/L以下的原油,在加工过程中会对设备和管线造成严重腐蚀。

腐蚀部位一般为初馏塔和常压塔塔顶挥发线和塔顶冷凝器以及回流罐。为此,必须采用一定的防腐措施。

1. 腐蚀的原因

(1) 低温部位 HCl-H_2S-H_2O 型腐蚀　脱盐不彻底的原油中残存的氯盐,在120℃以上发生水解生成HCl,加工含硫原油时塔内有H_2S,当HCl和H_2S为气体状态时,只有轻微的腐蚀性,一旦进入有液体水存在的塔顶冷凝区,不仅因HCl遇水生成盐酸会引起设备腐蚀,而且形成了HCl-H_2S-H_2O的介质体系,HCl和H_2S相互促进构成的循环腐蚀会引起更严重的腐蚀,反应式如下:

$$Fe + 2HCl \longrightarrow FeCl_2 + H_2 \uparrow$$

$$Fe + H_2S \longrightarrow FeS + H_2 \uparrow$$

$$FeS + 2HCl \longrightarrow FeCl_2 + H_2S$$

这种腐蚀多发生在初馏塔、常压塔顶部和塔顶冷凝冷却系统的低温部位。

(2) 高温部位硫腐蚀　原油中的硫化物可按对金属作用的不同分为活性硫化物和非活性硫化物。非活性硫化物在160℃开始分解,生成活性硫化物,在达到300℃以上时分解尤为迅速。高温硫腐蚀从250℃左右开始,随着温度升高而加剧,最严重的腐蚀在340~430℃。活性硫化物的含量越多,腐蚀就越严重。反应式如下:

$$Fe + S \longrightarrow FeS$$

$$Fe + H_2S \longrightarrow FeS + H_2 \uparrow$$

$$RCH_2SH + Fe \longrightarrow FeS + RCH_3$$

高温硫腐蚀常发生在常压炉出口炉管及转油线、常压塔进料部位上下塔盘、减压炉至减压塔的转油线、进料段塔壁与内部构件等，腐蚀程度不仅与温度、含硫量、均硫浓度有关，而且与介质的流速和流动状态有关，介质的流速越高，金属表面上由腐蚀产物 FeS 形成的保护膜越容易被冲刷而脱落，因界面不断被更新，金属的腐蚀也就进一步加剧，称为冲蚀。

（3）高温部位环烷酸腐蚀　原油中所含的有机酸主要是环烷酸。我国辽河、新疆、大港原油中的有机酸有 95% 以上是环烷酸，胜利原油中的有机酸 40% 是环烷酸。环烷酸的分子量为 180～350，它们集中于常压馏分油（相当于柴油）和减压馏分油中，在轻馏分和渣油中的含量很少。

环烷酸的沸点有两个温度区间：230～300℃ 及 330～400℃，在第一个温度区间内，环烷酸与铁作用，使金属被腐蚀：

$$2C_nH_{2n-1}COOH + Fe \longrightarrow Fe(C_nH_{2n-1}COO)_2 + H_2 \uparrow$$

在第二个温度区间，环烷酸与高温硫腐蚀所形成的 FeS 作用，使金属进一步遭到腐蚀，生成的环烷酸铁可溶于油被带走，游离出的 H_2S 又与无保护膜的金属表面再起反应，反应不断进行而加剧设备腐蚀。

$$2C_nH_{2n-1}COOH + FeS \longrightarrow Fe(C_nH_{2n-1}COO)_2 + H_2S$$

$$Fe + H_2S \longrightarrow FeS + H_2 \uparrow$$

环烷酸严重腐蚀部位大都发生在塔的进料段壳体、转油线和加热炉出口炉管等处，尤其是气液流速非常高的减压塔汽化段。因为这些部位受到油气的冲刷最为激烈，使金属表面的腐蚀产物硫化亚铁和环烷酸铁不能形成保护膜，露出的新表面又不断被腐蚀和冲蚀，形成恶性循环。所以在加工既含硫又含酸的原油时，腐蚀尤为剧烈，应该尽量避免含硫原油与含酸原油的混炼。

2. 防腐蚀措施

（1）"一脱四注"　"一脱四注"是行之有效的工艺防腐措施，也是国内外炼厂长期普遍采用的办法。

"一脱"是指原油脱盐。原油中少量的盐，水解产生氯化氢气体，形成 HCl-H_2S-H_2O 腐蚀介质，造成常压塔顶塔盘、冷凝系统的腐蚀。原油脱盐后，减少原油加工过程中氯化氢的生成量，可以减轻腐蚀。工艺上采用原油预处理，脱盐脱水的办法。

四"注"即注碱（原油注碱性水）、注氨（塔顶馏出线注氨）、注碱性水（塔顶馏出线注碱性水）、注缓蚀剂（塔顶馏出线注缓蚀剂）。

（2）"一脱三注"　目前普遍采取的工艺防腐措施是"一脱三注"。实践证明，这一防腐措施基本消除了氯化氢的产生，抑制了对常减压蒸馏馏出系统的腐蚀。"一脱三注"较之于"一脱四注"是停止向原油中注碱。

① 原油电脱盐脱水。充分脱除原油中氯化物盐类，减少水解后产生的 HCl，是控制

三塔塔顶及冷凝冷却系统 Cl^- 腐蚀的关键。

② 塔顶馏出线注氨。原油注碱后，系统腐蚀程度可大大减轻，但是硫化氢和残余氯化氢仍会引起严重腐蚀。因此，可采用注氨中和这些酸性物质，进一步抑制腐蚀。注入位置应在水的露点以前，这样氨与氯化氢气体充分混合才有理想的效果，生成的氯化铵被水洗后带出冷凝系统。注入量按冷凝水的 pH 值来控制，维持 pH 值在 7~9。

③ 塔顶馏出线注缓蚀剂。缓蚀剂是一种表面活性剂，分子内部既有含 S、N、O 等元素的强极性基团，又有烃类结构基团，极性基团一端吸附在金属表面上，另一端烃类基团与油介质之间形成一道屏障，将金属和腐蚀性水相隔离开，从而保护了金属表面，使金属不受腐蚀。将缓蚀剂配成溶液，注入塔顶管线的注氨点之后，保护冷凝冷却系统，也可注入塔顶回流管线内，以防止塔顶部腐蚀。

④ 塔顶馏出线注碱性水。注氨时会生成氯化铵沉淀，既影响传热效果又会造成垢下腐蚀，因氯化铵在水中的溶解度很大，故可用连续注水的办法洗去。

过去在原油脱盐后，注入纯碱（Na_2CO_3）或烧碱（$NaOH$）溶液，这样可以起到三方面的作用：

a. 能使部分原油中残留的容易水解的氯化镁等变成更难水解的氯化钠；

b. 将已水解生成的氯化氢中和；

c. 在碱性条件下，也能中和油中环烷酸和部分硫化物，减轻高温重油部位的腐蚀。

三、原油常减压工艺的典型设备

（一）原油脱盐、脱水的主要设备

工业用电脱盐罐及结构见图 2-15。

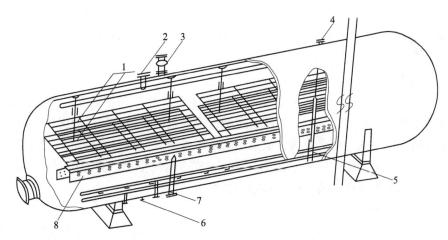

图 2-15　工业用电脱盐罐结构
1—电极板；2—出油口；3—变压器；4—油水界面控制器；
5—罐体；6—排水口；7—原油进口；8—原油分配器

电脱盐罐主要由罐体、电极板、油进出口、油水界面控制器、排水口、分配器等构成。

脱盐罐的大小尺寸是根据原油在强电场中合适的上升速度确定的。也就是说首先

要考虑罐的轴向截面积及油和水的停留时间，我国炼油厂的电脱盐罐，其直径大多为 3200mm，也有直径为 3600mm 的。一般认为轴向截面相同的两个罐在所用材料相近的条件下，直径大的优于直径小的。因为大直径罐界面上油层和界面下水层的容积均大于小直径罐的相应容积。容积大意味着停留时间长，有利于水滴的聚集和沉降分离。另外，采用较大直径的脱盐罐，对干扰的敏感性小，操作较稳定，对脱盐脱水均有利。

1. 原油分配器

原油从罐底进入后通过分配器均匀地垂直向上流动。常用的分配器有两种，一是由带小孔的分配管组成不同直径的小孔，距入口处越远，孔径越大，使流经各小孔的流量尽量相等。但这种分配器在原油处理量变化较大时，喷出原油不均匀，并有孔小易堵塞的缺点。另一种是低速倒槽型分配器（图 2-15）。倒槽型分配器位于油水界面以下，槽的侧面开两排小孔，乳化原油沿槽长每隔 2～3m 处进入槽内。当原油进入倒槽后，槽内水面下降，出现油水界面，此界面与罐的油水界面有位差，原油进入槽内后，借助水位差压，促使原油以低速均匀地从小孔进入罐内。此外，倒槽的底部是敞开的，大水滴和部分杂质可直接下沉，不会堵塞。

2. 电极板

脱盐罐内的电极板一般为两层或三层。如为两层，则下极板通电，上极板接地；如为三层，则中极板通电，上下极板接地。现在各炼油厂采用两层的较多，电极板可由圆钢（或钢管）和扁钢组合而成，每层电极板一般分为三段以便于与三相电源连接。每段电极板又由许多预制单块极板组成。上层接地电极用圆钢悬吊在罐内上方的支耳或横梁上，下层通电电极则用聚四氟乙烯棒挂在上层电极板下面。上下层电极板之间为强电场，间距一般为 200～300mm，可根据处理的原油导电性质预先做好调整，下层电极板与油水界面之间为弱电场，间距约为 600～700mm，视罐的直径不同而异。

3. 油水界面控制器

脱盐罐内保持油水界面的相对稳定是电脱盐操作好坏的关键因素之一。油水界面稳定，能保持电场强度稳定。其次，界面稳定能保证脱盐水在罐内所需的停留时间，保证排放水含油达到规定要求。油水界面一般采用防爆内浮筒界面控制器控制，是利用油与水的密度差和界面的变化，通过界面变送器，产生直流电输出信号，再经电/气转换器，产生气动信号，经调节器输出至放水调节阀进行油界面的控制。

4. 沉渣冲洗系统

原油进脱盐罐所带入的少量泥沙等杂质，部分沉积于罐底，运行周期越长，沉积越厚，占去了罐的有效空间，相应地减少了水层的容积，缩短了水在罐内的停留时间，影响出水水质，为此需定期冲洗沉渣。沉渣冲洗系统主要为一根带若干喷嘴的管子。沿罐长安装在罐内水层下部，冲洗时，用泵将水打入管内，通过喷嘴的高速水流，将沉渣吹向各排泥口排出。

（二）蒸馏塔

蒸馏塔主要有初馏塔、常压塔和减压塔。

1. 初馏塔

初馏塔本质上是一简化的常压塔，其结构见图 2-16。

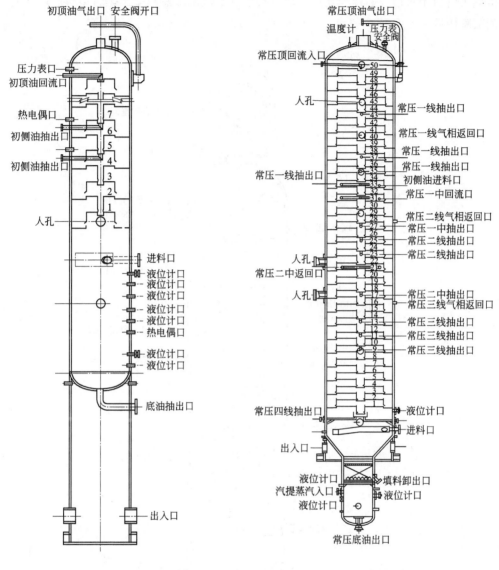

图 2-16　初馏塔　　　　　　图 2-17　典型原油蒸馏常压塔

2. 常压塔

常压塔的内部结构一般分塔顶冷凝换热段、分馏段、中段回流换热段和进料以下的提馏段。常压塔换热段的塔板形式一般与分馏段塔板相同，层数多为 3~4 层。提馏段有用圆泡帽塔板的，也有用浮阀塔板的。分馏段是常压塔的主要部分，以浮阀塔板居多。常压塔一般除塔顶出产品外，有 3~4 个侧线出产品。为了取走剩余热量，设一个塔顶冷回流或循环回流及 2~3 个中段回流。由于产品多，取热量大，故全塔塔板总数较多，一般有 42~48 层。典型原油蒸馏常压塔见图 2-17。

3. 减压塔

减压塔的结构与装置类型有关。燃料型减压塔的馏分一般是作为催化裂化或加氢裂化的原料，对相邻侧线馏分的分离精度要求不高。因此，侧线、中段回流以及全塔塔板数均比常压塔少。若采用高效填料代替 W 型浮阀塔板或网孔塔板，塔高也有所降低。润滑油型减压塔由于对馏分的馏程宽度有较高要求，故其塔板总数多于燃料型减压塔。典型原油蒸馏减压塔见图 2-18。

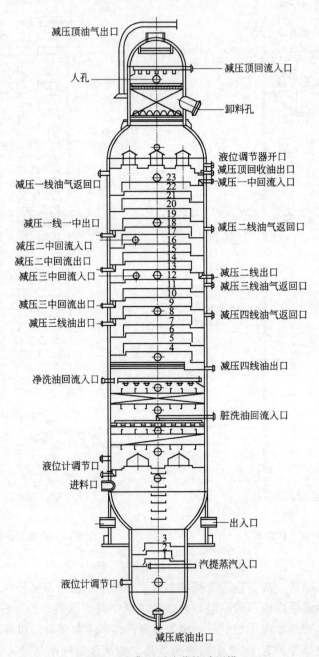

图 2-18 典型原油蒸馏减压塔

根据生产任务的不同，减压塔可分为燃料型和润滑油型两种，这两种类型减压塔的简图如图 2-19 和图 2-20 所示。

一般情况下，无论是哪种类型的减压塔，都要求有尽可能高的拔出率。因为馏分油的

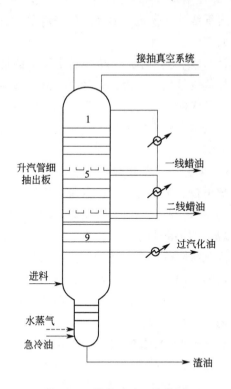
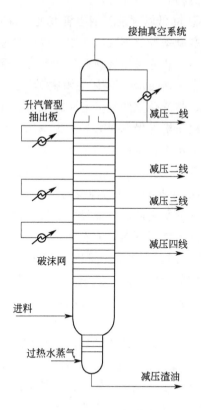

图 2-19 燃料型减压塔简图　　　　图 2-20 润滑油型减压塔简图

残炭值较低，重金属含量很少，更适宜于制备润滑油和作裂化原料。减压塔底的渣油可用作燃料油、焦化原料、渣油、加氢原料或经过加工后生产高黏度润滑油和各种沥青。在生产燃料油时，有时为了照顾到燃料油的规格要求（如黏度）也不能拔得太深。但是在一些大型炼厂则多采用尽量深拔以取得较多的直馏馏分油，然后根据需要，再在渣油中掺入一些质量较差的二次加工馏分油的方案，以获得较好的经济效益。

4. 减压精馏塔的一般工艺特征

（1）优化减压塔操作的工艺措施　　对减压塔的基本要求是在尽量避免油料发生分解反应的条件下尽可能多地拔出减压馏分油。做到这一点的关键在于提高汽化段的真空度。为了提高汽化段的真空度，除了需要有一套良好的塔顶抽真空系统外，一般还要采取以下几种措施。

① 降低从汽化段到塔顶的流动压降。这点主要依靠减少塔板数和降低气相通过每层塔板的压降实现。一方面，减压塔在很低的压力（几千帕）下操作，各组分间的相对挥发度比在常压条件下大为提高，比较容易分离；另一方面，减压馏分之间的分馏精确度要求一般比常压蒸馏的要求低，因此，有可能采用较少的塔板而达到分离的要求，通常在减压塔的两个侧线馏分之间只设3～5块精馏塔板就能满足分离的要求。为了降低每层塔板的压降，减压塔内应采用压降较小的塔板，常用的有舌型塔板、网孔塔板、筛板等。近年来，国内外已有不少减压塔部分或全部换成各种形式的填料以进一步降低压降。例如在减压塔操作时，每层舌形塔板的压降约为0.2kPa。用矩鞍环（英特洛克斯）填料时每米填料层高的压降约0.2kPa，而每米填料高度的分离能力约相当于1.5块理论塔板。

② 降低塔顶油气馏出管线的流动压降。现代减压塔塔顶都不出产品，塔顶管线只供抽真空设备抽出不凝气之用，以减少通过塔顶馏出管线的气体量，因为减压塔塔顶没有产品馏出，故只采用塔顶循环回流而不采用塔顶冷回流。

③ 一般的减压塔塔底汽提蒸汽用量比常压塔大。其主要目的是降低汽化段中的油气分压，当汽化段的真空度比较低时，要求塔底汽提蒸汽量较大。因此，从总的经济效益来看，减压塔的操作压力与汽提蒸汽用量之间有一个最优的配合关系，在设计时必须具体分析。近年来，少用或不用汽提蒸汽的干式减压蒸馏技术有较大的发展，关于这个问题将在后面再讨论。

④ 降低减压塔转油线的压降。减压塔汽化段温度并不是常压重油在减压蒸馏系统中所经受的最高温度，此最高温度的部位是在减压炉出口。为了避免油品分解，对减压炉出口温度要加以限制，在生产润滑油时不得超过395℃，在生产裂化原料时不超过400～420℃。同时在高温炉管内采用较高的油气流速以减少停留时间。如果减压炉到减压塔的转油线的压降过大，则炉出口压力高，使该处的汽化率降低而造成重油在减压塔汽化段中由于热量不足而不能充分汽化，从而降低了减压塔的拔出率。降低转油线压降的办法是降低转油线中的油气流速。在减压炉出口之后，油气先经一段不长的转油线过渡段后进入低速段，在低速段采用的流速约为35～50m/s，国内则多采用较低值。

⑤ 缩短渣油在减压塔内的停留时间。塔底减压渣油是最重的物料，如果在高温下停留时间过长，则其分解、缩合等反应会进行得比较显著。其结果，一方面生成较多的不凝气使减压塔的真空度下降；另一方面会造成塔内结焦。因此，减压塔底部的直径常常缩小以缩短渣油在塔内的停留时间。例如一座直径为6400mm的减压塔，其汽提段的直径只有3200mm。此外，有的减压塔还在塔底打入急冷油以降低塔底温度，减少渣油分解、结焦的倾向。

(2) 减压塔中的油、气的物性特点及减压塔特征　除了上述为满足"避免分解、提高拔出率"这一基本要求而引出的工艺特征外，减压塔还由于其中的油、气的物性特点而反映出另一些特征。

① 减压塔一般采用多个中段循环回流。在减压下，油气、水蒸气、不凝气的比容大，比常压塔中油气的比容要高出十余倍。尽管减压蒸馏时允许采用比常压塔高得多（通常约两倍）的空塔线速，减压塔的直径还是很大。因此，在设计减压塔时需要更多地考虑如何使沿塔高的气相负荷均匀以减小塔径。为此，减压塔一般采用多个中段循环回流，常常是在每两个侧线之间都设中段循环回流。这样做也有利于回收利用回流热。

② 减压塔内的板间距比常压塔大。减压塔处理的油料比较重、黏度比较高，而且还可能含有一些表面活性物质。加之塔内的蒸气速度又相当高，因此蒸气穿过塔板上的液层时形成泡沫的倾向比较严重。为了减少携带泡沫，减压塔内的板间距比常压塔大。加大板间距同时也是为了减少塔板数。此外，在塔的进料段和塔顶都设计了很大的气相破沫空间，并设有破沫网等设施。

由于上述各项工艺特征，从外形来看，减压塔比常压塔显得粗而短。此外，减压塔的底座较高，塔底液面与塔底油抽出泵入口之间的高差在10m左右，这主要是为了给热油泵提供足够的灌注头。

(三) 汽提塔

由于原油蒸馏常压塔和减压塔产出侧线产品，在蒸馏过程中，只有精馏段，而无提馏段。因此，造成侧线产品往往含有较多的轻组分，而使其初馏点、闪点等指标不合格。工业上采用水蒸气汽提的方法，保障侧线产品质量。原油蒸馏常压汽提塔和减压汽提塔结构如图 2-21 和图 2-22 所示。

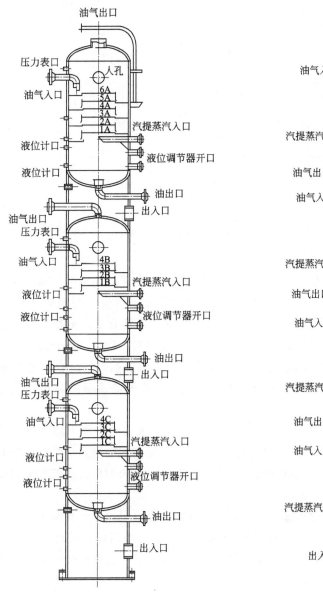

图 2-21 原油蒸馏常压汽提塔

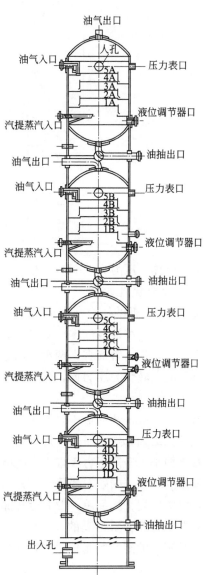

图 2-22 原油蒸馏减压汽提塔

(四) 减压蒸馏抽真空系统

减压蒸馏塔的抽真空设备可以用蒸汽喷射器（也称蒸汽喷射泵或抽空器）或机械真空泵。

1. 蒸汽喷射器

蒸汽喷射器由扩缩喷嘴、扩压管和一个混合室构成。图 2-23 是蒸汽喷射器的结构示意图以及工作时流体在其中通过时其压力和流速变化的情况。

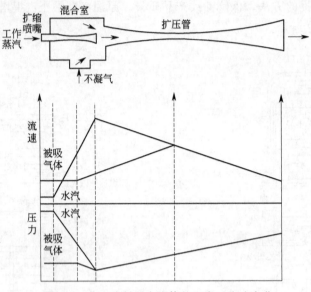

图 2-23 蒸汽喷射器中流体的压力、流速变化

驱动流体（压力为 1.0MPa 左右的工作蒸汽）进入蒸汽喷射器时先经过扩缩喷嘴，气流通过喷嘴时流速增大、压力降低，到喷嘴的出口处可以达到很高的流速（1000～1400m/s）和很低的压力（小于 8kPa），在喷嘴的周围形成了高度真空。不凝气和少量水蒸气、油气（统称被吸气体）从进口处被抽进来，在混合室内与驱动蒸汽部分混合并被带入扩压管，在扩压管前部，两种气流还进一步混合并进行能量交换，气流在通过扩压管时，其动能又转化为压力能，流速降低而压力升高，最后压力升高到能满足排出压力的要求。

常压重油减压蒸馏塔塔顶的残压一般要求在 8kPa 以下，通常是由两个蒸汽喷射器串联组成的二级抽真空系统来实现。在二级抽真空系统中，一级蒸汽喷射泵从第一个冷凝器把不凝气抽来，升高压力后排入中间冷凝器，在中间冷凝器，一级喷射器的工作蒸汽被冷凝，不凝气再被二级喷射器抽走，升压后排入大气。

蒸汽喷射器结构简单，没有运转部件，使用可靠且无需动力机械，而且水蒸气在炼厂中也是既安全又容易得到的。因此，炼油厂中的减压塔广泛地采用蒸汽喷射器来产生真空。但是蒸汽喷射器的能量利用效率非常低，仅为 2% 左右，其中末级蒸汽喷射器的效率最低。

机械真空泵的能量利用效率一般比蒸汽喷射器高 8～10 倍，还能减少污水量。

对于一套加工能力为 250×10^4 t/a 的常减压装置，若把减压塔的二级蒸汽喷射器改为液环泵，能量效率可由 1.1% 提高到 25%，可节省 3195.8MJ/h，使装置能耗下降 10.22MJ/t（原油）。国外大型蒸馏装置的数据表明，采用蒸汽喷射器-机械真空泵的组合抽真空系统操作良好，具有较好的经济效益。

因此，近年来随着干式减压蒸馏技术的发展，采用机械真空泵的日渐增多。国内小炼油厂的减压塔采用机械真空泵的比较多。

2. 机械真空泵

（1）真空度的极限　在抽真空系统中，不论是采用直接混合冷凝器、间接式冷凝器还是空冷器，其中都会有水-冷却水和（或）冷凝水存在。水在其本身温度下有一定的饱和蒸气压。故冷凝器内总是会有若干水蒸气。因此，理论上冷凝器中所能达到的残压最后只能达到该处温度下水的饱和蒸气压。

至于减压塔塔顶所能达到的残压，则显然应在上述的理论极限值上加上不凝气的分压、塔顶馏出管线的压降、冷凝器的压降，故减压塔塔顶残压还要比冷凝器中水的饱和蒸气压高得多，当水温为20℃时，冷凝器所能达到的最低残压为2.3kPa，此时减压塔塔顶的残压就可能高于4.0kPa了。

冷凝器中的水温决定于冷却水的温度。在炼厂中，循环水的温度一般高于新鲜水的温度。因此，抽真空系统多采用新鲜水作冷却水。

（2）增压喷射泵　在一般情况下，20℃的水温是不容易达到的，因此，二级或三级蒸汽喷射抽真空系统很难使减压塔塔顶的残压达到4.0kPa以下。如果要求更高的真空度，就必须打破水的饱和蒸气压这个限制。为此，可以在减压塔塔顶馏出物进入第一个冷凝器以前，再安装一个蒸汽喷射器使馏出气体升压。这个喷射器称为增压喷射器或增压喷射泵。

由于增压喷射器的上游没有冷凝器，它是与减压塔塔顶的馏出线直接连接，所以塔顶真空度就能摆脱水温的限制，减压塔的残压相当于增压喷射器所能造成的残压加上馏出线压降。增压喷射器所吸入的气体，除减压塔来的不凝气以外，还有减压塔的汽提水蒸气，因此负荷很大。这不仅使增压泵要有很大的尺寸，更重要的是它的工作蒸汽耗量很大，使装置的能耗和操作费用大大增加。

（3）抽真空级数的确定　抽真空的级数根据减压塔所要求的真空度来确定，表2-6列出两者间的关系。

表2-6　减压塔塔顶残压与抽真空级数

塔顶残压/kPa	级数	塔顶残压/kPa	级数
13.3	1		4（有增压喷射器）
12～2.7	2	0.13～0.007	5（有增压喷射器）
3.3～0.5	3（有增压喷射器）		

对于湿式减压，减压塔塔顶残压一般在5.5～8.0kPa，因而通常采用两级（喷射）抽真空系统；对于干式减压，减压塔塔顶残压一般为1.3kPa左右，通常要用三级抽真空系统。

任务三　原油常减压蒸馏生产操作

一、主要工艺条件分析

影响原油蒸馏结果及效益的因素主要有原油的组成性质、处理量、工艺流程选择、操作条件、设备结构等。

1. 常压系统

常压蒸馏系统的主要过程是加热、蒸馏和汽提。主要设备有加热炉、常压塔和汽提塔。常压蒸馏操作的目标为高分馏精确度和低能耗,影响这些目标的工艺操作条件主要有温度、压力、回流比、塔内蒸汽线速度、水蒸气吹入量以及塔底液面等。

(1) 温度 常压蒸馏系统主要控制的温度点有:加热炉出口、塔顶、侧线温度。

加热炉出口温度的高低,直接影响进塔油料的汽化和带入热量,相应地塔顶和侧线温度都要变化、产品质量也随之改变。一般控制加热炉出口温度和流量恒定。同样,如果炉出口温度不变,回流量、回流温度、各处馏出物数量的改变,也会破坏塔内热平衡状态,引起各处温度条件的变化,其中能最灵敏地反映热平衡变化的是塔顶温度。加热炉出口温度和流量是通过加热炉系统和原油泵系统控制来实现的。

塔顶温度是影响塔顶产品收率和质量的主要因素。塔顶温度高,则塔顶产品收率提高,相应塔顶产品终馏点提高,即产品变重。反之则相反。塔顶温度主要通过塔顶回流量和回流温度控制实现。

侧线温度是侧线产品收率和质量的主要影响因素,侧线温度高,侧线馏分变重。侧线温度可通过侧线产品抽出量和中段回流进行调节和控制。

(2) 压力 油品馏出所需温度与其油气分压有关。如塔顶温度是指塔顶产品油气(汽油)分压下的露点温度;侧线温度是指侧线产品油气(煤油、柴油等)分压下的泡点温度。油气分压越低,蒸出同样的油品所需的温度则越低。而油气分压是设备内的操作压力与油品分子分数的乘积,当塔内水蒸气吹入量不变时,油气分压随塔内操作压力降低而降低。操作压力降低,同样的汽化率要求进料温度可低些,燃料消耗可以少些。

因此,在塔内负荷允许的情况下,降低塔内操作压力,或适当地多吹入汽提用水蒸气有利于进料油气的蒸发。

(3) 回流比 回流提供气、液两相接触的条件,回流比的大小直接影响分馏的好坏,对一般原油分馏塔,回流比大小由全塔热平衡决定。随着塔内温度条件等的改变,适当调节回流量,是维持塔顶温度平衡的手段,以达到调节产品质量的目的。此外,要改善塔内各馏出线间的分馏精确度,也可借助于改变回流量(改变馏出口流量,即可改变内回流量)。但是由于全塔热平衡的限制,回流比的调节范围是有限的。

(4) 塔内蒸汽线速度 塔内上升气流由油气和水蒸气两部分组成,在稳定操作时,上升气流量不变。上升蒸气的速度也是一定的。在塔的操作过程中,如果塔内压力降低,进料量或进料温度增高。吹入水蒸气量上升,都会使蒸汽上升速度增加,严重时,雾沫夹带现象严重,影响分馏效率。相反,又会因蒸汽速度降低,上升蒸汽不能均衡地通过塔板,也会降低塔板效率。这对于某些弹性小的塔板(如舌型),就需要维持一定的蒸汽线速。在操作中,应该使蒸汽线速不超过允许速度(即不致引起严重雾沫现象的速度)的前提下,尽可能地提高,这样既不影响产品质量,又可以充分提高设备的处理能力。对不同塔板,允许的气流速度也不同。以浮阀塔板为例,常压塔一般为 0.8~1.1m/s,减压塔为 1.0~3.5m/s。

(5) 水蒸气吹入量 在常压塔塔底和侧线吹入水蒸气可降低油气分压,达到使轻组分汽化的目的。吹入蒸汽量的变化对塔内的平衡操作影响很大,改变吹入蒸汽量,虽然是调节产品质量的手段之一,但是必须全面分析对操作的影响,吹入量多时,增加了塔及冷凝冷却器的负荷。

（6）塔底液面　塔底液面的变化，反映物料平衡的变化和塔底物料在蒸馏塔的停留时间。塔底液面取决于温度、流量、压力等因素。

我国典型原油常压蒸馏主要工艺条件见表 2-7。

表 2-7　我国典型原油常压蒸馏主要工艺条件

项　目	大庆原油	胜利原油	鲁宁管输原油
塔顶温度/℃	90～110	100～130	90～110
塔顶压力(表压)/kPa	45～65	50～70	40～60
塔顶回流温度/℃	40	40	40
一线抽出温度/℃	170～190	180～200	180～200
二线抽出温度/℃	230～250	240～270	230～250
三线抽出温度/℃	280～300	310～330	280～310
四线抽出温度/℃	320～340	340～350	330～340
原油进塔温度/℃	355～365	360～365	350～365
进料段以上塔板数/层	38～42	42～44	34～42

2. 减压系统

减压蒸馏操作的主要目标是提高拔出率和降低能耗。因此，影响减压系统操作的因素，除与常压系统大致相同外，还有真空度。在其他条件不变时，提高真空度，即可增加拔出率。

对拔出率直接有影响的压力是减压塔汽化段的压力。如果上升蒸汽通过上部塔板的压力降过大，那么要想使汽化段有足够高的真空度是很困难的。影响汽化段真空度的主要因素如下。

① 塔板压力降。当抽空设备能力一定时，塔板压力降过大，汽化段真空度就越低，不利于进料油汽化，拔出率降低。所以，在设计时，在满足分馏要求的情况下，尽可能减少塔板数。选用阻力较小的塔板以及采用中段回流等，使蒸汽分布尽量均匀。

② 塔顶气体导出管的压力降。为了降低减压塔塔顶至大气冷凝器间的压力降，一般减压塔塔顶不出产品，采用减一线油打循环回流控制塔顶温度。这样，塔顶导出管蒸出的只有不凝气和塔内吹入的水蒸气，由于塔顶的蒸汽量大为减少，因而降低了压力降。

③ 抽空设备的效能。采用二级蒸汽喷射抽空器，一般能满足工业上的要求。对处理量大的装置，可考虑用并联二级抽空器，以利抽空。抽空器的严密和加工精度、使用过程中可能产生的堵塞、磨损程度，也都影响抽空效能。

④ 在上述设备条件外，抽空器使用的水蒸气压力、大气冷凝器用水量和水温的变化，以及炉出口温度，塔底液面的变化都影响汽化段的真空度。

我国典型原油减压蒸馏主要工艺条件见表 2-8。

表 2-8　我国典型原油减压蒸馏主要工艺条件

项　目	大庆原油	胜利原油	鲁宁管输原油
减压蒸馏类型	润滑油型	燃料油型	燃料油型
塔内件形式	塔板为主	全填料	全填料
减压蒸馏方式	湿式	干式	干式
塔顶温度/℃	66～68	50～55	60～65
塔顶残压/kPa	3.4～4.0	0.9～1.3	1.0～1.4

续表

项目	大庆原油	胜利原油	鲁宁管输原油
塔顶循环回流温度/℃	35~40	40~45	50~55
减压一线抽出温度/℃	130~149	145~155	148~155
减压二线抽出温度/℃	268~278	260~270	222~237
减压三线抽出温度/℃	332~340	310~315	295~310
减压四线抽出温度/℃	359~361	355~365	348~356
闪蒸段温度/℃	380~390	370~375	365~370
闪蒸段残压/kPa	6.5~7.5	2.4~3.0	2.0~3.3
全塔压降/kPa	3.2~3.5	1.5~1.7	1.0~1.9
塔底温度/℃	372	375	360~365

3. 调节策略

以上只是定性地讨论了影响常减压蒸馏装置的操作因素及调节的一般方法,这些因素对操作的影响都不是孤立的。在实际生产中,原料性质及处理量、装置设备状况,操作中使用的水蒸气、水、燃料等都处于不断变化之中,影响正常操作的因素是多方面的。平稳操作只能是相对的,不平稳是绝对的,平稳操作只是许多本来就互相矛盾、不断变化的操作参数,在一定条件下统一起来,维持暂时的、相对的平衡。

(1) 原油组成和性质变化 原油组成和性质的变化包括原油含水量的变化和改炼不同品种的原油。原油含水量增大时,通常表现为换热温度下降,原油泵出口压力增高,预汽化塔内压力增高、液面波动,以致造成冲塔或塔底油泵抽空等,此时应针对发生的情况,进行调节。

改炼不同品种原油时,操作条件应按原油的性质重新确定。如新换原油轻组分多,常压系统负荷将增大,此时应改变操作条件,保证轻组分在常压系统充分蒸出,扩大轻质油收率,并且不致因常压塔塔底重油中轻组分含量增高,使减压塔负荷增大,影响减压系统的抽真空。当常压塔将轻组分充分拔出时,减压系统进料量会相应减少,会出现减压塔底液面及馏出量波动等现象,不易维持平稳操作。此时,应全面调整操作指标。相反,原油变重时,常压重油多、减压负荷大,应适当提高常压炉出口温度或加大常压塔吹汽量,以便尽可能加大常压拔出率。同时,因原料重,减压渣油量也相应地增多,需特别注意减压塔的液面控制,防止渣油泵抽出不及时,造成侧线出黑油,以致冲塔。

这种依据原油性质不同,调整设备之间负荷分配的方法,应该根据设备负荷的实际情况加以采用,例如常压塔负荷已经很大时,改炼轻组分多的原油,就必须将常压炉出口温度控制得低些,否则,大量轻油汽化,雾沫夹带严重,会影响分离精确度,炉子也会因为负荷的增加,炉管表面热强度超高,引起炉管局部过热,甚至烧坏。

(2) 产品质量变化 产品质量指标是很全面的,但是由于蒸馏所得的多为半成品,或进一步加工的原料。因此,在蒸馏操作中,主要控制的是与分馏有关的指标,包括馏分组成、闪点、黏度、残炭等。

馏分前部轻,表现为初馏点低,对润滑油馏分表现为闪点低、黏度低,说明前一馏分未充分蒸出,不仅影响这一油品的质量,还会影响上一油品的收率。处理方法是提高上一侧线油品的馏出量,使塔内下降的回流量减少,馏出温度升高或加大本线汽提蒸汽量,均可使轻组分被赶出,解决前部轻、闪点低的问题。

馏分后部重,表现为终馏点高,凝固点高(冰点、浊点高),润滑油表现为残炭高，说明下一馏分的重组分被携带上来，不仅本线产品不合格，也会影响下一线产品的收率。处理方法是降低本线油的馏出量，使回到下层去的内回流加大，温度降低，或者减少下一线的汽化量，均可减少重组分被携带的可能性，使终馏点、凝固点、残炭等指标合格。

（3）产品方案变化　原油蒸馏加工方案的改变，大的方面例如有燃料型、化工型和润滑油型不同蒸馏方案。小的方面例如有喷气燃料和灯用煤油蒸馏方案。但这些方案的改变，都可以通过改变塔顶和抽出侧线的温度和抽出量实现。

（4）处理量的变化　当原油组成和性质及加工方案没有改变的情况下，处理量的变化，整个装置的负荷都要变化，在维持产品收率和确保质量的前提下，必须改变操作条件，使装置内各设备的物料和热量重新建立平衡。

一般提量时，应先将炉出口温度升起来，开大侧线馏出线，泵流量按比例提高，各塔液面维持在较低位置，做好增加负荷的准备工作。提量过程中，应随时注意各设备间的物料平衡和热量平衡，要设法控制炉出口温度平稳，以利于调整其他操作。处理量的变化，塔顶、侧线等处温度条件也应改变，例如当处理量增大时，塔内操作压力必然升高，油气分压也要升高，此时塔顶、侧线温度也要相应提升，否则产品就要变轻。

二、装置开停工操作方案

（一）开工

1. 开工前的准备

准备开工的必要条件：查验检修或新建项目是否全部完成；制定切实可行的开工方案；组织开工人员熟悉工艺流程和操作规程；联系好有关单位，做好原油、水、电、蒸汽、压缩风、燃料油、药剂、消防器材等的供应工作；通知调度室、化验分析、仪表、罐区等单位做好配合工作。

2. 设备及生产流程的检查

设备及生产流程的检查工作是对装置所属设备、管道和仪表进行全面检查，包括管线流程是否有误，人孔、法兰、垫片、螺帽、丝堵、热电偶套管和温度计套管是否上好，放空阀、侧线阀是否关闭，盲板加拆位置是否符合要求，安全阀定压是否合适，根部阀是否全开（要做到专人负责、落实无误），机泵润滑和冷却水供应是否正常，电机旋转方向是否正确，运转是否良好，有无杂音和振动。查看炉子回弯头、火嘴、蒸汽线、燃料油线、瓦斯线、烟道挡板、防爆门、鼓风机等部件是否完好。

3. 蒸汽吹扫

蒸汽吹扫是对装置所有工艺管线和设备进行蒸汽贯通吹扫，排除杂物，以便检查工艺流程是否有错误，管道是否畅通无阻的过程。

蒸汽吹扫时应注意的事项有以下几方面：

① 贯通前应关闭仪表引线，以免损坏仪表。管线上的孔板、调节阀应拆下，避免被杂质堵塞损坏。机泵和抽空器的进口处加过滤网，防止杂质进入损坏内部零件。

② 蒸汽引入装置时，先缓慢通入蒸汽暖管，打开排水管，放出冷凝水，以免发生水击和冷缩热胀事故，然后逐步开大到工作压力。

③ 蒸汽贯通应分段、分组按流程方向进行，压力保持在 0.8MPa 左右，蒸汽贯

通的管道，其末端应选在放空或油罐处。管道上的孔板和控制阀处应拆除法兰除渣。有存水处必须先放水，再缓慢给汽，以免水击。吹扫冷换设备时，另一程必须放空，以防憋压。

④ 对新建炉子，在蒸汽贯通前，需进行烘炉。

⑤ 装置内的压力表必须预先校验，导管预先贯通。

4. 设备及管道的试压

在开工时要对设备和管道进行单体试压。通过试压过程来检查施工或检修质量，暴露设备的缺陷和隐患，以便在开工进油前加以解决。

试压标准应根据设备承压和工艺要求来决定，对加热炉和换热器一般用水或油试压，对管道、塔和容器一般用水蒸气试压。塔和容器试压时应缓慢，不能超过安全阀的定压。减压塔应进行抽真空试验。试压发现问题，应在泄压排凝后进行处理，然后再试压至合格为止。

5. 柴油联运

柴油联运的目的是清除设备内的脏物和存水、校验仪表、考验机泵、缩短冷循环及升温脱水时间以利于安全开工。进柴油前，改好联运流程，与流程无关的阀门全部关闭以防窜油、跑油。冲洗流程应与原油冷循环流程相同，按照塔的大小，选择合理的柴油循环量。柴油进入各塔后，需进行沉降脱水，然后再启动塔底泵，进行闭路循环，并且严格控制各塔底液面，防止满塔，有关的备用泵要定期切换，换热器的正线、副线都要进行联运。

柴油联运完成后，将柴油排出装置，有过滤网处拆除排渣，然后上好法兰，准备进油。

6. 开工操作

（1）原油冷循环　目的是检查工艺流程是否有误，设备和仪表是否完好，同时赶出管道内的部分积水。冷循环流程按正常操作的流程进行，如图 2-24 所示。循环正常后，就可以转为热循环。

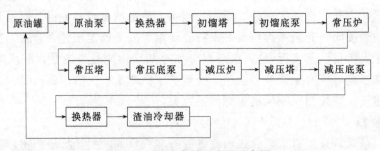

图 2-24　原油冷循环流程示意图

冷循环开始前，应做好燃料油系统的循环和加热炉炉膛吹汽，做好点火准备。冷循环开始后，为了保证原油循环温度不降下来，常压炉、减压炉各点一只火嘴进行加热。注意点炉火前，炉膛应用蒸汽吹扫，并分析可燃气体合格后点火，以保安全。

进油总量应予控制，各塔液面维持在液位计的 40%～60%，注意各塔塔底脱水。启动空冷试运，冷凝器给水。各塔回流系统低底切水，以便在启动机泵时，不会因带水而抽空。原油冷循环的时间，一般 4h 即可。

(2)原油热循环及切换原油　在原油冷循环的基础上,炉子点火升温,过渡到正常操作的过程,称为热循环。

热循环有四个内容:升温、热紧、脱水和开侧线。

① 升温。整个过程贯穿升温,升温分两个步骤。前一阶段主要是升温脱水,这是关键操作。其次是250℃恒温热紧(指加热状态下紧固螺栓),后一阶段主要是开侧线。要严格控制升温速度,速度过快会造成设备热胀损坏,系统中的水分或原油轻组分突沸,甚至造成冲塔事故,后果严重,应认真操作。

② 热紧。热循环流程与冷循环的相同。开始升温至120℃以前,原油和设备内的水分很少汽化,升温速度可快一些,以每小时50~60℃为宜。炉出口温度达到120℃,水逐渐汽化,此时要进行恒温脱水,电脱盐系统装油。然后升温速度放慢到每小时30~40℃,当炉出口温度达到250℃时,进行恒温热紧,恒温2~4h,进行全装置检查和必要的热紧。

③ 脱水。脱水阶段应随时注意塔底有无声响,塔底由有声响变成无声响时,说明水分已基本脱尽。注意回流罐脱水情况,水分放不出时,说明水分已基本脱尽。此时注意控制好回流罐界位,严防排水带油。此外,还要注意塔进料和塔底的温度差,温差小或温差恒定时,都说明水分已基本脱尽。

脱水的完全程度决定下一阶段的正常进油能否实现,脱水过程应将所有机泵,包括塔底备用泵,分别切换启动,确保备用泵内不含水,并做好预热,以便备用。各侧线和中段回流等塔侧线阀门均应打开排水。

脱水阶段要严格防止塔底泵抽空,发生抽空时,可采取关闭泵出口阀的措施憋压处理,待上油后再开出口阀,快速升温,闯过脱水期。如原油含水过多,可降温脱水或重新进行热油循环置换,抽空时间过长,也可暂停进料,待泵上油后,再进行调整。

脱水阶段还应注意各塔塔顶冷凝冷却器的正常操作。加热炉点火前,即应通入冷却水,防止汽油蒸气排入大气,引起事故。

恒温脱水、热紧阶段结束后,可加快升温速度,一般控制在每小时50℃左右,直至温度为370℃左右为止。

改好各塔回流管线流程,准备启动回流泵,当初馏塔和常压塔塔顶温度达到100℃时,开始打入回流、回流罐水面要低,严防回流带水入塔,同时开好中段回流。

④ 开侧线。当常压炉出口温度达到270~280℃时,塔底泵会因油品汽化而抽空。所以,在此温度以后,常压塔应自上而下逐个开好侧线。280℃时开常一线,300℃开常二线,320℃开常三线。操作基本正常后,开启初馏塔侧线油进入常压塔上部并入中段回流。

开侧线前,应对侧线系统流程进行放水,启动侧线泵,将油品送入不合格油罐,逐步开各侧线汽提,待油品合格后,再转入合格油罐。

随着炉出口温度的升高,过热蒸汽温度也相应升高,达到350℃以后,开始吹入塔内,吹前应放尽冷凝水。

常压开完侧线,常压炉出口温度达到320℃以后,开始减压炉点火升温,并开始抽真空。

升温速度可控制在每小时 30~40℃，直至炉分支为 400℃，当减压炉出口达到 340℃时开始抽真空，并自上而下逐个开好侧线，此时应迅速将真空度提到规定的指标。侧线油应开始全部作回流，视情况送出装置。

当常压炉出口温度达到 320℃时，开侧线，各塔液面已维持好，炉子流量平稳，就应停止热循环，切换原油。炉子继续升温，启用主要流量仪表，并进行手动控制。

当减压侧线来油正常，塔顶温度达到 110~120℃时，开始减压塔塔顶打回流，侧线向装置外送油。

按产品方案调整操作，使产品质量尽快达到指标。产品质量合格后进入合格油罐，并逐步提高处理量。在操作过程中，必须掌握好物料平衡。由于物料平衡的变化具体反映在塔底的液面上，因此，对各塔液面的变化，必须加强观察和调整。在开工前应根据循环量的大小和仪表流量系数大小，估算出原油的总流量、分流量、各塔底抽出量和侧线抽出量的大致范围，以便在操作过程中参考。

热循环和原油切换阶段，要做到勤检查、勤调节、勤联系，严格执行开工方案，做好岗位协作，防止跑、冒、串、漏等事故。

（二）停工

生产装置运转一定的生产周期后，由于设备长期运转，会出现一些不正常现象。例如换热器、冷却器由于污垢沉积，传热能力降低，原油换热和产品冷却达不到要求的温度；炉管内结焦，造成压力降增加，传热能力降低；精馏塔内由于塔板腐蚀、油泥、油焦堵塞或松动，使分馏效果降低；或为了进行技术革新，或发生意外的情况等，都需要把装置停下来进行设备的检修和改造。

1. 停工前的准备

在停工前要制定停工方案，组织有关人员熟悉停工流程，停工要做到安全、环保、迅速，为装置的安全检修创造良好的条件。停炉前一天，要把燃料油系统处理干净，改烧瓦斯，停工时，每个炉膛留 2~3 个火嘴方便扫炉进料线。

做好循环油罐、扫线放空的污油罐和蒸汽的准备工作。

2. 降低处理量

降低处理量初期，一般维持炉出口温度不变，使产品质量不致因降低处理量而不合格。随着处理量的降低，装置内各设备的负荷随之降低，为了不损伤设备，要求降低处理量的次数多一些，做到均匀降低，降低速度一般以每小时降原油流量的 10%~15% 为宜。随着降低处理量，加热炉的热负荷也相应降低，此时应调节火嘴和风门，控制炉膛氧含量在 4% 左右，使炉膛温度均匀下降。在降低处理量的过程中还应适当减少各处汽提用水蒸气量，关小侧线出口阀，保证产品能够继续合格地送入成品罐。同时，维持好塔底液面，掌握好全装置的物料平衡。在侧线抽出量逐渐降低时，相应减少冷却水量，使出装置的油品温度在正常范围以内。

3. 降温和关侧线

当处理量降到正常指标的 60%~70% 时，此时已很难维持平稳操作，开始降温。降温以每小时 40℃ 的速度进行，炉膛温度下降速度每小时不宜超过 100℃。当常压炉出口温度降到 280~300℃，减压炉出口温度降到 340~350℃ 时，关闭所有汽提用汽，炉管吹汽改为放空。另外，视情况自下而上关闭侧线，最后停中段回流。在关侧线后，侧线冷却器停止供水，放掉存水，并对重油侧线系统用轻质油进行顶油和初步吹汽，防止存油在管线凝结。

在降低炉出口温度的同时，开始降低减压塔的真空度。降低真空度应缓慢进行，先停一级抽空器，再停二级抽空器，此时应注意不能因停抽空器（关闭一级尾气放空）而使外界空气吸入减压塔造成事故。

4. 循环和熄火

常压侧线关闭后，即可停止进原油，改为热循环，循环流程与开工时的原油冷循环流程相同。此时，减压渣油不送出装置，经循环线送至原油泵出口管线，进入系统循环。此时应注意循环油进入原油泵入口时，温度不能超过100℃。改热循环时，应注意装置内的循环油量不能太多，要注意平衡各塔液面，不使泵抽空。在热循环时，要在高温下对要拆卸的螺丝（泵的进出口法兰、人孔、炉子回弯头等处的螺丝）加油去锈，以便停工后拆卸，炉温降到180~200℃，各塔塔顶温度低于100℃，停止循环，加热炉局部熄火，根据需要每个炉膛留有1~2个瓦斯嘴，保持炉膛温度，方便进料吹扫，炉进料吹扫完毕，加热炉全部熄火，炉膛吹汽。炉膛降温应缓慢均匀，直到炉膛温度低于200℃时，再打开通风门，以加快炉膛冷却速度。加热炉熄火后，应及时将装置内的全部存油送出装置，循环油经渣油线送出，待全部存油送出后，停泵。

5. 蒸汽吹扫

停止循环后，所有设备的管线，尤其是原油、蜡油、渣油、燃料油等重质油都应立即用蒸汽吹扫干净。残留在成品油管线内的油品扫入成品罐，残存在塔和连接管线的油，全部送到循环油罐，加热炉炉膛全部熄火后，应用蒸汽吹出残存可燃气。吹扫流程与开工贯通流程相同，扫线时应分批分组进行，先重油后轻油，先系统后单体。机泵内的存油，可由入口处给汽，缓慢扫出，以泵不转为原则，并应防止水击。换热器扫线时，若为分路换热，要分组集中扫。扫其中一组时，其他组关闭，待各组扫完后，再合并总扫一遍，至扫净为止，并将残存油、水放净。清扫时，先把换热器副线扫好，以防留有死角。换热器本身吹扫时，原油线应从前往后扫，各侧线及渣油线从前到后，逐台扫净。加热炉和塔可连在一起吹扫。

塔底泵将塔底存油抽出至污油罐，当塔内油抽净后，即可进行吹扫。常压、减压侧线停掉后，将汽提塔内存油抽尽，然后分段扫抽出线和挥发线。先扫抽出线，后扫挥发线，最后将塔底部的油和水放掉。各塔（包括汽提塔）分别从塔底给汽，进行蒸塔，一般约8h即可，如无热水冲洗，则需吹汽蒸塔24h。

6. 热水冲洗

当主要管线与设备吹扫及蒸塔完毕后，即可进行热水循环处理，其目的是将管线和塔板上的存油用热水洗净带出。热水循环流程与开工循环流程相同。

一般由泵抽水从回流管线向塔内装水，一边装水，一边循环加热，各加热炉点火（或用塔底吹汽加热）。保持炉出口温度达到85~95℃，从上到下将各塔冲洗8h左右。热水循环过程，应将初馏塔塔顶、常压塔塔顶回流罐人孔打开，并要注意水温不能过高，防止水汽化，造成水击。装置内所有的回流罐、油罐及容器，都要给汽吹扫，给汽时间不得少于16h。

为了确保安全检修，各塔在热水冲洗结束后，将水放净，再次吹水蒸气8h以上，吹出可能的存油，然后停汽放空，打开上、下部人孔进行冷却（先打开上部人孔，后开下部人孔，防止油气在装置蔓延），对于有填料或破泡沫网的容器或塔要采取硫化亚铁钝化措施，以防人孔打开发生 FeS 自燃事故。排净设备和管线中的冷凝水，特别在冬季，要注意防冻，避免因存水冻坏管线、阀门和机泵。注意污水不能随意排放，根据实际情况排入含硫污水或含油污水系统，保护环境。

7. 加拆盲板，确保安全

通往装置外的原油线、各侧线送往罐区的管线、出装置的瓦斯线、燃料油线等都要在适当的部位加上盲板，切断与外单位的联系，同时切断各设备之间的联系，确保装置动火安全。

三、常见事故及处理

常减压装置是炼油行业的龙头，是重要的生产装置之一，具有人员集中、操作连续、设备密集、高温易蚀、易燃易爆、有毒有害之特点，一旦发生生产事故，轻则打乱操作、影响生产，重则损坏设备、伤亡人员，直至造成重大经济损失和装置停工停产。因而事故处理方案在生产中占有极其重要的地位。

在日常生产和管理中，要认真落实"安全第一、预防为主、全员参加、综合治理"的安全生产方针，认真操作、严守规程、落实制度、掌握动态，对生产事故及时采取有效措施，迅速制止事故的扩大和蔓延，最大限度地保证人身安全和设备安全，快速全面地恢复正常生产。

生产事故的生产具有很大的随机性，我们很难判定何时何处会发生什么事故，因而事故处理常具有较大的难度。一旦发生事故，如何争取时间，采取有效措施，制止事故尤为重要，这是对操作人员心理素质、实践经验、技术知识和组织能力的综合考验。

（一）事故处理的基本原则

1. 沉着冷静、周密组织的原则

生产事故发生后，操作人员尤其是班长，首先要镇静自若，绝不可惊慌失措，大喊大叫，到处乱跑，要迅速组织人员根据事故的现象查明事故的原因、部位，做到判断准确。然后一方面安排人员及时向上级领导、调度、消防队汇报，一方面安排人员采取一切措施，全权处理事故。

2. 保证人身、设备安全，控制事态发展，迅速恢复生产的原则

（1）照章办事的原则　在处理事故的过程中，严守操作规程，执行安全规定、遵守规章制度。

（2）掌握平衡的原则　把物料平衡、热平衡和压力平衡三大平衡作为事故处理的基础，控制各处温度不超标，尤其是加热炉，要特别注意其低量偏流，局部过热和分支、出口、炉膛温度的超温问题，一旦超温要及时平衡流量，降温直至熄火。控制好各处压力不超标，尤其是常压装置顶部（常顶）、换热器压力不超标，一旦超标，降原油量、调吹汽、开空冷、放火炬，停泵撤压。控制塔罐液面不超标，尤其注意塔底液面，低则机泵易抽空，应及时降抽出量或停泵；高则易冲塔，要及时提大抽出量，降原油量，直至切断原油进料。罐液面超标易带油或易溢出油品，应及时调整，以免扩大事态。

(3) 紧急停工的原则　一旦发生着大火、爆炸事故，一方面要报火警消防灭火，一方面要立即采取一切有效措施，迅速控制防止事态扩大和蔓延，必要时可按局部停工和紧急停工处理，或采取断进料（包括装置和单体设备的进料）、停注水、熄炉火、关吹汽、放火炬、破真空、停机泵、防冻凝等措施。

总之，在事故处理过程中，我们应当本着上述原则，努力做到：不惊慌、不害怕、不超温、不超压、不跑油、不冲塔、不着火、不爆炸、快恢复、勿扩大。从而达到控制事态，保证安全，恢复生产的目的。

生产事故处理完毕，恢复正常生产后，要本着"三不放过"的原则，及时组织操作人员对事故的原因、现象、部位等进行认真分析，对事故处理的措施、今后的防范措施、预想处理方案等进行认真讨论，对事故处理过程中的不足和经验进行认真总结，才能做到抓现象、看本质、拿措施，才能不断提高自身素质，提高预防和事故处理的能力，从而保证安全生产。

(二) 常见事故现象及处理方法

1. 原油带水事故

(1) 现象

① 原油在线含水仪指示高，脱前温度降低。

② 电脱盐罐跳闸、报警、电流回零或电压下降、电流上升，指示灯熄灭。电脱盐罐水界面上升，切水量增大或切水乳化。

③ 脱后原油换热后温度下降，压力上升甚至憋压漏油，原油流量下滑。

④ 闪蒸塔进料、闪蒸塔顶部（闪顶）、闪蒸塔底部（闪底）温度降低，闪顶压力、气体流量上升，安全阀启跳，带水严重时闪蒸塔冲塔、塔底泵抽空。

⑤ 闪底油换后温度降低。

⑥ 常压炉进料流量大幅度波动且出口温度下降，燃油量增加，炉膛温度上升。

⑦ 常压温度、侧线温度上升，塔顶回流量增加，常顶回流罐水量大增，易出现回流带水。

主要现象：脱前温度下降，原油量下降、闪顶、常顶压力上升，常压炉进料上升。

(2) 原因

① 原油罐切水未尽或降沉时间不足，造成原油带水多。

② 原油性质不好，乳化严重，造成原油含水多。

③ 注水过多，造成电脱盐罐脱水效果不好。

④ 电脱盐罐操作失误、水界面超高。

关键原因：罐区带水或电脱盐罐脱水效果差。

(3) 处理　处理原油带水，首先根除带水原因，其次水带入系统后，严防超压和污染成品罐。

① 原油轻度带水：

a. 原油降量，降注水，通知罐区换罐或切水。

b. 电脱盐罐加大切水，降低水界面，甚至切出乳化层，尽量维持电脱盐罐正常操作。

c. 平稳闪顶压力,提高闪顶温度。

d. 平稳炉出口温度、减小波动。

e. 关小塔底吹汽,稍提塔顶压力,平稳侧线温度,提大中段回流,保证产品合格。

② 原油严重带水:

a. 原油降量停注水,罐区换罐、切水。

b. 电脱盐罐快速切水降界面(甚至切除乳化层)。

c. 闪蒸塔顶放火炬。

d. 常压炉降出口温度。

e. 关闭常压塔底部(常底)吹汽(稍通蒸汽防结焦),过热蒸汽适当放空。常顶瓦斯放火炬,停去加热炉,开足空冷降常顶压力,控制常顶压力不超标,防止安全阀启跳。回流罐加大切水,防止回流带水。侧线降抽出量,回流量加大,常底加大抽出量。视侧线产品情况,及时改走不合格线,杜绝污染罐区大罐。

f. 电脱盐抓紧送电,换热器等进行泄漏检查。

g. 带水因素消除后,迅速恢复操作。

2. 原油中断事故

原油中断主要表现为原油无量,系统液面、压力迅速下降,加热炉出口温度上升,存在的主要问题是加热炉超温,机泵抽空及切水跑油。

(1) 现象

① 原油流量降至零,压控压力、电脱盐罐压力迅速下降。

② 脱前温度、脱后温度、闪底油换热后温度、加热炉出口温度、侧线外甩温度等均上升。

③ 闪底、常底、减压塔底部(减底)液面迅速下降,侧线及回流罐液面下降。

④ 闪顶、常顶压力下降,系统压力下降。

(2) 原因

① 原油罐区停电。

② 原油换罐阀门开关出错。

③ 原油罐液面过低,泵抽空。

④ 原油泵入口线堵、凝线或泵体故障。

(3) 处理

① 原油短时间中断:

a. 加热炉降温至熄火(留一个瓦斯火),严禁加热炉超温。

b. 严禁机泵抽空:闪底泵、常底泵、减底泵降量防抽空,侧线、回流降量,防止泵抽空,液面无法维持后,停泵。

c. 电脱盐罐、回流罐等切水关闭防跑油。

d. 各塔侧线,塔底吹汽适当关小,保持塔内温度、压力。

e. 原油进料后,逐渐恢复操作。

② 原油长时间(0.5h以上)中断:装置闭路循环,等待来油。

3. 塔顶回流带水事故

(1) 现象

① 塔顶回流罐水界面满（现场玻璃板满）。

② 塔顶压力上升，而常顶温度及常一、常二线等侧线温度下降，塔顶回流量下降，常一线泵有时抽空，严重时安全阀启跳。

确认方法：塔顶回流控制阀放空采样，检查是否有水，无水正常，有水即为回流带水。

(2) 原因

① 塔顶回流罐（常压塔）水界面控制过高，或仪表失灵造成水界面过高，使水回流入塔。

② 塔顶有水冷却器时，因腐蚀等原因漏水或原油带水量大，而回流罐脱水不及时，水面超高带水。

(3) 处理

① 塔顶回流罐加大切水（开副线），迅速降至正常位置。检查仪表控制是否准确，冷却器有无漏项，根除带水原因。

② 塔顶压力升高很快时，关小塔底吹汽，视情况调整空冷，控制塔内压力，防止安全阀启跳。

③ 适当提高塔顶或常一线温度，加速水分蒸发（赶水），侧线不合格时改次品。

④ 恢复正常操作。

4. 分馏塔冲塔事故

冲塔是分馏塔内汽相负荷过大，汽、液相失去平衡，汽、液传质传热被破坏，造成分馏效果严重变坏，产品变色，操作大波动的情况。

(1) 现象

① 塔顶压力迅速升高。

② 塔顶温度及侧线温度升高，塔顶回流量增加。

③ 塔顶流出量增加，侧线量减少，产品颜色变深，变重，甚至出黑油。

(2) 原因

① 原油带水。

② 塔顶回流带水。

③ 塔底液面超高，溢过吹汽分布管或进料段。

④ 塔底吹汽量过大。

⑤ 过热蒸汽带水。

⑥ 塔内压力突然降低或大波动。

⑦ 进料量偏大，超设计负荷。

⑧ 侧线抽出量过大。

⑨ 进料温度突然变化。

(3) 处理　发生冲塔事故，尤其要注意检查产品颜色（目测），适时改走不合格线，严禁污染产品大罐及影响下游装置生产，及时处理冲塔。

① 视产品颜色、质量及时改次品线，防止污染产品罐，影响下游装置。

② 塔顶压力控制不要太低。

③ 减小侧线产品抽出量，增加内回流量。

④ 加大回流量,提高分馏效果。
⑤ 原油适当降量。
⑥ 必要时降低炉出口温度。
⑦ 控制好塔底液面,超高时迅速甩油,降原油量。
⑧ 针对不同原因相应进行处理:

原油带水:迅速切水、控制好塔顶压力,按带水事故处理。
回流带水:回流罐切水,提高塔顶温度,按回流带水处理。
塔底液面高:加大抽出,降原油量,平衡物料。
过热蒸汽带水:1.0MPa汽包脱水,降过热汽量,提高出口温度,以达到过热。
塔顶压力波动:迅速调节空冷、吹汽、原油量等,平衡压力。
进料温度突变:平衡炉出口温度。

5. 设备管线水击事故

水击是一种碰撞现象,在设备管线吹扫时,由于设备存水或蒸汽带冷凝水,水被蒸汽带动快速运行,动量很大,在运行中水与器壁等发生碰撞,作用时间很短,速度或动量变化很大,因而产生巨大的撞击力,严重时损坏管线设备。

(1) 现象
① 设备管线发生水击时,发出低沉的撞击声,设备管线振动,摇晃,保温层脱落。
② 严重时震裂设备管线的法兰、焊口及内件。

(2) 原因
① 设备管线吹扫给汽时,蒸汽未放净冷凝水。
② 设备管线内存液态水、油。

(3) 处理
① 迅速关小或关闭蒸汽,待水击逐渐消除后,处理干净蒸汽及设备存水,缓慢给汽扫线。
② 震裂设备管线时,停汽修复。

6. 塔底泵抽空事故

(1) 现象
① 轻微抽空时,泵出口压力、流量波动大,泵体伴有振动,声音异常或间歇式异常,塔底液面上升。
② 严重抽空时,泵出口压力很低或无压力,流量回零,泵体振动,声音异常,塔底液面迅速上升。
③ 泵抽空时间一长,易抽坏密封,漏油着火。

(2) 原因
① 塔底液面低或液面出现假象,实际液面过低。
② 塔底油轻组分多,部分在泵体内汽化。
③ 泵入口扫线蒸汽内漏蒸汽或凝结水。
④ 泵入口过滤网堵。
⑤ 备用泵密封不好,冷却水内漏或空气吸入泵体(减底泵易出现此情况)。

⑥ 备用泵预热时有冷油或预热循环量太大。
⑦ 封油含水或注入量过大。
⑧ 泵本身有问题。
⑨ 泵入口压力不稳定。

(3) 处理

① 轻微抽空：关泵出口阀憋压处理。

② 严重抽空时，首先，关泵出口阀憋压，检查塔底液面，关闭备用泵出入口阀，切断备用泵影响。其次，启运备用泵，消除运行泵本身存在的问题，若长时间两泵都抽空，应按停工处理。

③ 针对泵抽空的几种原因，全面查找，逐步消除。

④ 检查塔底液面的实际情况，校表，调稳液面。

⑤ 检查进料入塔温度及最低侧线产品终馏点，调整塔底油轻组分。

⑥ 检查两泵入口扫线蒸汽是否热或关闭扫线总线阀，放空检查。

⑦ 判断泵入口是否堵塞：若关闭出口阀，压力正常，开出口阀压力速降可能是入口阀堵，打开检查入口过滤网。

⑧ 检查备用泵密封及冷却水情况，适当调整。为排除此影响，可暂时关闭备用泵入口。

⑨ 检查封油含水及注量情况，适当调小封油量，维持好封油压力。必要时可短时间切除封油，消除此影响，观察机泵运行情况。

⑩ 检查泵入口压力，尤其是减底泵入口压力，看真空度是否大幅度波动。

⑪ 确认泵体有问题时，联系维修工维修机泵。立即切换备用泵。

习题

一、填空题

1. 原油常用的分类方法有_____、_____。
2. 特性因数 K 为 10.5～11.5 的原油，属于_____原油，其相对密度_____，凝固点_____。
3. 按关键馏分的分类，我国大庆原油属于_____原油，按照两种分类方法的综合分类，胜利原油属于_____原油；按原油的含硫量分类，硫含量<0.5%，属于_____原油。
4. 原油加工方案一般分为_____、_____、_____三类。
5. 原油蒸馏常用的三种蒸馏曲线分别是_____、_____、_____。
6. 典型的三段汽化原油蒸馏工艺过程中采用的蒸馏塔为_____、_____、_____。
7. 原油脱盐脱水常用的方法有_____、_____、_____。
8. 塔顶打回流的作用是提供_____，取走塔内部分_____。
9. 常压塔塔底汽提蒸汽压力_____，汽提效果越好，但塔压会_____。
10. 从热量利用率来看，提高分馏塔精馏段下部_____取热比例，可以提高装置_____。

二、简答题

1. 常减压蒸馏装置能生产哪些产品及二次加工的原料？
2. 常减压蒸馏装置能控制车用汽油的哪些质量指标？
3. 常减压蒸馏装置对重整原料油要控制哪些质量指标？
4. 什么叫作实沸点蒸馏及平衡蒸馏？
5. 常减压蒸馏装置在全厂加工总流程中有什么重要作用？
6. 目前炼油厂对原油有几种加工方案？你所了解的炼油厂是属于哪种类型的？画出加工方案的流程框图。
7. 什么情况下需要设置初馏塔？
8. 回流方式有几种，应该如何考虑？
9. 汽提塔有什么作用？有哪几种汽提方式？
10. 石油蒸馏塔与简单精馏塔相比有哪些不同之处？
11. 回流的作用是什么？炼油厂常用的回流有几种？
12. 减压塔塔顶压力的高低对蒸馏过程有何影响？
13. 中段循环回流有何作用？为什么在油品分馏塔上经常采用，而在一般化工厂的精馏塔上并不使用？
14. 过汽化量的不同对产品质量及能耗有何影响？
15. 减压塔为什么设计成为两端细、中间粗的型式？
16. 简述原油中所含盐的种类、存在形式及含盐给原油炼制加工和产品质量带来的危害。
17. 原油在脱盐之前为什么要先注水？脱盐后原油的含水、含盐指标应达到多少？

项目三

催化裂化操作

知识目标

① 了解催化裂化的目的及发展。
② 知道催化裂化原料来源及裂化产品。
③ 了解催化裂化反应种类及反应机理。
④ 掌握催化裂化的工艺流程。
⑤ 了解催化裂化的催化剂组成及性能。
⑥ 理解催化裂化工艺的影响因素。
⑦ 熟悉催化裂化的操作技术。

能力目标

① 能根据催化裂化工艺要求,选择裂化原料。
② 能结合流程说明、识读催化裂化工艺流程图。
③ 能对影响催化裂化生产的工艺条件进行分析和判断。

任务一　催化裂化生产原理

一、催化裂化生产概述

原油经过常减压蒸馏可以获得到汽油、煤油及柴油等轻质油品，但收率只有10%～40%，而且某些轻质油品的质量也不高，例如直馏汽油的马达法辛烷值一般只有40～60。随着工业的发展，内燃机不断改进，对轻质油品的数量和质量提出了更高的要求。这种供需矛盾促使炼油工业向原油二次加工的方向发展，进一步提高原油的加工深度，获得更多的轻质油品并提高其质量。而催化裂化是炼油工业中最重要的一种二次加工过程，在炼油工业中占有重要的地位。

催化裂化过程是原料在催化剂存在时，在470～530℃和(0.1～0.3)MPa的条件下，发生以裂解反应为主的一系列化学反应，转化成气体、汽油、柴油、重质油（可循环作原料或出澄清油）及焦炭的工艺过程。其主要目的是将重质油品转化成高质量的汽油和柴油等产品。由于产品的收率和质量取决于原料性质和相应采用的工艺条件，因此生产过程中就需要对原料油的物化性质有一个全面的了解。

1. 原料油来源

催化裂化原料范围很广。有350～500℃直馏馏分油、常压渣油及减压渣油。也有二次加工馏分，如焦化蜡油、润滑油脱蜡的蜡膏、蜡下油、脱沥青油等。

（1）直馏馏分油　直馏馏分油一般为常压重馏分和减压馏分。不同原油的直馏馏分的性质不同，但直馏馏分含烷烃高，芳烃较少，易裂化。我国几种原油减压馏分油性质及组成见表3-1。

根据我国原油的情况，由表3-1可知，直馏馏分催化原料油有以下几个特点：

① 原油中轻组分少，大都在30%以下，因此催化裂化原料充足；

② 含硫低，含重金属少，大部分催化裂化原料硫含量在0.1%～0.5%，镍含量一般较低；

③ 主要原油的催化裂化原料，如大庆油、任丘油等，含蜡量高，因此特性因数K也高，一般为12.3～12.6。以上说明，我国催化裂化原料量大、质优，轻质油收率和总转化率也较高。是理想的催化裂化原料。

（2）二次加工馏分油　表3-2列出了几种常见二次加工馏分油组成及性质。

表3-1　国内几种原油减压馏分油性质及组成

原料种类	大庆油	胜利油	任丘油	中原油	辽河油
收率(质量分数)/%	26～30	27	34.9	23.2	29.7
密度(20℃)/(g/cm^3)	0.8564	0.8876	0.869	0.856	0.9083
馏程/℃	350～500	350～500	350～500	350～500	350～500
凝点/℃	42	39	46	43	34
运动黏度(50℃/100℃)/(mm^2/s)	—/4.60	25.3/5.9	17.9/5.3	14.2/4.4	—/6.9

续表

原料种类	大庆油	胜利油	任丘油	中原油	辽河油
分子量	398	382	369	400	366
特性因数 K	12.5	12.3	12.4	12.5	11.8
残炭(质量分数)/%	<0.1	<0.1	<0.1	0.04	0.038
组成/%					
饱和烃	86.6	71.8	80.9	80.2	71.6
芳香烃	13.4	23.3	16.5	16.1	24.42
胶质	0.0	4.9	2.6	2.7	4.0
硫含量(质量分数)/%	0.045	0.47	0.27	0.35	0.15
氮含量(质量分数)/%	0.045	<0.1	0.09	0.042	0.20
重金属含量/(mg/kg)					
铁	0.4	0.02	2.50	0.2	0.06
镍	<0.1	<0.1	0.03	0.01	—
钒	0.01	<0.1	0.08	—	—
铜	0.04	—	0.08	—	—

表 3-2 几种常见的二次加工馏分油组成及性质

名称	大庆			胜利焦化蜡油
	蜡膏	脱沥青油	焦化蜡油	
密度(20℃)/(g/cm³)	0.82	0.86~0.89	0.8619	0.9016
馏程/℃				
初馏点	350	348	318	230
终馏点	550	500	—	507
凝点/℃	—	—	30	35
残炭(质量分数)/%	<0.1	0.7	0.07	0.490
硫含量(质量分数)/%	<0.1	0.11	0.09	0.98
氮含量(质量分数)/%	<0.1	0.15	—	0.39
重金属(mg/kg)				
Fe	—	—	—	3.0
Ni	<0.1	0.5	—	0.36
V	—	—	—	—
Cu	—	—	—	—

蜡膏含烷烃较多、易裂化、生焦少，是理想的催化裂化原料；焦化蜡油、减黏裂化馏出油是已经裂化过的油料，芳烃含量较多，裂化性能差，焦炭产率较高，一般不能单独作为催化裂化原料；脱沥青油、抽余油含芳烃较多，易缩合，难以裂化，因而转化率低，生焦量高，只能与直馏馏分油掺和一起作催化裂化原料。

(3) 常压渣油和减压渣油　我国原油大部分为重质原油，减压渣油收率占原油的40%左右，常压渣油占65%~75%，渣油量很大。

常规催化裂化原料油中的残炭和重金属含量都比较低，而重油催化裂化则是在常规催化原料油中掺入不同比例的减压渣油或直接用全馏分常压渣油为原料。由于原料油的改变，胶质、沥青质、重金属及残炭值的增加，特别是族组成的改变，对催化裂化过程的影响极大。因此，对重油催化裂化来说，首先要解决高残炭值和高重金属含量对催化裂化过程的影响，才能更好地利用有限的石油资源。表 3-3 和表 3-4 列出了我国几种原油的常压渣油和减压渣油的性质。

表 3-3　国内几种原油的常压渣油性质

项目	大庆	胜利	任丘	中原	辽河
馏分范围/℃	>350	>400	>350	>350	>350
密度(20℃)/(g/cm³)	0.8959	0.9460	0.9162	0.9062	0.9436
收率(质量分数)/%	71.5	68.0	73.6	55.5	68.9
康氏残炭(质量分数)/%	4.3	9.6	8.9	7.50	8.0
元素分析/%					
C	86.32	86.36		85.37	87.39
H	13.27	11.77		12.02	11.94
N	0.2	0.6	0.49	0.31	0.44
S	0.15	1.2	0.4	0.88	0.23
重金属/(mg/kg)					
V	<0.1	1.50	1.1	4.5	
Ni	4.30	36	23	6.0	47
组成(质量分数)/%					
饱和烃	61.4	40.0	46.7		49.4
芳香烃	22.1	34.3	22.1		30.7
胶质	16.45	24.9	31.2		19.9
沥青质(C₇不溶物)	0.05	0.8	<0.1		<0.1

表 3-4　国内几种原油的减压渣油性质

项目	大庆	胜利	任丘	中原	辽河
馏分范围/℃	>500	>500	>500	>500	>500
收率(质量分数)/%	42.9	47.1	38.7	32.3	39.3
密度(20℃)/(g/cm³)	0.9220	0.9698	0.9653	0.9424	0.9717
运动黏度(100℃)/(mm²/s)	104.5	861.7	958.5	256.6	549.9
康氏残炭(质量分数)/%	7.2	13.9	17.5	13.3	14.0
S含量(质量分数)/%	0.91	1.95	0.76	1.18	0.37
H/C原子比	1.73	1.63	1.65	1.63	1.75
分子量	1120	1080	1140	1100	992
重金属/(mg/kg)					
V	0.1	2.2	1.2	7.0	1.5
Ni	7.2	46	42	10.3	83

2. 评价原料性能的指标

通常用以下几个指标来评价催化裂化原料的性能。

(1) 馏分组成　馏分组成可以判别原料的轻重和沸点范围的宽窄。原料油的化学组成类型相近时，馏分越重，越容易裂化；馏分越轻，越不易裂化。由于资源的合理利用，近年来纯蜡油型催化裂化越来越少。

(2) 烃类组成　烃类组成通常以烷烃、环烷烃、芳烃的含量来表示。原料的组成随原料来源的不同而不同。石蜡基原料容易裂化，汽油及焦炭产率较低，气体产率较高；环烷基原料最易裂化，汽油产率高，辛烷值高，气体产率较低；芳香基原料难裂化，汽油产率低而生焦多。

重质原料油烃类组成分析较困难，在实际生产中很少测定，仅在装置标定时才作该项分析，平时是通过测定密度、特性因数、苯胺点等物理性质来间接进行判断。

① 密度。密度越大，则原料越重。若馏分组成相同，密度大，环烷烃、芳烃含量多；密度小，烷烃含量较多。

② 特性因数 K。特性因数与密度和馏分组成有关，原料的 K 值高说明含烷烃多；K 值低说明含芳烃多（见表 3-1）。原料的 K 值可由恩氏蒸馏数据和密度计算得到。也可由密度和苯胺点查图得到。

③ 苯胺点。苯胺点是表示油品中芳烃含量的指标，苯胺点越低，油品中芳烃含量越高。

(3) 残炭值　原料油的残炭值是衡量原料性质的主要指标之一。它与原料的组成、馏分宽窄及胶质、沥青质的含量等因素有关。原料残炭值高，则生焦多。常规催化裂化原料中的残炭值较低，一般在 6% 左右。而重油催化裂化是在原料中掺入部分减压渣油或直接加工全馏分常压渣油，随原料油变重，胶质、沥青质含量增加，残炭值增加。

(4) 金属　原料油中重金属以钒、镍、铁、铜对催化剂活性和选择性的影响最大。在催化裂化反应过程中，钒极容易沉积在催化剂上，再生时钒转移到分子筛位置上，与分子筛反应，生成熔点为 632℃ 的低共熔点化合物，破坏催化剂的晶体结构而使其永久性失活。

镍沉积在催化剂上并转移到分子筛位置上，但不破坏分子筛，仅部分中和催化剂的酸性中心，对催化剂活性影响不大。由于镍本身就是一种脱氢催化剂，因此在催化裂化反应的温度、压力条件下即可进行脱氢反应，使氢产率增大，液体减少。

原料中碱金属钠、钙等也影响催化裂化反应。钠沉积在催化剂上会影响催化剂的热稳定性、活性和选择性。随着重油催化裂化的发展，人们越来越注意钠的危害。钠不仅引起催化剂的酸性中毒，还会与催化剂表面上沉积的钒的氧化物生成低熔点的钒酸钠共熔体，在催化剂再生的高温下形成熔融状态，使分子筛晶格受到破坏，活性下降。这种毒害程度随温度升高而变得严重，见表 3-5。因此对重油催化裂化而言，原料的钠含量必须严加控制，一般控制在 5mg/kg 以下。

表 3-5　代表性钒、钠共熔体的熔点

化合物	熔点/℃	化合物	熔点/℃
V_2O_3	1970	$Na_2O \cdot 7V_2O_5$	668
V_2O_4	1970	$2Na_2O \cdot V_2O_5$	640
V_2O_5	675	$Na_2O \cdot V_2O_5$	630
$3Na_2O \cdot V_2O_5$	850	$Na_2O \cdot V_2O_4 \cdot 5V_2O_5$	625
$Na_2O \cdot 6V_2O_5$	702	$5Na_2O \cdot V_2O_4 \cdot 11V_2O_5$	535

(5) 硫、氮含量　原料中的含氮化合物，特别是碱性氮化合物含量多时，会引起催化剂中毒使其活性下降。研究表明，裂化原料中加入 0.1%（质量分数）的碱性氮化物，其裂化反应速率约下降 50%。除此之外，碱性氮化合物是造成产品油料变色、氧化安定性变坏的重要原因之一。

原料中的含硫化合物对催化剂活性没有显著的影响，试验中用含硫 0.35%~1.6% 的原料没有发现对催化裂化反应速率产生影响。但硫会增加设备腐蚀，使产品硫含量增高，同时污染环境。因此在催化裂化生产过程中对原料及产品中硫和氮的含量应引起重视，如果含量过高，需要进行预精制处理。

3. 产品及产品特点

催化裂化过程中，当所用原料、催化剂及反应条件不同时，所得产品的产率和性质也不相同，但总的来说催化裂化产品与热裂化相比具有很多特点。

(1) 气体产品　在一般工业条件下，气体产率约为 10%～20%，其中所含组分有氢气、硫化氢、C_1～C_4 烃类。氢气含量主要取决于催化剂被重金属污染的程度，H_2S 则与原料的硫含量有关。C_1 即甲烷，C_2 为乙烷、乙烯，以上物质称为干气。催化裂化气体中大量的是 C_3、C_4 烃类（称为液态烃或液化气），其中 C_3 为丙烷、丙烯，C_4 包括 6 种组分（正、异丁烷，正丁烯，异丁烯和顺、反-2-丁烯）。

气体产品的特点如下：

① 气体产品中 C_3、C_4 占绝大部分，约 90%（质量分数），C_2 以下较少，液化气中 C_3 比 C_4 少，液态烃中 C_4 含量约为 C_3 含量的 1.5～2.5 倍；

② 烯烃比烷烃多，C_3 中烯烃约为 70%，C_4 中烯烃约为 55%；

③ C_4 中异丁烷多，正丁烷少，正丁烯多，异丁烯少。

上述特点使催化裂化气体成为石油化工很好的原料，催化裂化的干气可以作燃料也可以作合成氨的原料。由于其中含有部分乙烯，所以经次氯酸酸化又可以制取环氧乙烷，进而生产乙二醇、乙二胺等化工产品。

液态烃，特别是其中的烯烃可以生产各种有机溶剂和合成橡胶、合成纤维、合成树脂等三大合成产品以及各种高辛烷值汽油组分，如叠合油、烷基化油及甲基叔丁基醚等。

(2) 液体产品

① 催化裂化汽油产率为 40%～60%（质量分数）。由于其中有较多烯烃、异构烷烃和芳烃，所以辛烷值较高，一般为 80 左右（MON）。因其所含烯烃中 α 烯烃较少，且基本不含二烯烃，所以安定性也比较好。含低分子烃较多，它的 10% 点和 50% 点温度较低，使用性能好。

② 柴油产率为 20%～40%（质量分数），因其中含有较多的芳烃约为 40%～50%，所以十六烷值较直馏柴油低得多，只有 35 左右，常常需要与直馏柴油等调和后才能作为柴油发动机燃料使用。

③ 渣油中含有少量催化剂细粉，一般不作产品，可返回提升管反应器进行回炼，若经澄清除去催化剂也可以生产部分（3%～5%）澄清油，因其中含有大量芳烃是生产重芳烃和炭黑的好原料。

(3) 焦炭　催化裂化的焦炭沉积在催化剂上，不能作为产品，常规催化裂化的焦炭产率约为 5%～7%，当以渣油为原料时可高达 10% 以上，视原料的质量不同而异。

由上述产品分布和产品质量可见催化裂化有它独特的优点，是一般热破坏加工所不能比拟的。

二、催化裂化工艺原理

(一) 反应类型

催化裂化产品的数量和质量，取决于原料中的各类烃在催化剂上所进行的反应，为了更好地控制生产，以达到高产优质的目的，就必须了解催化裂化反应的实质、特点以及影响反应进行的因素。

石油馏分是由各种烷烃、烯烃、环烷烃、芳香烃等组成，在催化剂上，各种单体烃进行着不同的反应，有分解反应、异构化反应、氢转移反应、芳构化反应等。其中，以分解反应为主，催化裂化这一名称正因此而得，各种反应同时进行，并相互影响。为了更好地了解催化裂化的反应过程，首先应了解单体烃的催化裂化反应。

1. 烷烃

烷烃主要发生分解反应（烃分子中C—C键断裂的反应），生成较小分子的烷烃和烯烃，例如：

$$C_{16}H_{34} \longrightarrow C_8H_{16} + C_8H_{18}$$

生成的烷烃又可以继续分解成更小的分子。因为烷烃分子的C—C键能随着其由分子的两端向中间移动而减小，因此，烷烃分解时都从中间的C—C键处断裂，而分子越大越容易断裂。碳原子数相同的链状烃中，异构烷烃的分解速率比正构烷烃快。

2. 烯烃

烯烃的主要反应也是分解反应，但还有一些其他反应，主要反应如下。

（1）分解反应　分解为两个较小分子的烯烃。烯烃的分解速率比烷烃高得多，且大分子烯烃分解反应速率比小分子快，异构烯烃的分解速率比正构烯烃快。例如：

$$C_{16}H_{32} \longrightarrow C_8H_{16} + C_8H_{16}$$

（2）异构化反应

① 双键移位异构。烯烃的双键向中间位置转移，称为双键移位异构。例如：

$$CH_3-CH_2-CH_2-CH_2-CH=CH_2 \longrightarrow CH_3-CH_2-CH=CH-CH_2-CH_3$$

② 骨架异构。分子中碳链重新排列。例如：

$$CH_3-CH_2-CH=CH_2 \longrightarrow CH_3-\underset{\underset{CH_3}{|}}{C}=CH_2$$

③ 几何异构。烯烃分子空间结构的改变，如顺烯变为反烯，称为几何异构。

（3）氢转移反应　某烃分子上的氢脱下来立即加到另一烯烃分子上使之饱和的反应称为氢转移反应。如两个烯烃分子之间发生氢转移反应，一个获得氢变成烷烃，另一个失去氢转化为多烯烃乃至芳烃或缩合程度更高的分子，直至最后缩合成焦炭。氢转移反应是烯烃的重要反应，是催化裂化汽油饱和度较高的主要原因，但反应速率较慢，需要较高活性的催化剂。

（4）芳构化反应　所有能生成芳烃的反应都称为芳构化反应，它也是催化裂化的主要反应。如下式烯烃环化再脱氢生成芳烃，这一反应有利于汽油辛烷值的提高。

$$CH_3-CH_2-CH_2-CH_2-CH=CH-CH_3 \longrightarrow \text{(甲基环己烷)} \longrightarrow \text{(甲苯)} + 3H_2$$

（5）叠合反应　它是烯烃与烯烃合成大分子烯烃的反应。

（6）烷基化反应　烯烃与芳烃或烷烃的加合反应都称为烷基化反应。

3. 环烷烃

环烷烃的环可断裂生成烯烃，烯烃再继续进行上述各项反应；环烷烃带有长侧链，则侧链本身会发生断裂生成环烷烃和烯烃；环烷烃也可以通过氢转移反应转化为芳烃；带侧链的五元环烷烃可以异构化成六元环烷烃，并进一步脱氢生成芳烃。例如：

$$\text{(环戊基)}-CH_2-CH_2-CH_3 \longrightarrow CH_3-CH_2-CH_2-CH_2-CH=CH_2-CH_3$$

$$\text{(甲基环戊烷)} \longrightarrow \text{(环己烷)} \longrightarrow \text{(苯)} + 3H_2$$

4. 芳香烃

芳香烃在催化裂化条件下十分稳定，连在苯环上的烷基侧链容易断裂成较小分子的烯烃，断裂的位置主要发生在侧链同苯环连接的键上，并且侧链越长，反应速率越快。多环芳烃的裂化反应速率很低，它们的主要反应是缩合成稠环芳烃，进而转化为焦炭，同时放出氢使烯烃饱和。

以上列举的是裂解原料中主要烃类物质所发生的复杂交错的化学反应，从中可以看到：在催化裂化条件下，烃类进行的反应除了有大分子分解为小分子的反应，还有小分子缩合成大分子的反应（甚至缩合至焦炭）。与此同时，还进行异构化、氢转移、芳构化等反应。正是由于这些反应，才得到气体、液态烃以及汽油、柴油乃至焦炭等丰富的产品。

（二）催化裂化反应特点

1. 烃类催化裂化是一个气-固非均相反应

原料进入反应器首先汽化成气态，然后在催化剂表面上进行反应。

（1）反应步骤

① 原料分子自主气流中向催化剂扩散；
② 接近催化剂的原料分子向微孔内表面扩散；
③ 靠近催化剂表面的原料分子被催化剂吸附；
④ 被吸附的分子在催化剂的作用下进行化学反应；
⑤ 生成的产品分子从催化剂上脱附下来；
⑥ 脱附下来的产品分子从微孔内向外扩散；
⑦ 产品分子从催化剂外表面再扩散到主气流中，然后离开反应器。

（2）各类烃被吸附的顺序　对于碳原子数相同的各类烃，它们被吸附的顺序为：

稠环芳烃＞稠环环烷烃＞烯烃＞单烷基侧链的单环芳烃＞环烷烃＞烷烃。

同类烃则相对分子量越大越容易被吸附。

（3）化学反应速率的顺序　不同烃类的反应速率如下：

烯烃＞大分子单烷基侧链的单环芳烃＞异构烷烃与烷基环烷烃＞小分子单烷基侧链的单环芳烃＞正构烷烃＞稠环芳烃。

综合上述两个排列顺序可知，石油馏分中的芳烃虽然吸附能力强，但反应能力弱，它首先吸附在催化剂表面上占据了相当的表面积，阻碍了其他烃类的吸附和反应，使整个石油馏分的反应速率变慢。对于烷烃，虽然反应速率快，但吸附能力弱，从而对原料反应的总效应不利。因此，可得出结论：环烷烃有一定的吸附能力，又具有适宜的反应速率，可以认为富含环烷烃的石油馏分应是催化裂化的理想原料。然而，实际生产中，这类原料并不多见。

2. 石油馏分的催化裂化反应是复杂的平行-顺序反应

平行-顺序反应，即原料在裂化时，同时朝着几个方向进行反应，这种反应称为平行反应。同时随着反应深度的增加，中间产物又会继续反应，这种反应称为顺序反应。所以原料油可直接裂化为汽油或气体，汽油又可进一步裂化生成气体，如图3-1所示。

平行-顺序反应的一个重要特点是反应深度对产品产率的分布有着重要影响。如图3-2所示，随着反应时间的增长，转化深度的增加，最终产物气体和焦炭的产率会一直增加，而汽油、柴油等中间产物的产率会在开始时增加，经过一个最高阶段而又下降。这是因为达到一定反应深度后,再加深反应,中间产物将会进一步分解成为更轻的馏分,其分解速率高于生成速率。习惯上称初次反应产物再继续进行的反应为二次反应。

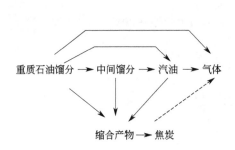

图 3-1　石油馏分的催化裂化反应
（虚线表示不重要的反应）

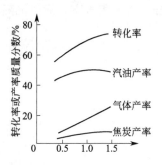

图 3-2　某馏分催化裂化的结果

催化裂化的二次反应是多种多样的,有些二次反应是有利的,有些则不利。例如,烯烃和环烷烃氢转移生成稳定的烷烃和芳烃是所希望的,中间馏分缩合生成焦炭则是不希望的。因此在催化裂化工业生产中,对二次反应进行有效的控制是必要的。另外,要根据原料的特点选择合适的转化率,这一转化率应选择在汽油产率最高点附近。如果希望有更多的原料转化成产品,则应将与原料油沸程相似的反应产物馏分与新鲜原料混合,重新返回反应器进一步反应。这里所说的沸点范围与原料相当的那一部分馏分,工业上称为回炼油或循环油。

任务二　催化裂化工艺流程组织

催化裂化自工业化以来,先后出现过多种形式的催化裂化工业装置。固定床和移动床催化裂化是早期的工业装置,随着微球硅铝催化剂和分子筛催化剂的出现,流化床和提升管催化裂化相继问世。1965 年我国建成了第一套同高并列式流化床催化裂化工业装置,1974 年我国建成投产了第一套提升管催化裂化工业装置,2002 年世界上第一套多功能两段提升管反应器已在中国石油大学（华东）胜华炼厂年加工能力 10 万吨催化裂化工业装置上改造成功。

催化裂化装置一般由反应-再生系统、分馏系统、吸收-稳定系统及再生烟气能量回收系统组成。现以提升管催化裂化为例,对各系统分述如下。

一、催化裂化工艺流程

1. 反应-再生系统

以高低并列式提升管催化裂化装置为例说明反应-再生系统的工艺流程,如图 3-3 所示。

新鲜原料（以馏分油为例）换热后与回炼油分别经两加热炉预热至 300~380℃,由喷嘴喷入提升管反应器底部（油浆不进加热炉直接进提升管）与高温再生催化剂相遇,立即汽化反应,油气与雾化蒸汽及预提升蒸汽一起以 7~8m/s 的入口线速携带催化剂沿提升管向上流动，在470～510℃的反应温度下停留约2～4s，以13～20m/s的高线速通过提升管出口，经快速分离器进入沉降器，携带少量催化剂的油气与蒸汽的混合气经两级旋风分离器，进入集气室，通过沉降器顶部出口进入分馏系统。

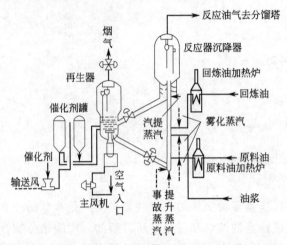

图3-3 高低并列式提升管催化裂化装置反应-再生系统

经快速分离器分出的催化剂，自沉降器下部进入汽提段，经旋风分离器回收的催化剂通过料腿也流入汽提段。进入汽提段的待生催化剂用水蒸气吹脱吸附的油气，经待生催化剂斜管，待生催化剂单动滑阀以切线方式进入再生器，在650～690℃的温度下进行再生。再生器维持0.15～0.25MPa（表压）的顶部压力，床层线速约为1～1.2m/s。含炭量降到0.2%以下的再生催化剂经淹流管、再生斜管和再生单动滑阀进入提升管反应器，构成催化剂的循环。

烧焦产生的再生烟气，经再生器稀相段进入旋风分离器。经两级旋风分离除去携带的大部分催化剂，烟气通过集气室（或集气管）和双动滑阀排入烟囱（或去能量回收系统）。回收的催化剂经料腿返回床层。

再生烧焦所需空气由主风机供给，通过辅助燃烧室及分布板（或管）进入再生器。

在生产过程中催化剂会有损失，为了维持系统内的催化剂藏量，需要定期地或经常地向系统补充新鲜催化剂。即使是催化剂损失很低的装置，由于催化剂老化减活或受重金属污染，也需要放出一些废催化剂，补充一些新鲜催化剂以维持系统内催化剂的活性。为此装置内应设有两个催化剂贮罐，一个是供加料用的新鲜催化剂贮罐，一个是供卸料用的热平衡催化剂贮罐。

反应-再生系统的主要控制手段如下：

① 用气压机入口压力调节汽轮机转速控制富气流量，以维持沉降器顶部压力恒定。

② 以两反应器压差作为调节信号由双动滑阀控制再生器顶部压力。

③ 由提升管反应器出口温度控制再生滑阀开度来调节催化剂循环量。由待生滑阀开度根据系统压力平衡要求控制汽提段料位高度。

依据再生器稀密相温差调节主风放空量（称为微调放空），以控制烟气中的氧含量，预防发生二次燃烧。

除此之外还有一套比较复杂的自动保护系统以防发生事故。

2. 分馏系统

分馏系统工艺流程如图 3-4 所示。

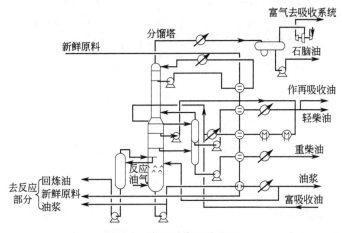

图 3-4 分馏系统工艺流程

由沉降器顶部出来的反应产物油气进入分馏塔下部，经装有挡板的脱过热段后，油气自下而上通过分馏塔。经分馏后得到富气、粗汽油、轻柴油、重柴油（也可以不出重柴油）、回炼油及油浆。如在塔底设油浆澄清段，可脱除催化剂用澄清油，浓缩的稠油浆再用回炼油稀释，送回反应器进行回炼并回收催化剂。如不回炼也可送出装置。轻柴油和重柴油分别经汽提塔汽提后再经换热、冷却，然后出装置。轻柴油有一部分经冷却后送至再吸收塔，作为吸收剂，然后返回分馏塔。

分馏系统主要过程在分馏塔内进行，与一般精馏塔相比，催化裂化分馏塔具有如下技术特点：

① 分馏塔进料是过热气体，并带有催化剂细粉，所以进料口在塔的底部，塔下段用油浆循环以冲洗挡板和防止催化剂在塔底沉积，并经过油浆与原料换热取走过剩热量。油浆固体含量可用油浆回炼量或外排量来控制，塔底温度则用循环油浆流量和返塔温度进行控制。

② 塔顶气态产品量大，为减少塔顶冷凝器负荷，塔顶也采用循环回流取热代替冷回流，以减少冷凝冷却器的总面积。

③ 由于全塔过剩热量大，为保证全塔气液负荷相差不过于悬殊，并回收高温位热量，除塔底设置油浆循环外，还设置中段循环回流取热。

3. 吸收-稳定系统

吸收-稳定系统的目的在于将来自分馏部分的催化富气中 C_2 以下组分（干气）与 C_3、C_4 组分（液化气）分离以便分别利用，同时将混入汽油中的少量气体烃分出，以降低汽油的蒸气压，确保符合商品规格。

吸收-稳定系统典型流程见图 3-5。

由分馏系统油气分离器出来的富气经气体压缩机升压后，冷却并分出凝缩油，压缩富气进入吸收塔底部，粗汽油和稳定汽油作为吸收剂由塔顶进入，吸收了 C_3、C_4（及部分 C_2）的富吸收油由塔底抽出送至解吸塔顶部。吸收塔设有一个中段回流以维持塔内较低

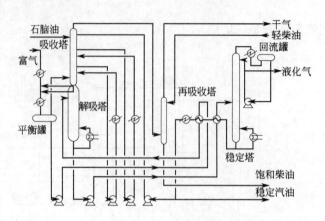

图 3-5 吸收-稳定系统典型流程图

的温度。吸收塔塔顶出来的贫气中尚夹带少量汽油，经再吸收塔用轻柴油回收其中的汽油组分后成为干气送燃料气管网。吸收了汽油的轻柴油再吸收塔底抽出料返回分馏塔。解吸塔的作用是通过加热将富吸收油中 C_2 组分解吸出来，由塔顶引出进入中间平衡罐，塔底为脱乙烷汽油被送至稳定塔。稳定塔的目的是将汽油中 C_4 以下的轻烃脱除，在塔顶得到液化石油气（简称液化气），塔底得到合格的汽油——稳定汽油。

4. 烟气能量回收系统

除以上三大系统外，现代催化裂化装置（尤其是大型装置）大都设有烟气能量回收系统，目的是最大限度地回收能量，降低装置能耗。图 3-6 为催化裂化能量回收系统的典型工艺流程。从再生器出来的高温烟气进入三级旋风分离器，除去烟气中绝大部分催化剂微粒后，通过调节蝶阀进入烟气轮机（又叫烟气透平）膨胀做功，使再生烟气的动能转化为机械能，驱动主风机（轴流风机）转动，提供再生所需空

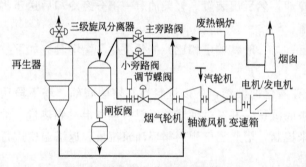

图 3-6 催化裂化能量回收系统流程

气。开工时无高温烟气，主风机由电动机（或汽轮机，又称蒸汽透平）带动。正常操作时如烟气轮机功率带动主风机尚有剩余时，电动机可以作为发电机，向配电系统输电。烟气经过烟气轮机后，温度、压力都有所降低（温度约降低 100～150℃），但含有大量的显热能（如不是完全再生，还有化学能），故排出的烟气可进入废热锅炉（或 CO 锅炉）回收能量，产生的水蒸气可供汽轮机或装置内外其他部分使用。为了操作灵活、安全，流程中另设有一条辅线，使从三级旋风分离器出来的烟气可根据需要直接从锅炉进入烟囱。

二、催化裂化的典型设备

（一）提升管反应器及沉降器

1. 提升管反应器

提升管反应器是催化裂化反应进行的场所，是催化裂化装置的关键设备之一。常见的

提升管反应器形式有两种,即直管式和折叠式。前者多用于高低并列式提升管催化裂化装置,后者多用于同轴式和由床层反应器改为提升管的装置。图 3-7 是直管式提升管反应器及沉降器简图。

提升管反应器是一根长径比很大的管子,长度一般为 30~36m,直径根据装置处理量决定,通常以油气在提升管内的平均停留时间(1~4s)为限,确定提升管内径。由于提升管内自下而上油气线速不断增大,为了不使提升管上部气速过高,提升管可做成上下异径形式。

在提升管的侧面开有上下两个(组)进料口,其作用是根据生产要求使新鲜原料、回炼油和回炼油浆从不同位置进入提升管,进行选择性裂化。

进料口以下的一段称预提升段(见图 3-8),其作用:由提升管底部进入水蒸气(称预提升蒸汽),使出再生斜管的再生催化剂加速,以保证催化剂与原料油相遇时均匀接触。这种作用叫预提升。

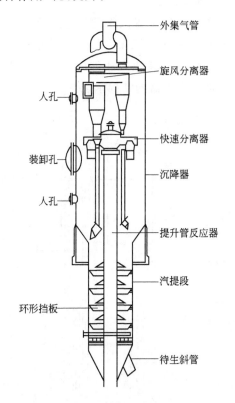

图 3-7 直管式提升管反应器及沉降器简图

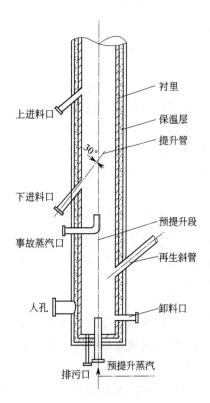

图 3-8 预提升段结构简图

为使油气在离开提升管后立即终止反应,提升管出口均设有快速分离装置,其作用是使油气与大部分催化剂迅速分开。快速分离器的类型很多,常用的有:伞幅形分离器、倒 L 形分离器、T 形分离器、粗旋风分离器、弹射快速分离器和垂直齿缝式快速分离器,分别如图 3-9(a)、图 3-9(b)、图 3-9(c)、图 3-9(d)、图 3-9(e)、图 3-9(f) 所示。

为进行参数测量和取样,沿提升管高度还装有热电偶管、测压管、采样口等。除此之外,提升管反应器的设计还要考虑耐热、耐磨以及热膨胀等问题。

2. 沉降器

沉降器是用碳钢焊制成的圆筒形设备,上段为沉降段,下段是汽提段。沉降段内装有数组旋风分离器,顶部是集气室并开有油气出口。沉降器的作用是使来自提升管的油气和催化剂分离,油气经旋风分离器分出所夹带的催化剂后经集气室去分馏系统;由提升管快速分离器出来的催化剂靠重力在沉降器中向下沉降落入汽提段;汽提段内设有数层人字挡板和蒸汽吹入口,其作用是将催化剂夹带的油气用过热水蒸气吹出(汽提),并返回沉降段,以便减少油气损失和减小再生器的负荷。

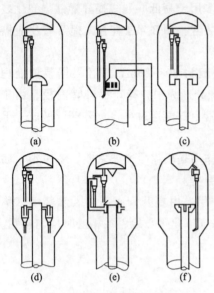

图 3-9 快速分离装置类型

(二) 再生器

再生器是催化裂化装置的重要工艺设备,其作用是为催化剂再生提供场所和条件,它的结构形式和操作状况直接影响烧焦能力和催化剂损耗。再生器是决定整个装置处理能力的关键设备。图 3-10 是常规再生器的结构示意图。

再生器筒体是由 Q235 碳钢焊接而成的,由于经常处于高温和受催化剂颗粒冲刷的状态,因此筒体内壁敷设一层隔热、耐磨衬里以保护设备材质,筒体上部为稀相段,下部为密相段,中间变径处通常称过渡段。

(1) 密相段 密相段是待生催化剂进行流化和再生反应的主要场所。在空气(主风)的作用下,待生催化剂在这里形成密相流化床层,密相床层气体线速度一般为 0.6~1.0m/s,采用较低气速称为低速床,采用较高气速称为高速床。密相段直径大小通常由烧焦所能产生的湿烟气量和气体线速度确定。密相段高度一般由催化剂藏量和密相段催化剂密度确定,一般为 6~7m。

(2) 稀相段 稀相段实际上是催化剂的沉降段。为使催化剂易于沉降,稀相段气体线速度不能太高,要求不大于 0.6~0.7m/s,因此稀相段直径通常大于密相段直径。稀相段高度应由沉降要求和旋风分离器料腿长度要求确定,适宜的稀相段高度是 9~11m。

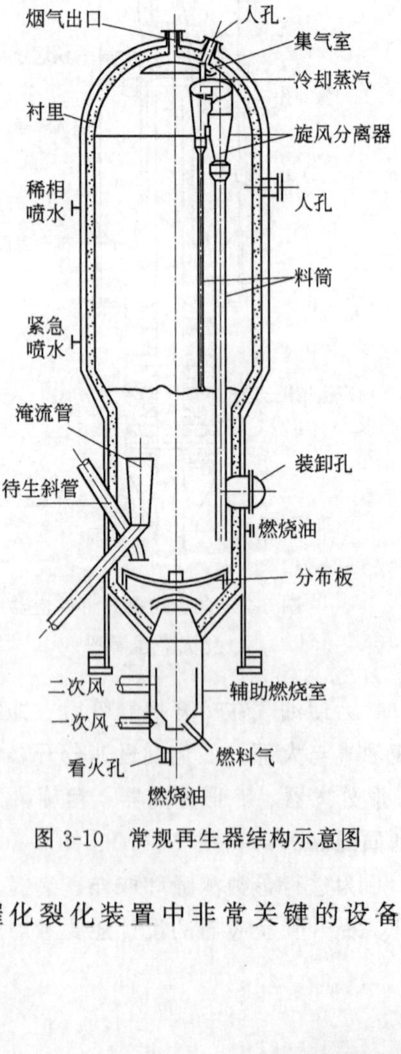

(三) 反应-再生系统特殊设备

1. 旋风分离器

旋风分离器是气固分离并回收催化剂的设备,它操作状况的好坏直接影响催化剂耗量的大小,是催化裂化装置中非常关键的设备。

图 3-10 常规再生器结构示意图

图 3-11 是旋风分离器示意图。旋风分离器由内圆柱筒、外圆柱筒、圆锥筒以及灰斗组成。灰斗下端与料腿相连，料腿出口装有翼阀。

旋风分离器的作用原理都是相同的，携带催化剂颗粒的气流以很高的速度（15～25m/s）从切线方向进入旋风分离器，并沿内外圆柱筒间的环形通道做旋转运动，使固体颗粒产生离心力，造成气固分离的条件，颗粒沿锥体转下进入灰斗，气体从内圆柱筒排出。灰斗、料腿和翼阀都是旋风分离器的组成部分。灰斗的作用是脱气，即防止气体被催化剂带入料腿；料腿的作用是将回收的催化剂输送回床层，为此，料腿内催化剂应具有一定的料位高度以保证催化剂顺利下流，这也就是要求一定料腿长度的原因；翼阀的作用是密封，即允许催化剂流出而阻止气体倒窜。

2. 主风分布管和辅助燃烧室

主风分布管是再生器的空气分配器，作用是使进入再生器的空气均匀分布，防止气流趋向中心部位，以形成良好的流化状态，保证气固均匀接触，强化再生反应。

辅助燃烧室是一个特殊形式的加热炉，设在再生器下面（可与再生器连为一体，也可分开设置），其作用是开工时用以加热主风使再生器升温，紧急停工时维持一定的降温速度，正常生产时辅助燃烧室只作为主风的通道。

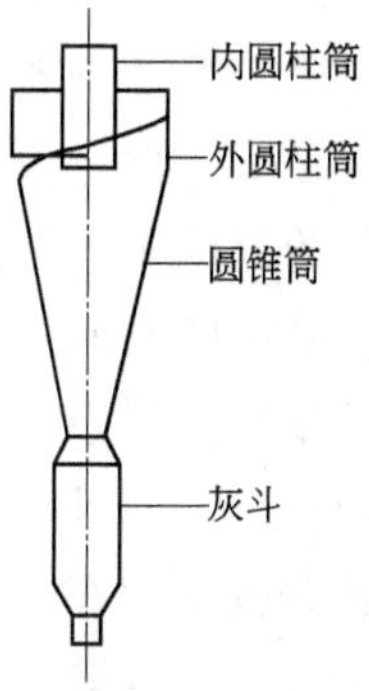

3. 取热器

随着分子筛催化剂的使用，对再生催化剂的含碳量提出新的要求，为了充分发挥分子筛催化剂高活性的特点，需要强化再生过程以降低

图 3-11 旋风分离器示意图

再生催化剂含碳量。近年来各厂多采用 CO 助燃剂，使 CO 在床层完全燃烧，这样就会使得再生热量超过两器热平衡的需要，发生热量过剩现象，特别是加工重质原料，掺炼或全炼渣油的装置这个问题更显得突出。因此再生器中过剩热的移出便成为实现渣油催化裂化需要解决的关键问题之一。

再生器的取热方式有内外两种，各有特点。内取热投资少，操作简便，但维修困难，热管破裂只能切断不能抢修，而且对原料品种变化的适应性差，即可调范围小。外取热具有热量可调、操作灵活、维修方便等特点，对发展渣油催化裂化技术具有很大的实际意义。

(1) 内取热器　内取热管的布置有垂直均匀布置和水平沿器壁环形布置两种形式，如兰州炼油厂 50×10^4 t/a 的同轴催化裂化装置采用水平式内取热器，洛阳及九江炼油厂也采用水平式内取热器（与外取热器联合），石家庄炼油厂采用垂直式内取热器。

① 垂直式内取热管。取热管采用厚壁合钢管，分蒸发管和过热管两类，管长根据料面高度而定，一般为 7m 左右，管束底与空气分布管的距离应不小于 1m，以防高速气流冲刷，蒸发管和过热管均匀混合在密相床中，这样可使床层水平方向取热量较均匀。

垂直布管的优点是取热均匀，管束作为流化床内部构件可以起限制和破碎气泡的作用，改善流化质量，管子可以垂直伸缩热补偿简便，但施工安装不方便，排管支撑吊梁跨度大，承受高温易变形，如果取热负荷允许，取热管也可以垂直沿壁布置，这样布置支撑也较方便。

② 水平式内取热管。水平取热盘管在水平方向每层排管分内外两组，各由两环串联组成，每组排管在圆周方向留有 60°圆缺，预防盘管膨胀，各层圆缺依次错开布置，防止局部形成纵向通道。过热盘管集中布置在上部，蒸发盘管布置在下部，便于和进出口集合

管联接。盘管与再生器壁应有不小于300mm的间隙,防止沿器壁形成死区影响周边流化质量。水平环形布置的优点是施工方便,盘管靠近器壁支吊容易,但老装置改造时,水平管与一级旋风分离器料腿碰撞,必须移动料腿位置,不如垂直管方便。它的缺点是取热管与烟气及催化剂流动方向互相垂直受催化剂颗粒冲刷严重。为防止汽水分层,管内应保持较高的质量流速,另外管子的热膨胀要仔细处理,安排不当会影响流化质量。

(2) 外取热器　　外取热器是在再生器外部设置催化剂流化床,取热管浸没在床层中,按催化剂的移动方向外取热器又分为上流式和下流式两种。

① 下流式外取热器。国内首先使用下流式外取热器的是牡丹江炼油厂的催化裂化装置,效果良好。下流式外取热系统的流程如图3-12所示。它是将再生器密相床上部或烧焦罐式再生器700℃左右的高温再生催化剂引出一部分进入取热器,使其在取热器列管间隙中自上而下流动,列管内走水。在取热器内进行热量交换,在取热器底部通入适量空气,维持催化剂很好地流化,通过换热后的催化剂温降一般约为100~150℃,然后通过斜管返回再生器下部（或烧焦罐的预混合管）。催化剂的循环量根据两器热平衡的需要由斜管上的滑阀控制,气体自取热器顶部出来返回再生器密相段（或烧焦罐）。由于下流式外取热器的催化剂颗粒与气体的流动方向相反,所以其表观速度均较小,因此对管束的磨损很小,而且床层的温度均匀。试验证明床内各处温度几乎相同,通过对管壁温度的计算和分析认为在正常情况下管外壁温度约为243℃,最高也只有278℃左右,因此可以采用碳素钢管（取热器支承件需用合金钢）。

这种取热器的布置与高效烧焦罐式再生器及常规再生器均能配套,通入少量空气就能维持外取热器床层良好的流化状态,动力消耗小,特别是对老装置改造更为适宜。

② 上流式外取热器。其流程如图3-13所示,它是将部分700℃左右的高温再生催化剂自再生器密相床底部引出,再由外取热器下部送入。取热器底部通入增压风使其沿列管间隙自下而上流动,应注意避免催化剂入口管线水平布置,并要通入适量松动空气以适应高堆比催化剂输送的要求。气体在管间的流速为1.0~1.6m/s,列管无严重磨损,催化剂与气体增压风一起自外取热器顶部流出再返回再生器密相床。催化剂循环量由滑阀调节。

水在管内循环受热后部分汽化进入汽包,水汽分离得到饱和蒸汽。取热用水需经软化除去盐分或用回收的冷凝水。

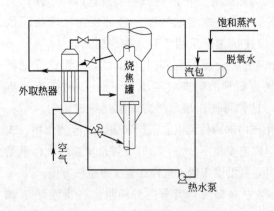

图3-12　下流式外取热系统流程

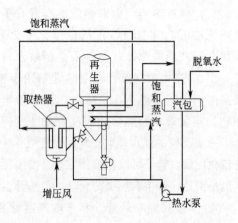

图3-13　上流式外取热系统流程

4. 第三级旋风分离器（简称三旋）

催化裂化装置高温再生烟气的能量回收系统是一项重要节能措施，近几年来发展很快。第三级旋风分离器是该系统的重要设备之一，其性能的好坏直接关系到烟机的运行寿命与效率。

目前国内催化裂化装置采用的三旋有多管式、旋流式、布埃尔式，国外还开发出水平多管式，分离效率更高。

多管三旋是由分离器壳体内装有数十根旋风管并联组成的旋风分离器（图3-14），其主要元件是旋风管，旋风管主要由导向器、升气管、排气管、泄料盘和旋风筒五部分组成。

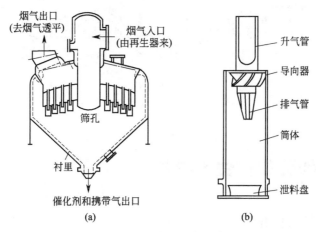

图3-14 多管式第三级旋风分离器

5. 三阀

三阀包括单动滑阀、双动滑阀和塞阀。

(1) 单动滑阀 单动滑阀用于床层反应器催化裂化和高低并列式提升管催化裂化装置。对提升管催化裂化装置，单动滑阀安装在两根输送催化剂的斜管上，其作用：正常操作时用来调节催化剂在两器间的循环量，出现重大事故时用以切断再生器与反应沉降器之间的联系，以防造成更大事故。运转中，滑阀的正常开度为40%~60%。单动滑阀结构见图3-15。

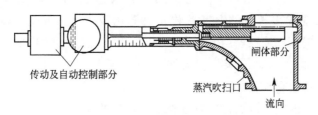

图3-15 单动滑阀结构示意

(2) 双动滑阀 双动滑阀是一种两块阀板双向动作的超灵敏调节阀，安装在再生器出口管线上（烟囱），其作用是调节再生器的压力，使之与反应沉降器保持一定压差。设计滑阀时，两块阀板都留一缺口，即使滑阀全关时，中心仍有一定大小的通道，这样可避免再生器超压。图3-16是双动滑阀结构示意图。

（3）塞阀　在同轴式催化裂化装置中，塞阀有待生管塞阀和再生管塞阀两种，它们的阀体结构和自动控制部分完全相同，但阀体部分、连接部位及尺寸略有不同。塞阀的结构主要由阀体部分、传动部分、定位及阀位变送部分和补偿弹簧箱组成。

同轴式催化裂化装置利用塞阀调节催化剂的循环量。塞阀比滑阀具有以下优点：
① 磨损均匀而且磨损较少；
② 高温下承受强烈磨损的部件少；
③ 安装位置较低，操作维修方便。

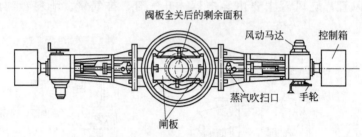

图 3-16　双动滑阀结构示意图

任务三　催化裂化生产操作

一、主要工艺条件分析

1. 反应-再生系统操作影响因素

催化裂化反应是一个复杂的平行-顺序反应，影响因素很多，在生产装置中各个操作条件密切联系。操作参数的选择应根据原料和催化剂的性质而定，各操作参数的综合影响应以得到尽可能多的高质量汽油和柴油、气体产品中得到尽可能多的烯烃和在满足热平衡的条件下尽可能少产焦炭为目的。

（1）反应温度　反应温度是生产中的主要调节参数，也是对产品产率和质量影响最灵敏的参数。一方面，反应温度高则反应速率增大。催化裂化反应的活化能（10000～30000cal/mol，1cal＝ 4.1868J，下同）比热裂化反应的活化能低（50000～70000cal/mol），而热裂化反应速率常数的温度系数亦比催化裂化高。因此，当反应温度升高时，热裂化反应的速率提高比较快，当温度高于 500℃时，热裂化趋于重要，产品中出现热裂化产品的特征（气体中 C_1、C_2 多，产品的不饱和度上升）。但是，即使这样高的温度，催化裂化的反应仍占主导地位。

另一方面，反应温度可以通过影响各类反应速率的大小来影响产品的分布和质量。催化裂化是平行-顺序反应，提高反应温度，汽油转变为气体的速率加快最多，原料转变为汽油的反应速率加快较少，原料转变为焦炭的速度加快更少。因此，在转化率不变时，气体产率增加，汽油产率降低，而焦炭产率变化很少，同时也使得汽油辛烷值上升和柴油的十六烷值降低。由此可见，温度升高汽油的辛烷值上升，但汽油产率下降，气体产率上升，产品的产量和质量对温度的要求产生矛盾，必须适当选取温度。在要求多产柴油时，可采用较低的反应温度（460~470℃），在低转化率下进行大回炼操作；当要求多产汽油时，可采用较高的反应温度（500~510℃），在高转化率下进行小回炼操作或单程操作；当要求多产气体时，反应温度则更高。

装置中反应温度以沉降器出口温度为标准，但同时也要参考提升管中下部温度的变化。

直接影响反应温度的主要因素是再生温度或再生催化剂进入反应器的温度、催化剂循环量和原料预热温度。在提升管装置中主要是用再生单动滑阀开度来调节催化剂的循环量，从而调节反应温度，其实质是通过改变剂油比调节焦炭产率而达到调节装置热平衡的目的。

（2）反应压力　反应压力是指反应器内的油气分压，油气分压提高意味着反应物浓度提高，因而反应速率加快，同时生焦的反应速率也相应提高。虽然压力对反应速率影响较大，但是操作中压力一般是固定不变的，因而压力不作为调节操作的变量，工业装置中一般采用不太高的压力（约 0.1~0.3MPa）。应当指出，催化裂化装置的操作压力主要不是由反应系统决定的，而是由反应器与再生器之间的压力平衡决定的。一般来说，对于给定大小的设备，提高压力是增加装置处理能力的主要手段。

（3）剂油比（C/O）　剂油比是单位时间内进入反应器的催化剂量（即催化剂循环量）与总进料量之比。剂油比反映了单位催化剂上有多少原料进行反应并在其上积炭。因此，提高剂油比，则催化剂上积炭少，催化剂活性下降小，转化率增加。但催化剂循环量过高将降低再生效果。在实际操作中剂油比是一个因变参数，一切引起反应温度变化的因素，都会相应地引起剂油比的改变。改变剂油比最灵敏的方法是调节再生催化剂的温度和调节原料预热温度。

（4）空速和反应时间　在催化裂化过程中，催化剂不断地在反应器和再生器之间循环，但是在任何时间，两器内都各自保持一定的催化剂量，两器内经常保持的催化剂量称藏量。在流化床反应器内，通常是指分布板上的催化剂量。

每小时进入反应器的原料油量与反应器藏量之比称为空速。空速有重量空速和体积空速之分，体积空速是进料流量按 20℃时计算的。空速的大小反映了反应时间的长短，其倒数为反应时间。

反应时间在生产中不是可以任意调节的，它是由提升管的容积和进料总量决定的。但生产中反应时间是变化的，进料量的变化、其他条件引起的转化率的变化，都会引起反应时间的变化。反应时间短，转化率低；反应时间长，转化率高。过长的反应时间会使转化率过高，汽柴油收率反而下降，液态烃中烯烃饱和。

（5）再生催化剂含炭量　再生催化剂含炭量是指经再生后的催化剂上残留的焦炭含量。对分子筛催化剂来说，裂化反应生成的焦炭主要沉积在分子筛催化剂的活性中心上，再生催化剂含炭量过高，相当于减少了催化剂中分子筛的含量，催化剂的活性和选择性都会下降，因而转化率大大下降，汽油产率下降，溴价上升，诱导期下降。

（6）回炼比　工业上为了使产品分布（原料催化裂化所得各种产品产率的总和为100%，各产率之间的分配关系即为产品分布）合理以获得更高的轻质油收率，采用回炼操作，即限制原料转化率不要太高，使一次反应后，生成与原料沸程相近的中间馏分，再返回中间反应器重新进行裂化，这种操作方式也称为循环裂化。这部分油称为循环油或回炼油。有的将最重的渣油（也称油浆）也进行回炼，这时称为"全回炼"操作。

循环裂化中反应器的总进料量包括新鲜原料量和回炼油量两部分。回炼油（包括回炼油浆）量与新鲜原料量之比称为回炼比。

回炼比虽不是一个独立的变量，但却是一个重要的操作条件，在操作条件和原料性质大体相同的情况下，增加回炼比则转化率上升，汽油、气体和焦炭产率上升，但处理能力下降；在转化率大体相同的情况下，若增加回炼比，则单程转化率下降，轻柴油产率有所增加，反应深度变浅。反之，回炼比太低，虽处理能力较高，但轻质油总产率仍不高。因此，增加回炼比，降低单程转化率是增产柴油的一项措施。但是，增加回炼比后，反应所需的热量大大增加，原料预热炉的负荷、反应器和分馏塔的负荷会随之增加，能耗也会增加。因此，回炼比的选取要根据生产实际综合选定。

2. 分馏系统操作影响因素

（1）温度　油气入塔温度，特别是塔顶、侧线温度都应严加控制。要保持分馏塔的平稳操作，最重要的是维持反应温度恒定。处理量一定时，油气入口温度的高低直接影响进入塔内的热量，相应地塔顶和侧线温度都要变化，产品质量也随之变化。当油气温度不变时，回流量、回流温度、各馏出物数量的改变也会破坏塔内热平衡状态，引起各处温度的变化，其中能最灵敏地反映热平衡变化的是塔顶温度。

（2）压力　油品馏出所需的温度与其油气分压有关，油气分压越低，馏出同样的油品所需的温度越低。油气分压是设备内的操作压力与油品摩尔分数的乘积；当塔内水蒸气量和惰性气体量（反应带入）不变时，油气分压随塔内操作压力的降低而降低。因此，在塔内负荷允许的情况下，降低塔内操作压力，或适当地增加入塔水蒸气量都可以使油气分压降低。

（3）回流量和回流返塔温度　回流提供了气、液两相接触的条件，回流量和回流返塔温度通过直接影响全塔热平衡，从而影响分馏效果的好坏。对催化分馏塔，回流量大小、回流返塔温度的高低由全塔热平衡决定。随着塔内温度条件的改变，适当调节塔顶回流量和回流温度是维持塔顶温度平衡的手段，借以达到调节产品质量的目的。一般调节时以调节回流返塔温度为主。

（4）塔底液面　塔底液面的变化反映物料平衡的变化，物料平衡又取决于温度、流量和压力的平稳。反应深度对塔底液面影响较大。

3. 吸收-稳定系统操作影响因素

（1）吸收操作影响因素

① 油气比。油气比是指吸收油用量（粗汽油与稳定汽油）与进塔的压缩富气量之比。当催化裂化装置的处理量与操作条件一定时，吸收塔的进气量也基本保持不变，油气比的大小取决于吸收剂用量的多少。增加吸收油用量，可增加吸收推动力，从而提高吸收速率，即加大油气比，有利于吸收完全。但油气比过大，会降低富吸收油中溶质的浓度，使解吸塔和稳定塔的液体负荷增加不利于解吸，塔底重沸器热负荷加大使循环输送吸收油的动力消耗也加大；同时，补充吸收油用量越大，被吸收塔顶贫气带出的汽油量也越多，因而再吸收塔吸收柴油用量也要增加，又加大了再吸收塔与分馏塔的负荷，从而导致操作费用增加。此外，油气比也不可过小，它受到最小油气比限制。当油气比减小时，吸收油用量减小，吸收推动力下降，富吸收油浓度增加。当吸收油用量减小到使富吸油操作浓度等

于平衡浓度时，吸收推动力为零，是吸收油用量的极限状况，称为最小吸收油用量，其对应的油气比即为最小油气比，实际操作中采用的油气比应为最小油气比的1.1~2.0倍。一般吸收油与压缩富气的重量比大约为2。

② 操作温度。由于吸收油吸收富气的过程有放热效应，吸收油自塔顶流到塔底，温度有所升高。因此，在塔的中部设有两个中段冷却回流，经冷却器用冷却水将其热量带走，以降低吸收油温度。

降低吸收油温度，对吸收操作是有利的。因为吸收油温度越低，气体溶质的溶解度越大，可加快吸收速率，有利于提高吸收率。然而，吸收油温度的降低，要靠降低入塔富气、粗汽油、稳定汽油的冷却温度和增加塔的中段冷却取热量。这要过多地消耗冷剂用量，使费用增大。而且这些都受到冷却器能力和冷却水温度的限制，温度不可能降得太低。

对于再吸收塔，如果温度太低，会使轻柴油黏度增大，反而降低吸收效果。一般控制在40℃左右较为合适。

③ 操作压力。提高吸收塔的操作压力，有利于吸收过程的进行。但加压吸收需要使用大压缩机，使塔壁增厚，费用增大。实际操作中，吸收塔压力由压缩机的能力及吸收塔前各个设备的压降所决定，多数情况下，塔的压力很少是可调的。催化裂化吸收塔压力一般在0.78~1.37MPa（绝压），在操作时应注意维持塔压稳定。

(2) 影响再吸收塔的操作因素　再吸收塔吸收温度为50~60℃，压力一般在0.78~1.08 MPa（绝压）。用轻柴油作吸收剂，吸收贫气中所带出的少量汽油。由于轻柴油很容易溶解汽油，所以通常给定了适量轻柴油后，不需要经常调节，就能满足干气质量要求。

再吸收塔操作主要是控制好塔底液面，防止液位失控、干气夹带柴油，造成燃料气管线堵塞憋压，影响干气利用。还要防止液面压空、瓦斯压入分馏塔影响压力波动。

(3) 影响解吸塔的操作因素　解吸塔的操作要求主要是控制脱乙烷汽油中的乙烷含量。要使稳定塔停排不凝气，解吸塔的操作是关键环节之一，需要将脱乙烷汽油中的乙烷解吸到0.5%以下。

与吸收过程相反，高温低压对解吸有利。但在实际操作上，解吸塔压力取决于吸收塔或其气、液平衡罐的压力，不可能降低。对于吸收解吸单塔流程，解吸段压力由吸收段压力来决定；对于吸收解吸双塔流程，解吸气要进入气、液平衡罐，因而解吸塔压力要比吸收塔压力高50kPa左右，否则，解吸气排不出去。所以，要使脱乙烷汽油中乙烷的解吸率达到规定要求，只有提高解吸温度。通常，通过控制解吸重沸器出口温度来控制脱乙烷汽油中的乙烷含量。温度控制要适当，太高会使大量C_3、C_4组分被解吸出来，影响液化气收率；太低则不能满足乙烷解吸率要求；必须采取适宜的操作温度，既要把脱乙烷汽油中的C_2脱净，又要保证干气中的C_3、C_4含量不大于3%（体积分数），其实际解吸温度因操作压力而不同。

(4) 影响稳定塔的操作因素　稳定塔的任务是把脱乙烷汽油中的C_3、C_4进一步分离出来，塔顶出液化气，塔底出稳定汽油。控制产品质量要保证稳定汽油蒸气压合格；要使稳定汽油中C_3、C_4含量不大于1%；尽量回收液化气的同时，要使液化气中C_5含量尽量少，最好分离的液化气中不含C_5，汽油收率不减少、下游气体分馏装置也不需要设脱C_5塔，还能使民用液化气不留残液，利于节能。

影响稳定塔的操作因素主要有回流比、塔顶压力、进料位置和塔底温度。

① 回流比。回流比即回流量与产品量之比。稳定塔回流为液化气，产品量为液化气加不凝气。按适宜的回流比来控制回流量，是稳定塔的操作特点。稳定塔要保证塔底汽油蒸气压合格，剩余的轻组分全部从塔顶蒸出。塔底液化气是多元组分，从温度上不能灵敏反映塔顶组成的小变化。因此，稳定塔不可能通过控制塔顶温度来调节回流量，而是按一定回流比来调节，以保证其精馏效果。一般稳定塔控制回流比为 1.7～2.0。当采取深度稳定操作的装置时，回流比适当提高至 2.4～2.7，以提高 C_3、C_4 馏分的回收率。回流比过小，精馏效果差，液化气会大量夹带重组分（C_5、C_6 等）；回流比过大，要保证汽油蒸气压合格，相应地要增大塔底重沸器热负荷和塔顶冷凝冷却器负荷，降低冷凝效果，甚至使不凝气排放量加大，液化气产量减少。

② 塔顶压力。稳定塔压力应以控制液化气（C_3、C_4）完全冷凝为准，也就是使操作压力高于液化气在冷却后温度下的饱和蒸气压。否则，在液化气的泡点温度下，其不易保持全凝，不能解决排放不凝气的问题。

稳定塔操作的好坏受解吸塔乙烷脱除率的影响很大。乙烷脱除率低，则脱乙烷汽油中的乙烷含量高，当高到使稳定塔顶液化气不能在操作压力下全部冷凝时，就要有不凝气排至瓦斯管网。此时，因回流罐是一次平衡汽化操作，必然有较多的液化气（C_3、C_4）也被带至瓦斯管网。所以，根据组成控制好解吸塔塔底重沸器出口温度对保证液化气回收率是十分重要的。

稳定塔排放不凝气的问题，还与塔顶冷凝器的冷凝效果有关。液化气冷却后温度越高，不凝气量也就大。冷却后温度主要受气温、冷却水温、冷却面积等因素影响。适当提高稳定塔操作压力，则液化气的泡点温度也随之提高。这样，在液化气冷后温度下，易于冷凝，利于减少不凝气。提高塔压后，稳定塔重沸器的热负荷要相应增加，以保证稳定汽油蒸气压合格，而增大塔底加热量，往往会受到热源不足的限制。一般稳定塔压力为 0.98～1.37MPa（绝压）。

控制稳定塔压力，有的采用塔顶冷凝器热旁路压力调节的方法，这一方法常用于冷凝器安装位置低于回流油罐的浸没式冷凝器；有的则采用直接控制塔顶流出阀的方法，这一方法常用于塔顶使用空冷器，其安装位置高于回流罐的场合。

③ 进料位置。稳定塔进料设有三个进料口，进料在入稳定塔前，先要与稳定汽油换热、升温，使部分进料汽化。进料的预热温度直接影响稳定塔的精馏操作，进料预热温度高时，汽化量大，气相中重组分增多。此时，如果开上进料口，则容易使重组分进入塔顶轻组分中，降低精馏效果。因此，应根据进料温度的不同，使用不同进料口。进料温度高时使用下进料口；进料温度低时，使用上进料口；夏季开下口，冬季开上口。总的原则是根据进料汽化程度选择进料位置。

④ 塔底温度。塔底温度以保证稳定汽油蒸气压合格为准。汽油蒸气压高则提高塔底温度，反之，则应降低塔底温度，应控制好塔底重沸器加热温度。

如果塔底重沸器热源不足，进料预热温度也不可能再提高，则只得适当降低操作压力或减小回流比，以少许降低稳定塔精馏效果，来保证塔底产品质量合格。

二、催化剂的性能

在工业催化裂化的装置中，催化剂不仅影响生产能力和生产成本。还对操作条件、工艺过程、设备型式都有重要的影响。流化催化裂化技术的发展和催化剂技术的发展是分不开的，尤其是分子筛催化剂的发展促进了催化裂化工艺的重大改进。

（一）催化裂化催化剂类型组成及结构

工业上所使用的裂化催化剂虽品种繁多，但归纳起来不外乎三大类：天然白土催化剂、无定型合成催化剂和分子筛催化剂。早期使用的无定形硅酸铝催化剂孔径大小不一、活性低、选择性差早已被淘汰，现在广泛应用的是分子筛催化剂。下面重点讨论分子筛催化剂的种类，组成及结构。

分子筛催化剂是 20 世纪 60 年代初发展起来的一种新型催化剂，它对催化裂化技术的发展起了划时代的作用。目前催化裂化所用的分子筛催化剂由分子筛（活性组分），担体以及黏结剂组成

1. 活性组分（分子筛）

（1）结构　分子筛也称沸石，它是一种具有一定晶格结构的铝硅酸盐。早期硅酸铝催化剂的微孔结构是无定形的，即其中的空穴和孔径很不均匀，而分子筛则具有规则的晶格结构，它的孔穴直径大小均匀，就像一定规格的筛子，只能让直径比它孔径小的分子进入，而不能让比它孔径更大的分子进入。由于它能像筛子一样将直径大小不等的分子分开，因而得名分子筛。不同晶格结构的分子筛具有不同直径的孔穴，相同晶格结构的分子筛，所含金属离子不同时，孔穴的直径也不同。

分子筛按组成及晶格结构的不同可分为 A 型、X 型、Y 型及丝光沸石，它们的孔径及化学组成见表 3-6。

表 3-6　分子筛的孔径和化学组成

类型	孔径/10^{-1}nm	单元晶胞化学组成	硅铝原子比
4A	4	$Na_{12}[(AlO_2)_{12}(SiO_2)_{12}] \cdot 27H_2O$	1:1
5A	5	$Na_{2.6}Ca_{4.7}[(AlO_2)_{12}(SiO_2)_{12}] \cdot 31H_2O$	1:1
13X	9	$Na_{86}[(AlO_2)_{86}(SiO_2)_{106}] \cdot 264H_2O$	(1.5~2.5):1
Y	9	$Na_{86}[(AlO_2)_{56}(SiO_2)_{136}] \cdot 264H_2O$	(2.5~5):1
丝光沸石	平均 6.6	$Na_8[(AlO_2)_8(SiO_2)_{40}] \cdot 24H_2O$	5:1

目前催化裂化使用的主要是 Y 型分子筛。分子筛晶体的基本结构为晶胞。图 3-17 是 Y 型分子筛的单元晶胞结构，每个单元晶胞由八个削角八面体组成，图 3-17，削角八面体的每个顶端是 Si 或 Al 原子，其间由氧原子连接。由于削角八面体的连接方式不同，可形成不同品种的分子筛。晶胞常数是分子筛结构中重复晶胞之间的距离，也称晶胞尺寸。在典型的新鲜 Y 型沸石晶体中，一个单元晶胞包含 192 个骨架原子位置，55 个 Al 原子和 137 个 Si 原子。晶胞常数是分子筛结构的重要参数。

（2）作用　人工合成的分子筛是含钠离子的分子筛（图 3-17），这种分子筛没有催化活性。分子筛中的钠离子可以被氢离子、稀土金属离子（如铈、镧、锆等）等取代，经过离子交换的分子筛的活性比硅酸铝的高出上百倍。近年来，研究发现，当用某些单体烃的裂化速率来比较时，某些分子筛的催化活性比硅酸铝竟高出万倍。这种过高活性的分子筛不宜直接用作裂化催化剂。作为裂化催化剂时，一般将分子筛均匀分布在基质（也称载体）上。目前工业上所采用的分子筛催化剂一般含 20%~40% 的分子筛，其余的是主要起稀释作用的基质。

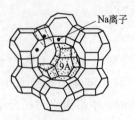 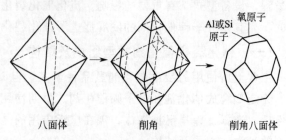

图 3-17　Y 型分子筛的单元晶胞结构　　　　图 3-18　削角八面体

2. 载体（基质）

基质是指催化剂中除分子筛之外具有催化活性的组分。催化裂化通常采用无定形硅酸铝、白土等具有裂化活性的物质作为分子筛催化剂的基质，基质除了起稀释作用外，还有以下作用。

① 在离子交换时，分子筛中的钠离子不可能完全被置换掉，而钠离子的存在会影响分子筛的稳定性，基质可以容纳分子筛中未除去的钠离子，从而提高了分子筛的稳定性。

② 在再生和反应时，基质作为一个庞大的热载体，起到热量储存和传递的作用。

③ 可增强催化剂的机械强度。

④ 重油催化裂化进料中的部分大分子难以直接进入分子筛的微孔中，如果基质具有适度的催化活性，则可以使这些大分子先在基质的表面上进行适度的裂化，生成的较小的分子，再进入分子筛的微孔中进行进一步的反应。

⑤ 基质还能容纳进料中易生焦的物质如沥青质、重胶质等，对分子筛起到一定的保护作用。这对重油催化裂化尤为重要。

3. 黏结剂

黏结剂作为一种胶将分子筛、基质黏结在一起。黏结剂可能具有催化活性，也可能无活性。黏结剂提供催化剂的物理性质（密度、抗磨强度、粒度分布等），提供传热介质和流化介质。对于含有大量分子筛的催化剂，黏结剂更加重要。

（二）催化裂化催化剂评价

催化裂化工艺对所用催化剂有诸多的使用要求，其中表示其催化性质的活性、选择性、稳定性和抗重金属污染性以及表示其物理性质的密度、筛分组成、机械强度、流化性能和抗磨性能，是评定催化剂性能的重要指标。

1. 一般理化性质

（1）密度　对催化裂化催化剂来说，它是微球状多孔性物质，故其密度有几种不同的表示方法。

① 真实密度：又称催化剂的骨架密度，即颗粒的质量与骨架实体所占体积之比，其值一般是 $2\sim2.2g/cm^3$。

② 颗粒密度：把微孔体积计算在内的单个颗粒的密度，一般是 $0.9\sim1.2g/cm^3$。

③ 堆积密度：催化剂堆积时包括微孔体积和颗粒间的孔隙体积的密度，一般是 $0.5\sim0.8g/cm^3$。

对于微球状（粒径为 $20\sim100\mu m$）的分子筛催化剂，堆积密度又可分为松动状态、沉降状态和密实状态三种状态下的堆积密度。

催化剂的堆积密度常用于计算催化剂的体积和重量，催化剂的颗粒密度对催化剂的流化性能有重要的影响。

（2）筛分组成和机械强度　流化床所用的催化剂是大小不同的混合颗粒。大小颗粒所占的百分数称为筛分组成或粒分布。微球催化剂的筛分组成是用气动筛分分析器测定的，流化催化裂化所用催化剂的粒度范围主要是 20~100μm 的颗粒，其对筛分组成的要求有三方面考虑：

① 易于流化；

② 气流夹带损失小；

③ 反应与传热面积大。

颗粒越小越易流化，表面积也越大，但气流夹带损失也会越大。一般称小于 40μm 的颗粒为"细粉"，大于 80μm 的为"粗粒"，粗粒与细粉含量的比称为"粗度系数"。粗度系数大时流化质量差，通常该值不大于 3。设备中平衡催化剂的细粉含量在 15%~20% 时流化性能较好，在输送管路中的流动性也较好，能增大输送能力，并能改善再生性能，气流夹带损失也不太大，但小于 20μm 的颗粒过多时会使损失加大，粗粒多时流化性能变差，对设备的磨损也较大，因此对平衡催化剂希望其基本颗粒组分 10~80μm 的含量保持在 70% 以上。新鲜催化剂的筛分组成是由制造时的喷雾干燥条件决定的，一般变化不大，平均颗粒直径在 60μm 左右。

平衡催化剂的筛分组成主要取决于补充的新鲜催化剂的量、粒度组成、催化剂的耐磨性能和在设备中的流速等因素。一般工业装置中平衡催化剂的细粉与粗粒含量均较新鲜催化剂少，这是由于有细粉跑损和有粗粒磨碎的缘故。

催化剂的机械强度用磨损指数表示，磨损指数是将大于 15μm 的混合颗粒经高速空气流冲击 100h 后，测经磨损生成小于 15μm 颗粒的质量分数，通常要求该值不大于 3~5。催化剂的机械强度过低，催化剂的耗损大；机械强度过高则设备磨损严重，应保持在一定范围内为好。

（3）结构特性　孔体积也就是孔隙度，它是多孔性催化剂颗粒内微孔的总体积，以 mL/g 表示。

比表面积是微孔内外表面积的总和，以 m^2/g 表示。在使用中由于各种因素的作用，孔径会变大，孔体积减小，比表面积降低。新鲜 REY 分子筛催化剂的比表面积为 400~700m^2/g，而平衡催化剂降到 120m^2/g 左右。

孔径是微孔的直径。硅酸铝（分子筛催化剂的载体）微孔的大小不一，通常是指平均直径，由孔体积与比表面积计算而得，公式如下：

$$孔径(A) = 4 \times \frac{孔体积}{比表面积} \times 10^4$$

分子筛本身的孔径是一定的，X 型和 Y 型分子筛的孔径即八面沸石笼的窗口，只有 8~9A，比无定型硅酸铝（新鲜的 50~80A，平衡的 100A 以上）小得多。孔径对气体分子的扩散有影响，孔径大的分子进出微孔较容易。

分子筛催化剂的结构特性是分子筛与载体性能的综合体现。半合成分子筛催化剂由于在制备技术上有重大改进，致使这种催化剂具有大孔径、低比表面积、小孔体积、大堆积密度、结构稳定等特点，工业装置上使用时，活性、选择性、稳定性和再生性能都比较好,而且损失少并有一定的抗重金属污染能力。

(4) 比热容　催化剂的比热容和硅铝比有关。高铝催化剂的比热容较大,低铝催化剂的较小为 1.1kJ/(kg·K),比热容受温度的影响较小。

分子筛催化剂中因分子筛含量较少,所以其物理性质与无定型硅酸铝有相同的规律,不过由于分子筛是晶体结构且含有金属离子更易产生静电。

2. 催化剂的使用性能

对裂化催化剂的评价,除要求一定的物理性能外,还需要有一些与生产情况直接关联的指标,如活性、选择性、稳定性、再生性能、抗污染性能等。

(1) 活性　活性是指催化剂促进化学反应进行的能力。活性的大小决定于催化剂的化学组成、晶胞结构、制备方法、物理性质等。活性是评价催化剂促进化学反应能力的重要指标。工业上有好几种测定方法和表示方法,它们都是有条件性的,目前各国测定活性的方法都不统一,但是原则上都是取一种标准原料油,通过装在固定床中的待测定的催化剂,在一定的裂化条件下进行催化裂化反应,得到一定终馏点的汽油质量产率(包括汽油蒸馏损失的一部分)作为催化剂的活性。

目前普遍采用微活性法测定催化剂的活性。测定的条件如下。

反应温度:460℃　　　催化剂用量:5g
反应时间:70s　　　　催化剂颗粒直径:20~40目
剂油比:3.2　　　　　标准原料油:大港原油 235~337℃ 馏分
质量空速:162h^{-1}　原料油用量:1.56g

所得产物中的小于 204℃ 汽油+气体+焦炭质量占总进料量质量的百分数即为该催化剂的微活性。新鲜催化剂有比较高的活性,但是在使用时由于高温、积炭、水蒸气、重金属污染等影响后,使活性先快速下降,然后缓慢下降。在生产装置中,为使活性保持一个稳定的水平以及补充生产中损失的部分催化剂,需补入一定量的新鲜催化剂,此时的活性称为平衡催化剂活性。

活性是催化剂最主要的使用指标,在一定体积的反应器中,催化剂装入量一定,活性越高,则处理原料油的量越大,若处理量相同,则所需的反应器体积可缩小。

(2) 选择性　在催化反应过程中,希望催化剂能有效地促进理想反应,抑制非理想反应,最大限度增加目的产品,所谓选择性是表示催化剂能增加目的产品(轻质油品)和改善产品质量的能力。活性高的催化剂,其选择性不一定好,所以不能单以活性高低来评价催化剂的使用性能。

衡量选择性的指标很多,一般以增产汽油为标准,汽油产率越高,气体和焦炭产率越低,则催化剂的选择性越好。常以汽油产率与转化率之比、汽油产率与焦炭产率之比以及汽油产率与气体产率之比来表示。我国的原油催化裂化过程除生产汽油外,还希望多产柴油及气体烯烃,因此,也可以从这个角度来评价催化剂的选择性。

(3) 稳定性　催化剂在使用过程中保持其活性的能力称为稳定性。在催化裂化过程中,催化剂需反复经历反应和再生两个不同阶段,长期处于高温和水蒸气作用下,这就要求催化剂在苛刻的工作条件下,活性和选择性能长时间地维持在一定水平上。催化剂在高温和水蒸气的作用下,其物理性质发生变化,活性下降的现象称为老化。也就是说,催化剂耐高温和耐水蒸气老化的能力就是催化剂的稳定性。

在生产过程中，催化剂的活性和选择性都在不断地变化，这种变化分两种：一种是活性逐渐下降而选择性无明显的变化，这主要是由于高温和水蒸气的作用，使催化剂的微孔直径扩大，比表面减少而引起活性下降。对于这种情况，提出热稳定性和蒸汽稳定性两种指标。另一种是活性下降的同时，选择性变差，这主要是由于重金属及含硫、含氮化合物等使催化剂中毒之故。

（4）再生性能　经过裂化反应后的催化剂，由于表面积炭覆盖了活性中心，使裂化活性迅速下降。这种表面积炭可以在高温下用空气烧掉，使活性中心重新暴露而恢复活性，这一过程称为再生。催化剂的再生性能是指其表面积炭是否容易烧掉，这一性能在实际生产中有着重要的意义，因为一个工业催化裂化装置中，决定设备生产能力的关键往往是再生器的负荷。

若再生效果差，再生催化剂含炭量过高时，则会大大降低转化率，使汽油、气体、焦炭产率下降，且汽油的溴值上升，感应期下降，柴油的十六烷值上升而实际胶质下降。

再生速率与催化剂的物理性质有密切关系，大孔径、小颗粒的催化剂有利于气体的扩散，使空气易于达到内表面，燃烧产物也易逸出，故有较高的再生速率。

对再生催化剂的含炭量的要求：早期的分子筛催化剂为 0.2%～0.3%（质量分数），对目前使用的超稳型沸石催化剂则要求降低到 0.05%～0.1%，甚至更低。

（5）抗污染性能　原料油中重金属（铁、铜、镍、钒等）、碱土金属（钠、钙、钾等）以及碱性氮化物对催化剂有污染能力。

重金属在催化剂表面上沉积会大大降低催化剂的活性和选择性，使汽油产率降低，气体和焦炭产率增加，尤其是裂化气体中的氢含量增加，C_3 和 C_4 的产率降低。重金属对催化剂的污染程度常用污染指数来表示：

$$污染指数 = 0.1(Fe + Cu + 14Ni + 4V)$$

式中，Fe、Cu、Ni、V 分别为催化剂上铁、铜、镍、钒的含量，以 mg/kg 表示。新鲜硅酸铝催化剂的污染指数在 75 以下，平衡催化剂的污染指数在 150 以下，均算作清洁催化剂。污染指数达到 750 时为污染催化剂，大于 900 时为严重污染催化剂，但分子筛催化剂的污染指数达 1000 以上时，对产品的收率和质量尚无明显的影响，说明分子筛催化剂可以适应较宽的原料范围和性质较差的原料。

为防止重金属污染，一方面应控制原料油中重金属的含量，另一方面可使用金属钝化剂（例如，三苯锑或二硫化磷酸锑）以抑制污染金属的活性。

（三）催化剂输送与再生

催化剂输送属于气固输送。它是靠气体和固体颗粒在管道内混合呈流化状态后，使固体运动而达到输送目的的。由于气固混合的密度不同，其输送原理也不一样。故气固输送可分为两种类型，即稀相输送和密相输送。这两种输送的分界线并不十分严格，通常约以密度 100kg/m³ 作为大致的分界线。例如催化裂化装置的催化剂大型加料、大型卸料、小型加料、提升管反应器、烧焦罐式再生器的稀相管等处均属于稀相输送。而Ⅳ型催化裂化的 U 形管、密相提升管、立管、斜管、旋分器料腿以及汽提段等处则属于密相输送。

1. 稀相输送

稀相输送也称为气力输送，是大量高速运动的气体把能量传递给固体颗粒，推动固体颗粒加速运动，而进行的输送。因此气体必须有足够高的线速度。如果气体线速度降低到一定程度，颗粒就会从气流中沉降下来，这一速度就是气力输送的最小极限速度，而气力输送的流动特性在垂直管路和水平管路中是不完全相同的。

① 在垂直管路中随着气速的降低，颗粒上升速度迅速减慢，因而使管路中颗粒的浓度增大，最后造成管路突然堵塞。出现这种现象时的管路空截面气速称为噎塞速度。通常希望气速在不出现噎塞的情况下尽可能低些，这样可以减小磨损。据实验表明，用空气提升微球催化剂时的噎塞速度约为 1.5m/s。

② 在水平管路中，当气速减低到一定程度时，开始有部分固体颗粒沉于底部管壁，不再流动，这时空截面的气体速度称为沉积速度。虽然沉积速度低于颗粒的终端速度，但并不是一达到沉积速度就立刻使管路全部堵塞，而是由于部分颗粒沉于底部管壁使有效流通截面减小，气体在上部剩余空间流动，实际线速度仍超过颗粒的终端速度，使未沉降的颗粒继续流动，只是输送量减小。如果进一步降低气速，颗粒沉积越来越厚，管子有效流通截面越来越小，阻力相应地逐渐增大，固体输送量也越来越少，最后才完全堵塞。

③ 倾斜管路的输送状态介于水平和垂直管路之间。当倾斜度在 45°（管子与水平线的夹角）以下时其流动规律与水平管相似，但颗粒比在水平管路中更易沉积。

实际的气力输送系统常常是既有垂直管段又有水平和倾斜管段，对粒度不等的混合颗粒，沉积速度约为噎塞速度的 3~6 倍，所以操作气速应按大于沉积速度来确定，以免出现沉积或噎塞。但气速也不宜过高，因气速太高会使压降增大，损失能量造成严重磨损。一般操作气速在 8~20m/s 的范围。

催化裂化的提升管反应器及烧焦罐稀相管等处属于稀相输送。

2. 密相输送

密相输送的固气比较大，气体线速较低，操作密度都在几百千克每立方米。气固密相输送有两种流动状态，即黏滑流动（或叫黏附流动）和充气流动。当颗粒较粗且气体量很小，以至不能使固体颗粒保持流化状态时，此时固粒之间互相压紧只能向下移动，而且流动不畅，下料不均，称为黏滑流动，这时的颗粒流动速度一般<0.6~0.75m/s。移动床催化裂化装置中催化剂在内提升管器内的移动即属黏滑流动。对于细颗粒且气体量足以使固粒保持流化态，此时气固混合物具有流体的特性，可以向任意方向流动，这种流动状态称为充气流动。其速度较高，一般固粒运动速度>0.6~0.75m/s。流化催化裂化装置中催化剂的密相输送是在充气流动状态下进行的。但个别部位，固粒流速低于 0.6m/s 时也会出现黏滑流动。

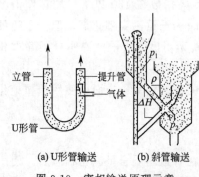

(a) U形管输送　　(b) 斜管输送

图 3-19　密相输送原理示意

密相输送的原理：密相输送时，固体颗粒不被气体加速，而是在少量气体松动的流化状态下靠静压差的推动来进行集体运动。

Ⅳ 型催化裂化装置中催化剂在 U 形管内的输送和高低并列式提升管催化裂化装置中催化剂在斜管内的输送，都是依此原理实现的。

U 形管的输送如图 3-19(a) 所示，在上升端通入气体（油气或空气）使其密度减小，使两端出现静压差，促使催化剂向低压端流动。

斜管输送如图 3-19(b) 所示，催化剂是靠斜管内料柱静压形成的推力克服阻力向另一端流动的。

3. 催化剂输送管路

催化剂在两器间循环输送的管路随装置型式不同而异。Ⅳ型装置采用 U 形管,同轴式装置采用立管,并列式提升管装置采用斜管。无论哪种管路,催化剂在其中都呈充气流动状态进行密相输送,但随气固运动方向的不同,输送特点又有显著差别。

① 气固同时向下流动,如斜管、立管以及 U 形管的下流段等处。这时的固体线速要高些,一般约为 1.2~2.4m/s,最小不低于 0.6m/s,否则气体会向上倒窜,造成脱流化现象,使气固密度增大,容易出现"架桥",如果发生这种现象,可在该管段适当增加松动气量以保持流化状态,使输送恢复正常。

② 固体向下而气体向上的流动,如溢流管、脱气罐、料腿、汽提段等处。这些地方希望脱气好,因而要求催化剂下流速度很低,如汽提段 <0.1m/s;溢流管 <0.24m/s;料腿 <0.76m/s,以利于气体向上流动和高密度的催化剂顺利地向下流动。

③ 固体和气体同时向上流动,如 U 形管的上流段、密相提升管及预提升管等处。这种情况下的气固流速都要高些,气体量也要求较大,气固密度较小,否则催化剂会下沉,堵塞管路而中断输送。若气体流速超过 2m/s 时,则与高固气比的稀相输送很相似。

密相输送的管路直径由允许的质量流速决定。正常操作时的设计质量流速一般约为 3200t/(m^2·h),最高为 4830t/(m^2·h),最低为 1383t/(m^2·h)。

为了防止催化剂在管路中沉积,沿输送管设有许多松动点,通过限流孔板吹入松动蒸汽或压缩空气。

输送管上装有切断或调节催化剂循环量的滑阀。在Ⅳ型装置中,正常操作时滑阀是全开的,不起调节作用,只是在必要时(如发生事故)起切断两器的作用,在提升管催化裂化装置中滑阀主要起调节催化剂循环量的作用。

斜管中的催化剂还起料封作用,防止气体倒窜,在压力平衡中是推动力的一部分。滑阀在管路中节流时,滑阀以下不是满管流动,因此滑阀以下的催化剂起不到料封的作用,所以在安装滑阀时应尽量使其靠近斜管下端。滑阀以上斜管长度应满足料封的需要,并留有余地,以免斜管中催化剂密度波动时出现窜气现象。

为了减少磨损,输送管内装有耐磨衬里,对于两端固定而又无自身热补偿的输送斜管应装设波形膨胀节。

4. 催化裂化再生反应

烃类在反应过程中由于缩合、氢转移的结果会生成高度缩合的产物——焦炭,沉积在催化剂上使其活性降低、选择性变坏。为了催化剂能继续使用,在工业装置中采用再生的方法烧去所沉积的焦炭,以便使其活性及选择性得以恢复。

经反应积焦的催化剂,称为待再生催化剂(简称待剂),硅酸铝催化剂的含炭量一般为 1% 左右,分子筛催化剂为 0.85% 左右。

再生后的催化剂,称为再生催化剂(简称再剂),硅酸铝催化剂的含炭量一般为 0.3%~0.5%,分子筛催化剂要求降低到 0.2% 以下或更低,达 0.05%~0.02%。通常称待再生催化剂与再生催化剂含炭量之差为炭差,一般不大于 0.8%。

催化剂再生是催化裂化装置的重要过程,决定一个装置处理能力的关键因素常常是催化剂再生系统的烧焦能力。催化剂上所沉积的焦炭其主要成分是碳和氢。氢含量的多少随所用催化剂及操作条件的不同而异。当使用低铝催化剂且操作条件缓和的情况下,氢含量约为13%~14%,在使用高活性的分子筛催化剂且操作条件苛刻时氢含量约为5%~6%。焦中除碳、氢外还有少量的硫和氮,其含量取决于原料中硫、氮化合物的多少。

催化剂再生反应就是用空气中的氧烧去沉积的焦炭。再生反应的产物是 CO_2、CO 和 H_2O。一般情况下,再生烟气中的 CO_2/CO 的比值在 1.1~1.3。在高温再生或使用 CO 助燃剂时,此比值可以提高,甚至可使烟气中的 CO 几乎全部转化为 CO_2。再生烟气中还含有 SO_x(SO_2、SO_3)和 NO_x(NO、NO_2)。由于焦炭本身是许多种化合物的混合物,主要是由碳和氢组成,故可以写成以下反应式:

$$C + O_2 \longrightarrow CO_2 \quad \Delta H = -33873 \text{kJ/kg}$$

$$C + 1/2 O_2 \longrightarrow CO \quad \Delta H = -10258 \text{kJ/kg}$$

$$H_2 + 1/2 O_2 \longrightarrow H_2O \quad \Delta H = -119890 \text{kJ/kg}$$

通常氢的燃烧速度比炭快得多,当炭烧掉 10% 时,氢已烧掉一半,当炭烧掉一半时,氢已烧掉 90%。因此,炭的燃烧速度是确定再生能力的决定因素。

三个反应的反应热差别很大,因此,1kg 焦炭的燃烧热因焦炭的组成及生成的 CO_2/CO 的比不同而异。在非完全再生的条件下,一般 1kg 焦炭的燃烧热在 32000kJ 左右。再生时需要供给大量的空气(主风),在一般工业条件下,1kg 焦炭需要耗主风大约 9~12m^3。

从以上反应式计算出焦炭燃烧热并不是全部都可以利用,其中应扣除焦炭的脱附热。脱附热可按下式计算:

焦炭的脱附热=焦炭的吸附热=焦炭的燃烧热×11.5%

因此,烧焦时可利用的有效热量只有燃烧热的 88.5%。

三、装置开工操作

1. 开工总则

① 装置安装施工全部结束后,在开工指挥部统一安排下,联合检查工程质量并检验合格,现场达到工完、料尽、场地清的要求,遗留问题处理完毕,蒸汽水系统、分馏系统、吸收-稳定系统经过吹扫试压、水冲洗、水联运等步骤,三机两泵经过单机单泵试运。

② 车间人员、岗位操作工必须认真学习开工方案,特别是岗位工人须经考试合格后方可持证上岗操作。

③ 车间组织操作工对工艺和设备进行熟悉和了解,使每位操作工做到心中有数。

④ 开工过程中必须加强领导,协调一致,分工负责,科学地按开工程序安排工作。

⑤ 把安全放在首位,在开工过程中与安全有矛盾的均应服从"安全第一"这一原则。不违章操作、不野蛮操作。

⑥ 做到不串油、不超温、不超压、不着火、不爆炸、不跑冒滴漏。

2. 全面检查及准备工作

各岗位按流程对设备、工艺、机泵、管线、就地仪表进行全面详细的检查,准备好开工用具。主要检查项目如下:

① 检查各消防器材、各消防蒸汽带及其他消防器材是否完全好用,并处于备用状态。

② 详细检查塔、容器、冷换设备、管线上的阀门、垫片、弯头螺栓有无缺少或松动,

填料密封有无泄漏。

③ 检查各限流孔板、盲板、压力表、温度计、液面计、安全阀、截止阀、针型阀是否按规定装好。

④ 检查机组、机泵及附件是否齐全好用；冷却水管线是否畅通，油箱、油杯、过滤网是否好用；盘车是否灵活、转向正确，按规定加好润滑油并处于备用状态。

⑤ 检查双动滑阀、大小单动滑阀、待生塞阀、烟机高温闸阀、蝶阀、主风单向阻尼阀是否安装正确，活动自如、灵敏可靠。

⑥ 检查防焦蒸汽、吹扫蒸汽、吹扫风、燃烧油喷嘴是否畅通。

⑦ 检查辅助燃烧室喷嘴安装情况，燃烧油、天然气、风线及蒸汽线是否畅通，安装好一次直观温度显示仪表。

⑧ 检查大型加料线、小型加料线、各松动点是否畅通，催化剂储罐充压线是否畅通。

⑨ 冷催化剂罐、热催化剂灌准备好催化剂并检好尺寸。CO助燃剂、钝化剂、润滑油充足。

⑩ 工具、照明器材、通信器材、劳动保护用品完备。

⑪ 各岗操作记录、交接班记录、操作规程、应急预案和各种规章制度齐全。

⑫ 联系调度将水、电、汽、风、天然气引进装置，联系油品、化验、仪表、机修、配电等单位配合好开工准备工作。

3. 反应岗位开工要点

① 引入公用工程：引1.0MPa蒸汽、引3.5MPa蒸汽、引除氧水、引循环水。

② 反应-再生系统向150℃恒温：启动主风机或备用风机。投用反吹风、松动风、保护风，反应-再生系统引主风升温至150℃，检查反应-再生系统气密性，试漏吹扫引流程，辅助燃烧室点火。

③ 反应-再生系统由150℃向350℃升温：反应-再生系统升温热紧，反应-再生系统由150℃向350℃升温。

④ 反应-再生系统550℃恒温，反应-再生系统升温至550℃恒温，气压机低速运转，准备加催化剂的系统。

⑤ 热拆大盲板，赶空气：赶空气，反应分馏连通，再生器密相温度达到550℃恒温，调整两器参数达到装剂条件。

⑥ 配合分馏建立原料、回炼、油浆循环，建立原料油循环、分馏建立回炼油循环，分馏建立油浆循环。

⑦ 装催化剂建立两器流化、喷油，调整操作：向沉降器转剂、喷油，调整操作，投用反应-再生系统自保，投用回炼油回炼。

4. 分馏岗位开工要点

(1) 分馏系统工艺管线、单体设备贯通并进行水试压 工艺管线和单体设备贯通试压，原料油系统贯通试压，回炼油系统贯通试压，油浆系统贯通试压，中段系统贯通试压，顶循环系统贯通试压，塔顶油气系统贯通试压，分馏塔、轻柴油汽提塔、回炼油罐、火炬线系统贯通试压，粗汽油系统贯通试压，分馏系统贯通试压完毕，关闭所有排凝阀保证系统正压。

(2) 引原料油，建立循环 改好原料油循环流程，引原料油建立蜡油循环，引蜡油经开工循环线、油浆外甩冷却器外甩至成品,控制外甩温度≤90℃,温度升至100~120℃,联系机修热紧,温度升至170~190℃,再联系机修热紧。

(3) 拆除大盲板,反应分馏连通,建立塔内循环 引循环水循环,启用粗汽油泵,控制塔顶温度≤120℃,联系调度引常压蜡油至原料罐油罐、回炼油罐,原料油罐气返线改去产品油浆冷却器,联系调度引柴油至柴油汽提塔,液位为70%。中段系统充柴油,联系调度引汽油至粗汽油罐,液位为70%。顶循环系统充汽油,原料油泵,循环正常,蜡油经开工循环线进入回炼油罐,液位为70%,改好回油抽出线与油浆副线阀。油浆泵运行正常,加大外甩量提高系统循环油温度、建立油浆塔内循环。

(4) 分馏接收反应油气,调整操作 控制好塔底温度≤365℃,塔底液位正常;控制粗汽油罐液位为60%,建立顶回流;建立中段回流,启用柴油泵向装置外送轻柴油;控制好油浆外甩量及外甩温度、调整好塔中段回流取热分配,搞好热平衡;按工艺指标控制好各操作参数,各部温度、压力、液位正常,产品质量合格;联系仪表确认本岗位所有仪表正常、粗汽油罐加强脱水。

5. 吸收-稳定岗位开工要点

① 开工前全面检查。
② 稳定系统进行贯通。
③ 吸收-稳定系统试压、赶空气。
④ 吸收-稳定系统引瓦斯。
⑤ 炉点火,反应-再生系统升温,分馏、稳定引油循环。
⑥ 装催化剂两器流化,稳定保持三塔循环。
⑦ 反应进油、开气压机,压缩富气、粗汽油进稳定系统。
⑧ 吸收-稳定系统升温、升压,调整操作。

四、装置停工操作

1. 停工方案及要求

严守方案,不经技术部门,任何人不可随意更改方案条款,明确职责范围。统一在停工总指挥的领导下,安全正点停工,严格实行岗位操作员、班长和技术员三级检查,做到准确地互通信息,方案上报,做到细致可靠、稳扎稳打、走上步、看下步、高标准、严要求。停工过程中做到不超压、不超温、不着火、不爆炸、不出次品、不出人身事故、不损坏设备、不污染环境、不跑油、不串油(剂、溶剂)。不违章作业,拿油干净,爆炸气分析一次合格,扫线一次合格。

2. 反应岗位停工要点

(1) 准备阶段

① 平衡剂储罐检好尺寸,准备接收热催化剂。
② 将再生器底部卸剂线用非净化风扫通,并将罐顶抽真空流程改好。
③ 检查事故返回线,各事故蒸汽放空排凝,停止钝化剂和急冷油的加入。
④ 试验气压机入口放火炬阀、双动滑阀是否灵活好用。
⑤ 联系公用工程做好放火炬、低压瓦斯线的脱凝缩油工作,确保放火炬线畅通。
⑥ 巡查统计本岗位泄漏点。

⑦ 准备好废润滑油（点浸螺栓用）和胶管一根（抽吸剩余催化剂用）。

注意事项：
- 联系有关单位做好安装两油气线大盲板的准备工作，并准备好装置区内所用盲板。
- 消防设施进行全面检查确保齐全好用。
- 装置内停止一切施工用火。
- 确保各排水沟下水畅通。

(2) 降温降量

① 逐步降原料油量，以 5%～10%/次的速度进行，同时应视主次提升管反应温度来调整单动滑阀开度，缓慢关闭主提升管平衡滑阀，并慢慢开大预提升蒸汽副线。

② 逐步降低回炼油回炼量，视回炼油罐液位来减少回炼油的回炼直至全部停止回炼，管内存油用蒸汽扫入提升管，扫后关闭次提升管器壁阀。

③ 降进料量，再生器床温在下降，为保证大小提升管出口温度，及时调整再生床温（外取热器），降量时为防止提升管流化失常和沉降器压力波动过大，可适量开大进料雾化蒸汽和预提升蒸汽。

④ 根据降量情况，逐步降低主风入再生器的量，主风量减少，烟气量逐渐减少，慢慢关闭烟机入口蝶阀，用双动滑阀来控制再生器压力。

(3) 切断进料

① 当总进料降至 20t/h 时启用原料油低流量自保，关闭原料油进主提升管的阀门，打开喷嘴预热线阀门，将原料油雾化蒸汽开大。

② 关闭小提升管滑阀。

③ 切断进料后，用两提升管预提升蒸汽保持两器流化烧焦，用气压机入口放火炬阀控制系统压力，严防提升管温度≥550℃，再生器维持床温为 500～600℃。

(4) 卸催化剂

① 缓慢关闭大小提升管单动滑阀，打开大小提升管滑阀，再生器压力降至 0.1MPa，调整两器差压为正差压，使沉降器压力高于再生器压力 0.01～0.02MPa，将沉降器内催化剂转入再生器单器流化。

② 当沉降器汽提段显示没有藏量，待再生催化剂反应器的滑阀压降显示为零时，则表明沉降器内催化剂已全部转入再生器，此时可以关闭该滑阀。

③ 维持再生温度为 560℃ 左右单器流化烧焦，取样目测烧焦情况，启用热催化剂罐顶抽空器，利用输送风量和卸料阀开度控制卸料速度，保持卸剂管线温度≥450℃，避免将催化剂罐和卸剂线热胀变形损坏。

④ 卸剂后期，开大外取热器底环管提升风量，将外取热内催化剂全部吹入再生器内，此时切断两器。

⑤ 三旋系统催化剂卸净。

⑥ 催化剂卸净后，应关闭防焦蒸汽、雾化、松动、冷却蒸汽和吹扫蒸汽，保留预提升蒸汽和汽提蒸汽。

(5) 装盲板及退油扫线

① 将预提升蒸汽和汽提蒸汽关小，打开沉降器顶放空阀和主次油气线上放空阀。

② 因分馏与反应现仍为一系统，分馏沉降器系统必须微正压（高于再生器压力），先松开装大盲板法兰的部分螺栓，确认无热油水流出才开始拆垫圈。

③ 油气管线大盲板装完后，开大预提升蒸汽和汽提蒸汽半小时，后再关闭。

④ 关闭反应-再生系统蒸汽总阀，打开非净化风连通阀，打开两提升管、底放空，观察催化剂是否卸净。

⑤ 将两器自下而上沿器壁逐个打开松动点、反吹点的放空阀，从两器由内向外反吹，同时记录不通部位。

⑥ 卸完催化剂后，再生器床层温度降至 200℃ 以下，停主风机。

⑦ 关闭油气线上放空阀，双动滑阀。

⑧ 自下而上打开两人孔，自然通风冷却至常温。

⑨ 装盲板时，避免空气串入分馏塔。

3. 分馏系统停工要点

① 准备工作。分馏岗位应与反应岗位密切配合，在反应逐步降量时尽量维持分馏系统的操作，少出不合格产品。

提前通知调度，切断反应进料。罐区准备接收分馏重物料、污油。

注意重芳烃浆的变化，保持汽包的液位，当压力降低时，视情况将蒸汽发生器系统切除。

② 分馏系统退油。

③ 扫线。

4. 吸收-稳定岗位停工要点

吸收-稳定停工过程主要包括准备工作、停工步骤、加盲板等。

① 准备工作。联系储运，做好接收不合格油的准备，登记漏点，做好记录。检查放火炬系统，准备气压机入口放火炬。检查地漏是否畅通。停富气水洗。

② 随着反应降量、粗汽油及凝缩油数量不断减少，热源不足，此时应尽量利用分馏塔中段循环热量，维持稳定塔和解析塔操作。

③ 与反应密切配合，进一步加大汽油、液化气出装置的量，拉空各塔、容器。

④ 切断进料后，分馏中段抽空，吸收-稳定失去热源，产品不合格，稳定汽油改送罐区不合格污油罐。

⑤ 根据富气量联系气压机岗位，停止压缩富气进吸收-稳定系统，改压缩机入口放火炬。

⑥ 吹扫流程。加盲板扫线后，按盲板表要求加装盲板，并作出明显的盲板标记。加盲板要做到装置间隔离，工艺管道与公用工程管道隔离。保证扫线后各管线、塔、容器等所有设备不串入油气或惰性气体。

五、常见事故及处理

1. 反应温度大幅度波动

（1）原因

① 提升管总进料量大幅度变化，原料油泵（蜡油或渣油）或回炼油泵抽空、故障，

以及焦蜡进料变化。

② 急冷油量大幅度波动。

③ 再生滑阀故障，控制失灵。

④ 两器压力大幅度波动。

⑤ 原料油带水。

⑥ 再生器温度大幅度波动。

⑦ 催化剂循环量大幅度变化。

⑧ 原料的预热温度大幅度变化。

(2) 处理方法

① 提升管进料量波动，查找原因。若仪表故障，可改手动或副线手阀控制。若机泵故障，迅速换泵，以稳定其流量。若滑阀故障，将其改为现场手摇，联系仪表、钳工处理。

② 控制油浆循环流量，调整预热温度。若三通阀失灵，改手动，由仪表处理。

③ 控制稳定两器压力，稳定催化剂的循环量，并查找造成压力波动的原因。

④ 调整外取热器的取热量，控制好再生器的密相温度。

⑤ 原料油带水：按原料油带水的非正常情况处理。

⑥ 严禁反应温度＞550℃，或者＜480℃。在以上处理过程中，首先稳定反应器压力，用催化剂循环量控制反应温度不过高，可增大反应终止剂用量，若反应温度过低，必须提高催化剂循环量或降低处理量。

⑦ 注意沉降器、旋风分离器线速度，若过低按相应规程处理。

⑧ 提高原料的预热温度。

2. 原料带水

(1) 原因

① 原料预热温度突然下降，然后迅速增加，并波动不止。

② 提升管反应温度下降，后迅速上升，并波动不止。

③ 沉降器压力上升，后下降，并波动不止。

④ 原料换热器憋压，气阻。

⑤ 原料油进料流量控制先迅速上升，后迅速下降，且大幅度波动。

(2) 处理方法

① 根据原料换罐情况确定哪一种原料带水，并与调度联系要求切除。

② 关小重质原料预热三通阀或开大焦化蜡油预热三通阀。

③ 打开事故旁通副线 2~5 扣，提高进料量将水排至容器。

④ 若带水严重，且来自焦化蜡油或渣油，可降低其处理量甚至切除，提高其余原料量。

⑤ 在处理过程中，要注意再生器密相温度，并注意主风机、气压机运行工况。防止发生二次燃烧。及时向系统补入助燃剂。

⑥ 注意沉降器旋风分离器线速度，若过低按相应规程处理。

⑦ 在处理过程中要防止沉降器藏量波动，控制好反应压力，严重时可放火炬。

3. 进料量大幅度波动

（1）原因

① 原料带水。

② 原料油泵（直馏蜡油或减压渣油）、回炼油泵不上量或发生机械、电气故障。

③ 原料油、回炼油等流控系统失灵，或喷嘴进料流量控制失灵。

（2）处理方法

① 迅速判断原因，采取相应措施。

② 原料带水时，按原料带水处理。

③ 泵抽不上量时，油罐抽空迅速联系罐区处理，若机泵故障，立即启用备用泵。

④ 控制阀失灵后，迅速改手动或控制阀副线手阀控制，联系仪表处理。

⑤ 原料油短时间中断后，可适当提高其他回炼油及油浆量，降低压力，保证旋风分离器线速度。

⑥ 若蜡油中轻组分过多或温度过高也会表现出相同的特征，但明显体现在机泵上，迅速和调度联系要求换罐。

习题

一、填空题

1. 催化裂化装置处理的原料主要有_____、_____、_____等；产品有_____、_____、_____和液化气。

2. 催化裂化的化学反应主要有_____、_____、异构化反应、_____和缩合反应。

3. 催化裂化反应所用的催化剂主要有_____、_____，其中催化剂活性、选择性、对热稳定性等性能均优于_____。

4. 分子筛催化剂由_____和一定量的分子筛所构成，其催化活性中心是_____。

5. 催化裂化工艺的流程主要包括_____、_____、_____和烟气能量回收系统。

6. 反应-再生系统的两器压差控制的实质是通过_____的开度改变再生器压力，使其与_____顶压力保持平衡。

7. 反应-再生系统的反应温度主要用再生滑阀的开度调节_____来达到控制的目的，滑阀开度增加则反应温度_____。

8. 剂油比是指_____与_____之比，剂油比增大，转化率_____，焦炭产率_____。

9. 反应-再生系统操作的关键是要维持好系统的_____平衡、_____平衡、_____平衡。

10. 催化裂化装置的吸收-稳定系统由_____塔、_____塔、_____和再吸收塔组成。

二、简答题

1. 为什么催化裂化过程能居石油二次加工的首位？为什么催化裂化过程是目前我国炼油厂中提高轻质油收率和汽油辛烷值的主要手段？

2. 为什么说石油馏分的催化裂化反应是平行-顺序反应？

3. 催化裂化的反应是否受化学平衡的限制？为什么？
4. 为什么说催化裂化反应是放热反应？
5. 分子筛催化剂的载体是什么？它的作用是什么？
6. 什么是剂油比？它的大小对催化裂化反应有什么影响？
7. 催化裂化反应-再生系统的影响因素有哪些？
8. 催化裂化的分馏塔与常压分馏塔相比有何区别？
9. 催化裂化反应-再生系统中的三大平衡是什么？它们各包括哪些部分？
10. 什么叫作回炼油？为什么要使用回炼操作？分子筛催化剂为什么不用大回炼比？
11. 画出催化裂化装置的典型流程图。

项目四

催化加氢操作

知识目标

① 了解催化加氢的目的及发展。
② 知道催化加氢原料来源及裂化产品。
③ 了解催化加氢反应种类及反应机理。
④ 掌握催化加氢的工艺流程。
⑤ 了解催化加氢的催化剂组成及性能。
⑥ 理解催化加氢工艺的影响因素。
⑦ 熟悉催化加氢的操作技术。

能力目标

① 能根据催化加氢工艺要求,选择加氢原料。
② 能结合流程说明,识读催化加氢工艺流程图。
③ 能对影响催化加氢生产的工艺条件进行分析和判断。

任务一　催化加氢生产原理

一、催化加氢生产概述

（一）催化加氢分类

催化加氢是在氢气存在的条件下对石油馏分进行催化加工过程的统称，催化加氢技术包括加氢裂化和加氢精制两类。

加氢裂化是指原料通过加氢反应，使其超过10%的分子发生裂化变为小分子的加氢过程。加氢裂化一般是在较高压力下，烃分子与氢气在催化剂表面主要进行裂解和加氢反应生成较小分子的转化过程；另外对非烃类分子加氢可除去O、N、S、金属及其他杂质元素。

加氢裂化按加工原料的不同，可分为馏分油加氢裂化和渣油加氢裂化。馏分油加氢裂化原料主要有直馏汽油、直馏柴油、减压蜡油、焦化蜡油、裂化循环油及脱沥青油等，其目的是生产高质量的轻质产品，如液化气、汽油、喷气燃料、柴油等清洁燃料和轻石脑油、重石脑油、尾油等优质化工原料。渣油加氢裂化以常压重油和减压渣油为原料生产轻质燃料油和化工原料。

加氢精制多用于油品的精制及下游加工原料的处理，主要是除掉油品及原料中的O、N、S、金属及杂质元素，同时还使烯烃、二烯烃、芳烃和稠环芳烃选择加氢饱和，改善油品的使用性能和原料生产性能；另外还对加氢精制原料进行缓和加氢裂化。如汽油加氢、煤油加氢、润滑油加氢精制，催化重整原料预加氢处理等。一般对产品进行加氢改质的过程称为加氢精制，对原料进行加氢改质的过程称为加氢处理。

（二）催化加氢在炼油工业中的地位和作用

在现代炼油工业中，催化加氢技术的工业应用较晚，但催化加氢过程可以加工各种重质及劣质原料，生产各种优质燃料油及化工原料。在充分利用石油资源，提高原油加工深度，增加轻质油品收率，生产清洁燃料及生产过程清洁化，提高炼油、化工、炼化一体化效益等方面具有其独特的优越性。其工业应用的速度和规模都很快超过热加工、催化裂化、铂重整等工艺。

在现代石油工业中，随着世界范围内原油变重、品质变差，原油中硫、氮、氧、钒、镍、铁等杂质元素含量呈上升趋势，炼厂加工含硫原油和重质原油的比例逐年增大，采用加氢技术是改善原油深加工原料性质，提高产品品质，实现这类原油加工最有效的方法之一。

1. 提高产品质量

消费者对燃料油的使用要求及生产者生产燃料油为满足使用要求而控制的质量指标可归纳为以下五个方面。

（1）良好的供油性能　供油性能是指燃料油从油箱到燃烧室供油过程中不发生中断。由于油品本身原因造成供油中断原因有两点，一是蒸气压高容易汽化，在输送管线形成气阻，尤其是汽油和喷气燃料；二是结晶点和凝固点高容易凝固堵塞过滤器和管道，特别是柴油和喷气燃料。重油通过加氢裂化可生产结晶点及凝固点低的喷气燃料和柴油；对于柴油和喷气燃料结晶点及凝固点高的问题可通过加氢降凝处理解决。

（2）良好的燃烧性能　燃烧性能主要是指燃料油热值要高，在燃烧环境和条件下燃烧速度适中、完全度高、产物积炭及酸性物质对发动机危害性小。通过加氢可提高燃料氢/碳比而提高热值；降低芳烃、烯烃及O、N、S杂质元素而提高燃烧完全度，降低积炭能力及酸性物质对发动机的危害。

（3）良好的储存及使用安定性能　影响燃料油储存及使用的安定性能主要是油品中烯烃及杂质元素，通过加氢降低烯烃及杂质元素的含量，提高油品储存及使用安定性能。

（4）良好的环境友好性能　燃料油对环境危害主要是燃料油本身及燃烧后排放产物对环境的影响。通过加氢降低芳烃及杂质元素的含量，提高燃烧完全度，降低燃料及燃烧产物对环境的危害。

（5）对使用设备的友好性能　燃料油对使用设备的危害主要包括燃料油及燃烧后排放产物对系统设备的腐蚀。通过加氢降低燃料油中杂质元素的含量，提高燃烧完全度，降低燃料及燃烧产物中酸性及碱性物含量。

综上所述，对燃料油的质量要求是综合性的，催化加氢能够综合性地解决大部分主要问题。即改变油品烃类组成和结构，除去杂质，从根本上生产和改善产品质量。

2. 提高轻质油收率

世界经济的发展促使石油产品的需求结构逐步向轻质油品转变。1970～2000年世界油品市场需求结构的变化表明，重燃料油的需求大幅度下降，从1970年的30%下降到2000年的13%；轻质油品的需求持续增长，特别是中间馏分油（喷气燃料和柴油）的需求增长较多，从1970年的27%增加到2000年的35%。未来几十年内，石油和天然气仍将是世界经济发展不可替代的重要战略能源，石油产品的需求将继续向着重燃料油需求减少、中间馏分油需求增加的方向发展。

由于我国经济和社会的快速发展，预计未来10年，我国各类石油产品消费呈现3%～5%年增长的趋势，尤其是市场消费要求柴汽比高。由于受我国二次加工主要手段是催化裂化的制约，生产柴汽比不能满足市场消费需求，必须调整炼油装置结构，提高催化加氢处理能力。

石油加工的过程实际上就是碳和氢的重新分配及除去杂质元素的过程。提高轻质油收率的方法，一是通过脱碳过程提高产品氢含量，如催化裂化、焦化过程；二是通过加氢提高产品氢含量，即提高轻质油收率，理论上加氢是提高轻质油收率最有效的方法。

3. 改善原料来源、结构和性能

石油除了生产大量的燃料油之外，还是生产化工、润滑油等产品的基本原料。随着原油重质化及劣质化趋势，清洁生产过程的要求及产品品质的要求不断提高，传统的原油深加工技术方法在原料的来源及对原料品质的要求上面临巨大的挑战。现实的解决之道是通过加氢方法，既能改善深加工原料来源结构布局，又能改善原料的品质。

世界经济的快速发展，对轻质油品的需求持续增长，特别是中间馏分油如喷气燃料和柴油，因此需对原油进行深度加工，加氢技术是炼油厂深度加工的有效手段。环境保护的要求，对生产者要求在生产过程中要尽量做到物质资源的回收利用，减少排放，并对其产品在使用过程中能对环境造成危害的物质含量严格限制，目前催化加氢是能够做到这两点的石油炼制工艺过程之一，如生产各种清洁燃料，高品质润滑油都离不开催化加氢。

因此，催化加氢工艺是21世纪石油工业发展的重点技术。

(三) 催化加氢原料和产品

在炼油工艺中，催化加氢过程可以加工的原料和生产的目的产品具有相当宽的范围，生产灵活性强，产品质量好，所加工的原料可以是最轻的石脑油直至渣油或煤，其产品则由液态烃直至润滑油。

1. 加氢处理原料和产品

加氢处理的目的在于脱除油品中的硫、氮、氧及金属等杂质元素，同时还使烯烃、二烯烃、芳烃和稠环芳烃选择加氢饱和，从而改善原料的品质和产品的使用性能。加氢处理具有原料范围宽，产品灵活性大的特点，其过程有两个目标，一是对油品精制，要改善油品的使用性能和环保性能，如汽油、煤油、柴油及润滑油精制；二是对下游原料进行处理，要改善下游装置的操作性能，如重整原料预加氢、催化裂化及焦化过程原料加氢处理。

(1) 加氢处理原料

① 石脑油。石脑油的来源主要有直馏石脑油、催化裂化石脑油以及焦化石脑油，其用途主要用于催化重整、裂解制乙烯的原料及汽油的调和组分。

直馏石脑油作重整及裂解制乙烯的原料时必须进行加氢精制；焦化石脑油不饱和烃、硫、氮及重金属杂质含量高，稳定性差，作重整、裂解制乙烯的原料及调和汽油时都必须加氢精制；催化裂化石脑油硫、氮含量高，同样作为下游装置原料、清洁汽油调和组分时必须进行加氢精制。典型石脑油的组成和性质见表4-1。

表4-1 典型石脑油的组成和性质

组成	直馏石脑油	催化裂化石脑油	延迟焦化石脑油	组成	直馏石脑油	催化裂化石脑油	延迟焦化石脑油
硫/($\mu g/g$)	27.0	730	2500	烷烃体积比	43.0	26.0	24.0
氮/($\mu g/g$)	2.1	38.0	100.0	环烷烃体积比	39.0	11.0	23.0
硅/($\mu g/g$)	0.0	0.0	10.0	芳烃体积比	18.0	40.0	8.0
二烯烃体积比	0.0	0.5	2.0	潜在胶质/(mg/100ml)	<1	—	300
烯烃体积比	0.0	22.5	43.0				

② 煤油。煤油主要用于喷气式燃料，另外还用于表面活性剂，增塑剂及液体石蜡等产品。直馏煤油硫含量高，冰点高，腐蚀性强。通过加氢精制可得到清洁、低冰点、低腐蚀的喷气燃料。

③ 柴油。柴油主要用于柴油机燃料，来源有直馏、催化裂化、延迟焦化及减黏裂化柴油。对于二次加工的柴油，硫、氮、不饱和烃含量高，安定性及颜色差，通过加氢可得到低硫、低凝点、高十六烷值的清洁柴油组分。典型柴油馏分的组成和性质见表4-2。

表4-2 典型柴油馏分的组成和性质

组成和性质	直馏柴油馏分		催化裂化柴油馏分		焦化柴油馏分	
	大庆	科威特	大庆	中东重催	大庆	科威特
密度(20℃)/(g/cm³)	0.8198	0.8162	0.8647	0.9195	0.8222	0.8491
馏程/℃	240~325	170~313	167~337	194~365	199~329	176~363
凝点/℃	1	—	0	−9	−12	—
硫含量/%	0.023	0.69	0.08	0.39	0.15	1.16

续表

组成和性质	直馏柴油馏分		催化裂化柴油馏分		焦化柴油馏分	
	大庆	科威特	大庆	中东重催	大庆	科威特
氮含量/(μg/g)	—	8.1	747.0	711.0	1100.0	3012.0
芳烃/%	—	27.2	—	71.2	—	39.4
溴价(gBr/100g)	—	—	—	18.82	37.8	—
十六辛烷值	59.8	55.0	37.6	<24.0	56.0	—

④ 石蜡类及特种油。包括石蜡、微晶蜡、凡士林、特种溶剂及白油等加氢精制。

⑤ 重质馏分油。催化裂化、加氢裂化原料通过加氢处理可提高其生产性能及产品质量；润滑油通过加氢精制提高其产品质量。如催化裂化原料加氢预处理实现脱硫、脱氮、脱残炭、脱金属及芳烃变化，大幅度改善催化裂化原料的品质及其产品的质量。

(2) 加氢处理产品　加氢处理过程的产品主要为精制后产品和处理过的原料，还有少量的裂解产物。加氢处理产品主要表现为S、N及金属元素含量少，产品饱和度高，目的产品收率较高等。

2. 加氢裂化原料和产品

(1) 加氢裂化原料　加氢裂化对原料的适应性强，在生产不同目的产品时对原料组分或馏分的要求局限性不大，一般通过催化剂选择、调整工艺条件或流程可以大幅度改变产品的产率和性质，最大限度地获取目的产品。作为加氢裂化原料主要有：常压馏分油（AGO）、减压馏分油（VGO）、焦化蜡油（CGO）、催化裂化轻循环油（LCO）及重循环油（HLCO）、脱沥青油（DAO）、常压重油（AR）、减压渣油（VR）等。

① 焦化蜡油（CGO）。焦化蜡油是减压渣油通过焦化过程得到的重馏分油。与减压馏分油相比，其硫含量及氮含量（尤其是碱性氮）较高，进行加氢裂化较为困难。部分原油CGO的主要性质和组成见表4-3。

表4-3　部分原油焦化蜡油的主要性质和组成

项目	大庆 CGO	胜利 CGO	孤岛 CGO	辽河 CGO	伊朗 CGO
密度(20℃)/(g/cm^3)	0.8593	0.9053	0.9311	0.9057	0.9318
馏程/(ASTM D1160)℃	241~543	241~543	246~500	252~535	241~515
硫含量/%	0.13	0.82	1.03	0.31	2.31
氮含量/%	0.2240	0.6460	0.5657	0.4900	0.39
重金属(Ni+V)/(μg/g)	0.06	0.51	<0.01	0.31	<0.03
四组分/%					
链烷烃	37.9	19.8	21.3	56.9[①]	19.0
环烷烃	34.9	15.0	27.5		26.5
芳香烃	23.6	55.7	44.3	36.1	49.1
胶质	3.6	8.3	6.9	7.0	5.4
残炭/%	0.07	0.13	0.11	0.2	0.1

① 链烷烃+环烷烃。

② 减压馏分油（VGO）。减压馏分油是原油常减压蒸馏过程中减压塔侧线产品的总称，俗称蜡油。典型进口原油减压馏分油的主要性质和组成见表4-4。我国主要原油减压

馏分油的主要性质和组成见表 4-5。

表 4-4 典型进口原油减压馏分油的主要性质和组成

项目	沙特轻 VGO	伊朗 VGO	科威特 VGO	俄罗斯 VGO
密度(20℃)/(g/cm³)	0.9133	0.9053	0.9163	0.9075
馏程/(ASTM D1160) ℃	317~513	299~553	334~511	350~530
氢碳原子比	1.68	1.74	—	—
元素分析/ %				
碳	85.73	85.83	—	—
氢	12.42	12.42	—	—
硫	2.20	1.60	2.79	0.98
氮	0.079	0.15	0.10	0.12
四组分/ %				
链烷烃	19.9	21.2	17.6	16.0
环烷烃	27.1	32.8	28.4	32.6
芳香烃	51.0	42.7	52.6	44.5
胶质	2.0	3.3	1.4	6.9
残炭/%	0.08	0.14	—	—

表 4-5 我国主要原油减压馏分油的主要性质和组成

项目	大庆 VGO	胜利 VGO	孤岛 VGO	辽河 VGO
密度(20℃)/(g/cm³)	0.8509	0.9066	0.9357	0.9249
馏程/(ASTM D1160) ℃	271~533	346~526	372~552	249~508
氢碳原子比	1.84	1.78	1.68	1.67
元素分析/ %				
碳	86.32	86.56	86.62	87.07
氢	13.27	12.87	12.13	12.11
硫	0.072	0.590	1.01	0.20
氮	0.054	0.140	0.239	0.220
重金属(Ni+V)/(μg/g)	0.06	0.06	0.22	0.88
四组分/%				
链烷烃	52.0	18.3	11.7	7.5
环烷烃	34.6	43.1	42.4	48.0
芳香烃	13.2	34.8	42.5	34.6
胶质	0.2	3.8	3.4	9.9
残炭/%	0.04	0.05	0.22	0.20

③ 催化裂化轻循环油（LCO）和重循环油（HLCO）。催化裂化轻循环油即催化裂化柴油，既可进行加氢精制生产车用柴油，也可进行加氢裂化生产石脑油；催化裂化重循环油即催化裂化回炼油，既可在本装置上进行回炼操作，也可进行催化裂化生产轻质油品。催化裂化循环油富含芳烃，比较适合作为加氢裂化的原料。典型原油催化裂化轻、重循环油的主要性质和组成见表 4-6。

表 4-6　典型原油催化裂化轻、重循环油的主要性质和组成

项目	大庆 LCO	胜利 LCO	辽河 LCO	镇海 HLCO	安庆 HLCO
密度(20℃)/(g/cm^3)	0.8614	0.8664	0.9158	1.0598	0.9480
馏程/(ASTM D1160)℃	195~351	167~321	181~347	291~499	244~482
凝点/℃	−1	−22	−8	3	37
十六辛烷值	37.1	—	12.5	—	—
氢碳原子比	1.846	—	1.451	1.142	1.470
元素分析/%					
碳	82.76	—	88.92	90.15	88.76
氢	12.73	—	10.75	8.58	10.87
硫	0.1167	0.5540	0.2050	1.0600	0.2600
氮	0.0897	0.1262	0.1264	0.1380	0.1183
残炭/%	—	—	—	0.65	0.09
芳烃指数(BMCI)	41.7	—	66.79	116.9	64.2

④ 脱沥青油（DAO）。脱沥青油是减压渣油通过溶剂脱沥青后得到的抽出油。脱沥青油（DAO）的主要性质和组成见表 4-7。

表 4-7　原油脱沥青油的主要性质和组成

项目	沙特轻油 DAO	伊朗油 DAO
密度(20℃)/(g/cm^3)	0.9509	0.9638
馏程/(ASTM D1160)℃		
IBP/10%/30%/50%/60%/70%	430/511/562/601/617/642(63%)	336/528/587/629/624(48%)
凝点/℃	13	28
硫含量/%	2.89	4.07
氮含量/%	0.1820	0.1885
镍含量/(μg/g)	0.8	4.0
钒含量/(μg/g)	2.6	10.0
残炭/%	6.0	7.1

⑤ 原油渣油。原油渣油包括常压重油和减压渣油。其组成和性质取决于原油的组成和性质及常减压装置的分离效果和拔出率。渣油中含有大量硫、氮和金属杂质及胶质、沥青质等非理想组分；渣油密度大、黏度高、平均分子量大及易结焦组分多，这些对其加氢不利。

表 4-8 和表 4-9 分别列出世界主要原油常压重油及减压渣油的主要性质和组成。

表 4-10 和表 4-11 分别列出我国主要原油常压重油及减压渣油的主要性质和组成。

表 4-8　世界主要原油常压重油（＞365℃）主要性质和组成

原油	米纳斯	阿曼	哈萨克斯坦[①]	卡塔尔	科威特[①]	阿拉伯轻	阿拉伯中	阿拉伯重[②]
收率/%	57.7	51.8	34.9	52.5	53.9	46.7	50.1	55.3
密度(20℃)/(g/cm^3)	0.9079	0.8968	0.9185	0.9567	0.9653	0.9656	0.9788	0.9950
黏度(100℃)/(mm^2/s)	18.62	62.70	17.97	37.74	53.51	40.39	90.20	233.00
凝点/℃	48	12	23	13	10	4	15	21
分子量	505	605	515	581	—	479	549	—
氢碳原子比	1.78	1.69	1.68	1.58	—	1.64	1.42	1.55

续表

原油	米纳斯	阿曼	哈萨克斯坦[1]	卡塔尔	科威特[1]	阿拉伯轻	阿拉伯中	阿拉伯重[2]
元素分析/%								
碳	86.85	85.99	86.68	85.45	—	85.01	85.60	85.80
氢	12.82	12.10	12.11	11.22	—	11.61	10.16	11.09
硫	0.13	1.74	1.03	3.18	3.98	3.18	4.02	4.36
氮	0.15	0.17	0.18	0.15	0.21	0.20	0.22	0.17
金属含量/(μg/g)								
铁	3.47	8.10	11.37	4.56	3.09	1.47	1.69	17.00
镍	15.81	11.35	5.20	13.80	18.20	10.48	23.62	32.00
钒	0.38	13.00	13.74	41.30	57.00	37.62	77.26	105.00
钠	7.27	2.28	12.56	72.78	—	1.19	1.99	—
铜	0.04	0.05	0.07	0.23	0.03	0.09	0.08	—
铅	0.22	0.06	13.74	0.25	0.26	0.17	0.12	—
残炭/%	4.88	6.89	3.45	8.90	10.97	9.86	11.88	14.20

[1] >350℃；[2] >370℃。

表 4-9 世界主要原油减压渣油（>560℃）的主要性质和组成

原油	米纳斯	阿曼	哈萨克斯坦	卡塔尔	科威特[1]	阿拉伯轻	阿拉伯中	阿拉伯重[1]
收率/%	23.5	24.5	9.7	19.4	31.1	19.3	23.8	33.81
密度(20℃)/(g/cm³)	0.9557	0.9259	0.9700	1.0279	1.0083	1.0245	1.0370	1.1033
黏度(100℃)/(mm²/s)	167.3	689.1	412	1974	1464	2202	10357	7060
凝点/℃	52	23	36	42	43	38	>60	—
分子量	872	886	815	876	693	843	1040	—
氢碳原子比	1.67	1.59	1.59	1.44	1.48	1.53	1.35	1.46
元素分析/%								
碳	87.38	85.98	86.66	84.94	84.21	84.71	84.91	84.08
氢	12.14	11.42	11.49	10.23	10.38	10.79	9.54	10.26
硫	0.18	2.33	1.56	4.57	5.08	4.15	5.19	5.30
氮	0.30	0.27	0.29	0.26	0.32	0.35	0.36	0.31
金属含量/(μg/g)								
铁	8.21	14.95	34.72	18.90	3.74	2.41	4.89	75.00
镍	41.46	22.98	18.31	38.10	34.00	25.77	52.31	68.00
钒	0.98	26.36	50.97	118.00	106.00	93.22	165.00	140.00
钠	17.90	3.92	47.70	185.80	—	2.43	4.67	—
铜	0.10	0.08	0.06	0.69	0.05	0.20	0.19	—
铅	0.30	0.12	0.22	0.74	0.30	0.46	0.28	—
残炭/%	12.18	14.16	12.71	21.46	20.36	23.49	24.87	23.64

[1] >500℃。

表 4-10 我国主要原油常压重油（>350℃）的主要性质和组成

原油	大庆	任丘石楼	中原	胜利[1]	孤岛	辽河欢喜岭	大港	新疆混合
收率/%	71.50	63.30	56.11	68.10	78.2	62.70	61.10	53.24
密度(20℃)/(g/cm³)	0.8929	0.9057	0.9120	0.9250	0.9786	0.9829	0.9160	0.9210
黏度(100℃)/(mm²/s)	28.90	27.26	51.65	38.94	171.90	31.65	24.90	22.60
凝点/℃	44	—	—	47	20	16	37	33
闪点(开口)/℃	240	—	—	—	—	—	—	298
分子量	579	—	636	660	651	502	498	561

续表

原油	大庆	任丘石楼	中原	胜利①	孤岛	辽河欢喜岭	大港	新疆混合
氢碳原子比	1.84	—	1.73	1.69	1.65	1.51	1.75	1.70
元素分析/%								
碳	86.22	—	85.62	86.42	84.99	86.91	86.00	86.78
氢	13.27	—	12.35	12.19	11.69	10.96	12.56	12.35
硫	0.15	0.30	1.02	0.81	2.38	0.31	0.19	0.53
氮	0.20	—	0.29	—	0.70	0.51	0.32	0.14
金属含量/(μg/g)								
镍	3.60	41.60	8.80	15.25	26.40	52.70	19.30	8.40
钒	0.02	1.00	4.20	2.25	0.20	0.90	0.28	24.10
四组分/%								
饱和烃	55.50	58.22	39.30	49.00	—	32.84	52.90	60.16
芳香烃	27.20	21.72	31.90	27.20	—	31.27	25.20	21.48
胶质	17.30	39.55	28.80	22.40	—	35.89	21.90	16.80
沥青质	—	—	0.00	1.40	—	0.00	0.00	1.20
残炭/%	4.30	7.55	8.86	6.41	10.00	9.63	4.70	4.70
灰分/%	0.0047	0.016	—	0.063	—	—	—	—

① >375℃。

表4-11 我国主要原油减压渣油(>500℃)的主要性质和组成

原油	大庆	任丘	中原	胜利	孤岛	辽河	大港	江汉
收率/%	4.11	38.7	32.3	47.1	51.0	39.3	32.3	44.3
密度(20℃)/(g/cm³)	0.9221	0.9653	0.9424	0.9698	1.002	0.9717	0.9470	0.9492
黏度(100℃)/(mm²/s)	106	959	257	862	1124	550	144	168
凝点/℃	—	—	—	>50	—	4	39	47
闪点(开口)/℃	335	—	—	—	—	—	—	—
分子量	895	932	896	941	1020	992	873	—
氢碳原子比	1.77	1.65	1.64	1.63	1.58	1.58	1.64	1.69
元素分析/%								
碳	86.77	85.90	85.62	85.50	84.83	87.54	86.26	84.70
氢	12.81	11.80	11.78	11.60	11.16	11.55	11.76	11.90
硫	0.16	0.47	1.13	1.35	2.93	0.31	0.29	2.35
氮	0.38	0.59	0.53	0.85	0.77	0.60	0.57	0.96
金属含量/(μg/g)								
镍	10.0	42.0	12.6	46.0	42.2	83.0	25.8	0.0
钒	0.15	1.20	5.70	2.20	4.40	1.50	0.53	1.00
四组分/%								
饱和烃	36.7	22.6	34.5	21.4	12.7	29.2	32.7	—
芳香烃	33.4	24.3	38.9	31.3	30.7	36.4	29.7	—
胶质	2.9	53.1	26.6	47.1	52.5	34.4	37.6	—
沥青质	0.0	0.0	0.0	0.2	4.1	0.0	0.0	—
残炭/%	8.8	17.5	13.3	13.9	16.2	14.0	9.2	—
灰分/%	0.010	0.034	—	0.100	—	—	—	0.025

（2）加氢裂化产品　加氢裂化过程中采用的原料、催化剂、工艺换热操作条件及生产的目的产品差别较大，但总结果是轻质油收率高，产品质量高。表 4-12 列出不同原料对应的生产方案。

表 4-12　加氢裂化装置对原料的各项性质的指标

原料	主要产品	原料	主要产品
常压重油及减压渣油	催化裂化及焦化原料	脱沥青油	灯用煤油、取暖用油
减压馏分油	汽油、重石脑油	焦化馏分油	催化裂化、乙烯原料
直馏柴油、煤油	轻石脑油	催化裂化轻循环油	喷气燃料
石脑油	液化气	催化裂化重循环油	轻柴油、导热油

表 4-13 列出了石油炼制过程二次加工工艺中，加氢裂化与催化裂化、延迟焦化的典型产品分布和产品性质的比较。

表 4-13　加氢裂化、催化裂化及延迟焦化的典型产品分布和产品性质

产品分布及性能	加氢裂化	催化裂化	延迟焦化
原料	胜利 VGO	胜利 VGO	胜利 VR
产品收率/%			
干气＋H_2S＋NH_3	3.5	4.8	9.9①
液化气	4.5	9.2	
石脑油	10.0(<132℃)		
汽油(<200℃)		45.8	12.7
喷气燃料	33.4(132~282℃)		
轻柴油(200~350℃)	13.3(282~350℃)	34.8	28.6
蜡油(>350℃)			25.6
尾油	37.3(>350℃)		
焦炭		5.4	23.2
合计	102	100.0	100.0
汽油			
RON	<75	88~90	60~70
溴价/(gBr/100g)	<1.0	80~85	60~70
S/N 含量/(μg/g)	<1.0	1000/45	4000/200
轻石脑油			
RON	80~85		
异构烷/%	>60		
重石脑油			
芳烃/%	50~60		
S/N 含量/(μg/g)	<1.0		
喷气燃料			
烟点/mm	26~32		
芳烃/%	<5~10		
冰点/℃	<-50		
柴油			
十六烷值	>60	39	53
溴价/(gBr/100g)	<1.0	—	35
胶质/(mg/100mL)	<10	60	130
S/N 含量/(μg/g)	<3~5	4000/95	7000/1700
尾油			
芳烃指数(BMCI)	5~10		
VI	90~110(脱蜡后)		

① 干气＋液化气＋H_2S。

由表 4-13 可知：加氢裂化的液体产率高，C_5 以上液体产率可达 94％～95％以上，体积产率则超过 100％；而催化裂化液体产率只有 75％～80％，延迟焦化只有 65％～70％；加氢裂化的气体产率很低，通常 C_1～C_4 只有 4％～6％，C_1～C_2 更少，仅为 1％～2％；而催化裂化 C_1～C_4 通常达 15％以上，C_1～C_2 达 3％～5％；延迟焦化的产气量较催化裂化略低一些，C_1～C_4 约为 6％～10％。

加氢裂化产品的饱和度高，烯烃极少，非烃含量也很低，故产品的安定性好。柴油的十六烷值高，胶质低；原料中多环芳烃在进行加氢裂化反应时经选择断环后，主要集中在石脑油馏分和中间馏分中，使石脑油馏分的芳烃潜含量较高，中间馏分中的环烷烃也保持较好的燃烧性能和较高的热值。而尾油则因环状烃的减少，芳烃指数 BMCI 值降低，适合作为裂解制乙烯的原料。

加氢裂化过程异构能力很强，无论加工何种原料，产品中的异构烃都较多，从而保持产品有优异的性能。例如气体中 C_4 的异构烃与正构烃的比例通常在 2～3 以上，轻石脑油具有较好的抗爆性，喷气燃料冰点低，柴油有较低的凝点，尾油中由于异构烷烃含量较高，特别适合生产高黏度指数和低挥发性的润滑油。

通过催化剂和工艺的改变可大幅度调整加氢裂化产品的产率分布，汽油或石脑油馏分可在 20％～65％，喷气燃料可在 20％～60％，柴油可在 30％～80％范围进行调控，而催化裂化与延迟焦化产品产率可调变的范围很小，一般＜10％。

典型加氢裂化产品如下：

① 气体产品。C_1、C_2 裂解气，产量极少，主要用作燃料；C_3、C_4 液化气，饱和度高，其中 C_4 异构程度大于正构；H_2S 脱硫产物；NH_3 脱氮产物。

② 轻质产品。轻石脑油，一般指 C_5～65℃或 C_5～82℃馏分，产率在 1％～24％，主要用作高辛烷值的调和组分及裂解制乙烯的原料；重石脑油，一般指 65～177℃或 82～132℃馏分，硫含量低，芳烃潜含量高，是优质催化重整原料。

③ 中间馏分油。喷气燃料，加氢裂化中 132～232℃或 177～280℃的馏分，可作为优质喷气燃料或组分；柴油，加氢裂化中 232～350℃、260～350℃或 282～350℃的馏分，硫、氮及芳烃含量低，十六烷值高，是清洁柴油的理想组分。

④ 尾油。加氢裂化在采用单程一次通过或部分循环时会产生一些相对较重的馏分，由于其硫、氮及芳烃含量低，富含链烷烃，可以作为优质裂解制乙烯的原料。

二、催化加氢工艺原理

催化加氢反应主要涉及两个类型的反应，一是除去氧、硫、氮及金属等少量杂质的加氢处理反应，二是涉及烃类加氢反应。这两类反应在加氢处理和加氢裂化过程中都存在，只是侧重点不同。

（一）加氢处理反应

1. 加氢脱硫反应（HDS）

原油中的硫含量因产地而异，可低至 0.1％，高达 2％～5％。石油馏分中的硫化物主要有硫醇、硫醚、二硫化合物及杂环硫化物。不同原油及同一原油不同馏分的硫含量、结构及分布有差异。石油直馏馏分中，硫的浓度一般随馏分沸点的升高而增加。但硫醇含量较高的石油中，硫醇主要分布在低沸点馏分中。硫在加氢条件下发生氢解反应，生成烃和

H_2S，主要反应如下：

$$RSH + H_2 \longrightarrow RH + H_2S$$
$$R-S-R + 2H_2 \longrightarrow 2RH + H_2S$$
$$(RS)_2 + 3H_2 \longrightarrow 2RH + 2H_2S$$

[噻吩]-R + $4H_2 \longrightarrow R-C_4H_9 + H_2S$

[二苯并噻吩] + $2H_2 \longrightarrow$ [联苯] + H_2S

对于大多数含硫化合物，在相当大的温度和压力范围内，其脱硫反应的平衡常数都比较大，并且各类硫化物的氢解反应都是放热反应。

石油馏分中硫化物的 C—S 键的键能比 C—C 键和 C—N 键的键能小。因此，在加氢过程中，硫化物的 C—S 键先断裂生成相应的烃和 H_2S。表 4-14 列出了各种化学键的键能。

表 4-14 各种化学键的键能

键	C—H	C—C	C=C	C—N	C=N	C—S	N—H	S—H
键能/(kJ/mol)	413	348	614	305	615	272	391	367

各种有机含硫化合物在加氢脱硫反应中的反应活性与分子大小和分子结构有关，当分子大小相同时，一般按如下顺序递减：

硫醇＞二硫化物＞硫醚＞噻吩类

而同类硫化物中，分子量较大，分子结构较复杂的，反应活性一般较低。噻吩及其衍生物的加氢脱硫反应的反应活性则按以下顺序递减：

噻吩＞苯并噻吩＞二苯并噻吩

烷基侧链的存在影响噻吩类的脱硫活性。烷基的位置对脱硫活性影响较大。一般说，与硫原子相邻位置的取代基由于空间位阻而抑制加氢脱硫反应的活性，而远离硫原子的取代基反而有助于加氢脱硫反应。

2. 加氢脱氮反应（HDN）

石油馏分中的氮化物主要是杂环氮化物和少量的脂肪胺或芳香胺。通常原油的 °API 越小其氮含量越高，类似地原油的残炭值越高其氮含量也越高。与硫在石油馏分中的分布类似，馏分越重氮含量占原油中氮的比例越高。在加氢条件下，反应生成烃和 NH_3。主要反应如下：

$$R-CH_2-NH_2 + H_2 \longrightarrow R-CH_3 + NH_3$$

[吡啶] + $5H_2 \longrightarrow C_5H_{12} + NH_3$

[喹啉] + $7H_2 \longrightarrow$ [环己基]-C_3H_7 + NH_3

[吡咯] + $4H_2 \longrightarrow C_4H_{10} + NH_3$

加氢脱氮反应包括两种不同类型的反应，即 C=N 键的加氢和 C—N 键断裂反应。这两种化学键的键能比 C—S 键的大，因此加氢脱氮反应较脱硫反应困难。加氢脱氮反应中存在受热力学平衡影响的情况。馏分越重，加氢脱氮越困难。主要因为馏分越重，氮含量越高；另外重馏分氮化物结构也越复杂，空间位阻效应增强，且氮化物中芳香杂环氮化物最多。

单环含氮杂环化合物加氢活性顺序为：

$$吡啶 > 吡咯 \approx 苯胺$$

多环含氮杂环化合物加氢活性顺序为：

$$三环 > 双环 > 单环$$

单环饱和杂环氮化物 C—N 键氢解活性顺序为：

$$五元环 > 六元环 > 七元环$$

3. 加氢脱氧反应（HDO）

石油馏分中的含氧化合物主要是环烷酸及少量的酚、脂肪酸、醛、醚及酮。天然原油中的氧含量一般不超过 2%，平均值在 0.5% 左右，但是从煤、油页岩和油砂得到的合成原油中氧含量一般较高。在同一种原油中各馏分的氧含量随馏程的增加而增加，在渣油中氧含量有可能超过 8%。含氧化合物在加氢条件下通过氢解生成烃和 H_2O。

主要反应有：

$$C_6H_5OH + H_2 \longrightarrow C_6H_6 + H_2O$$

$$C_6H_{11}COOH + 3H_2 \longrightarrow C_6H_{11}CH_3 + 2H_2O$$

含氧化合物加氢脱氧的反应活性顺序为：

$$呋喃环类 > 酚类 > 酮类 > 醛类 > 烷基醚类$$

含氧化合物在加氢反应条件下分解很快，对杂环氧化物，当有较多的取代基时，反应活性较低。

4. 加氢脱金属（HDM）

石油馏分中的金属元素主要有镍、钒、铁、钙等，主要存在于重质馏分中，尤其是渣油中。这些金属对石油炼制过程，尤其对各种催化剂参与的反应影响较大，必须除去。渣油中的金属可分为卟啉化合物（如镍和钒的配合物）和非卟啉化合物（如环烷酸铁、钙、镍）。以非卟啉化合物存在的金属反应活性高，很容易在 H_2/H_2S 存在下，转化为金属硫化物沉积在催化剂表面上。而以卟啉型存在的金属化合物先可逆地生成中间产物，然后中间产物进一步氢解，生成的硫化态镍以固体形式沉积在催化剂上。加氢脱金属反应如下：

$$R—M—R' \xrightarrow{H_2, H_2S} MS + RH + R'H$$

由上可知，加氢处理脱除氧、氮、硫及金属杂质进行不同类型的反应，这些反应一般在同一催化剂床层进行，此时要考虑各反应之间的相互影响。如含氮化合物的吸附会使催化剂表面中毒，氮化物的存在会导致活化氢从催化剂表面活性中心脱除，而使加氢脱氧反应速率下降。也可以在不同的反应器中采用不同的催化剂分别进行反应，以减小反应之间的相互影响，优化反应过程。

（二）烃类加氢反应

烃类加氢反应主要涉及两类反应，一是有氢气直接参与的化学反应，如加氢裂化和不饱和键的加氢饱和反应,此过程表现为耗氢;二是在临氢条件下的化学反应,如异构化反应,此过程表现为虽然有氢气存在,但过程不消耗氢气。实际过程中的临氢降凝是其应用之一。

1. 烷烃加氢反应

烷烃在加氢条件下进行的反应主要有加氢裂化和异构化反应。其中加氢裂化反应包括C—C 键的断裂反应和生成的不饱和分子碎片的加氢饱和反应。异构化反应则包括原料中烷烃分子的异构化和加氢裂化反应生成的烷烃的异构化反应。而加氢和异构化属于两类不同的反应,需要两种不同的催化剂活性中心提供加速各自反应进行的功能。即要求催化剂具备双活性,并且两种活性要有效地配合。烷烃的反应描述如下:

$$R_1—R_2 + H_2 \longrightarrow R_1H + R_2H$$
$$n\text{-}C_nH_{2n+2} \longrightarrow i\text{-}C_nH_{2n+2}$$

烷烃在催化加氢条件下进行的反应遵循正碳离子反应机理,生成的正碳离子在 β 位上发生断键,因此,气体产品中富含 C_3 和 C_4。由于既有裂化又有异构化,加氢过程可起到降凝作用。

2. 环烷烃加氢反应

环烷烃在加氢裂化催化剂上的反应主要是脱烷基、异构和开环反应。环烷正碳离子与烷烃正碳离子最大的不同在于前者裂化困难,只有在苛刻的条件下,环烷烃正碳离子才发生 β 位断裂。带长侧链的单环环烷烃主要是发生断链反应。六元环烷烃相对比较稳定,一般是先通过异构化反应转化为五元环烷烃后再断环成为相应的烷烃。双六元环烷烃在加氢裂化条件下往往是其中的一个六元环先异构化为五元环后再断环,然后才是第二个六元环的异构化和断环。这两个环中,第一个环的断环是比较容易的,而第二个环则较难断开。此反应途径描述如下:

环烷烃异构化反应包括环的异构化和侧链烷基异构化。环烷烃加氢反应产物中异构烷烃与正构烷烃之比和五元环烷烃与六元环烷烃之比都比较大。

3. 芳香烃加氢反应

苯在加氢条件下反应首先生成六元环烷烃,然后发生前述相同的反应。

烷基苯加氢裂化反应主要有脱烷基、烷基转移、异构化、环化等反应,使得产品具有多样性。$C_1 \sim C_4$ 侧链烷基苯的加氢裂化,主要以脱烷基反应为主,异构和烷基转移为次,分别生成苯、侧链为异构程度不同的烷基苯、二烷基苯。烷基苯侧链的裂化既可以是脱烷基生成苯和烷烃,也可以是侧链中的 C—C 键断裂生成烷烃和较小的烷基苯。对正烷基苯,后者比前者容易发生,对脱烷基反应,则 α 碳上的支链越多,越容易进行,以正丁苯为例,脱烷基速率有以下顺序:

叔丁苯＞仲丁苯＞异丁苯＞正丁苯

短烷基侧链比较稳定,甲基、乙基难以从苯环上脱除,C_4 或 C_4 以上侧链从环上脱除很快。对于侧链较长的烷基苯,除脱烷基、断侧链等反应外,还可能发生侧链环化反应生成双环化合物。苯环上烷基侧链的存在会使芳烃加氢变得困难,烷基侧链的数目对加氢的影响比侧链长度的影响大。

芳烃的加氢饱和及裂化反应，无论是对降低产品的芳烃含量（生产清洁燃料），还是对降低催化裂化和加氢裂化原料的生焦量都有重要意义。在加氢裂化条件下，多环芳烃的反应非常复杂，它只有在芳香环加氢饱和反应之后才能开环，并进一步发生随后的裂化反应。稠环芳烃每个环的加氢和脱氢都处于平衡状态，其加氢过程是逐环进行，并且加氢难度逐环增加。

4. 烯烃加氢反应

烯烃在加氢条件下主要发生加氢饱和及异构化反应。烯烃饱和是将烯烃通过加氢转化为相应的烷烃；烯烃异构化包括双键位置的变动和烯烃链的空间形态发生变动。这两类反应都有利于提高产品的质量。其反应描述如下：

$$R-CH=CH_2 + H_2 \longrightarrow R-CH_2-CH_3$$

$$R-CH=CH-CH=CH_2 + 2H_2 \longrightarrow R-CH_2-CH_2-CH_2-CH_3$$

$$n\text{-}C_nH_{2n} \longrightarrow i\text{-}C_nH_{2n}$$

$$i\text{-}CH_{2n} + H_2 \longrightarrow i\text{-}C_nH_{2n+2}$$

焦化汽油、焦化柴油和催化裂化柴油在加氢精制的操作条件下，其中的烯烃加氢反应是完全的。因此，在油品加氢精制过程中，烯烃加氢反应不是关键的反应。

值得注意的是，烯烃加氢饱和反应是放热效应，且热效应较大。因此对不饱和烃含量高的油品加氢时，要注意控制反应温度，避免反应床层超温。

5. 烃类加氢反应的热力学和动力学特点

（1）**热力学特征** 烃类裂解和烯烃加氢饱和等反应的化学平衡常数较大，不受热力学平衡常数的限制。芳烃加氢的反应，随着反应温度升高和芳烃环数增加，芳烃加氢平衡常数下降。在加氢裂化过程中，形成的正碳离子异构化的平衡转化率随碳数的增加而增加，因此，产物中异构烷烃与正构烷烃的比值较高。

加氢裂化反应中加氢反应是强放热反应，而裂解反应则是吸热反应。但裂解反应的吸热效应远低于加氢反应的放热效应，总的结果表现为放热效应。单体烃加氢反应的反应热与分子结构有关，芳烃加氢的反应热低于烯烃和二烯烃的反应热，而含硫化合物的氢解反应热与芳烃加氢反应热大致相等。整个过程的反应热与断开的一个键（并进行碎片加氢和异构化）的反应热和断键的数目成正比。表4-15列出了加氢裂化过程中一些反应的平均反应热。

表4-15 加氢裂化过程中一些反应的平均反应热

反应类型	烯烃加氢饱和	芳烃加氢饱和	环烷烃加氢开环	烷烃加氢裂化	加氢脱硫	加氢脱氮
热/(J/kmol)	-1.047×10^8	-3.256×10^7	-9.307×10^6	-1.477×10^6	-6.978×10^7	-9.304×10^7

（2）**动力学特征** 烃类加氢裂化是一个复杂的反应体系，在进行加氢裂化的同时，还进行加氢脱硫、脱氮、脱氧及脱金属等反应，它们之间相互影响，使得动力学问题变得相当复杂，下面以催化裂化循环油在10.3MPa下的加氢裂化反应为例（图4-1），简单地说明一下各种烃类反应之间的相对反应速率。

多环芳烃加氢很快能生成多环环烷芳烃，其中的环烷环较易开环，继而发生异构化、断侧链（或脱烷基）等反应。分子中含有两个芳环以上的多环芳烃，其加氢饱和及开环断侧链的反应都较容易进行（相对速率常数为1~2）；含单芳环的多环化合物，苯环加氢较

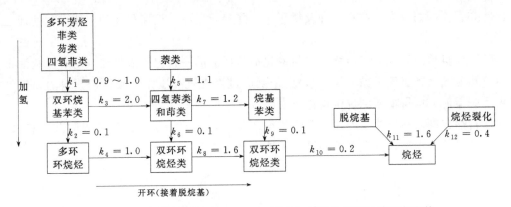

图 4-1 催化裂化循环油在 10.3MPa 下的加氢裂化相对反应速率常数

慢（相对速率只有 0.1），但其饱和环的开环和断侧链的反应仍然较快（相对速率大于 1）；但单环环烷较难开环（相对速率为 0.2）。因此，多环芳烃加氢裂化，其最终产物可能主要是苯类和较小分子烷烃的混合物。

任务二　催化加氢工艺流程组织

一、催化加氢工艺组成

催化加氢是一个集催化反应技术、炼油技术、高压技术于一体的工艺装置，其工艺流程受催化剂性能、原料油性质、产品品种、产品质量、装置规模、建设地点、设备供应条件以及对装置灵活性的要求等众多因素影响。

加氢裂化的工艺流程，一般划分为反应系统和分馏系统。其中反应部分可以包括两个反应段，也可以只有一个反应段，因此，要根据需要及实际情况选择。有些装置还包括酸性水处理部分，气体及液化气脱硫部分。

1. 反应系统

反应系统一般由一个或两个独立的或共用一些设备（高压分离器、循环氢压缩机）的反应段组成。典型的较复杂的反应系统工艺流程见图 4-2。

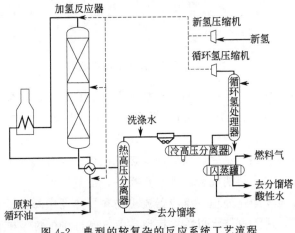

图 4-2　典型的较复杂的反应系统工艺流程

反应系统可划分为：原料处理及增压、升降温及反应、气液分离和气体净化处理三个部分。

(1) 原料预处理及氢气压缩　参与催化加氢反应的原料包括原料油（新鲜原料油＋循环油）及氢气（新氢气＋循环氢气），由于反应过程在较高压力下操作，原料油和氢气在进入反应器前，均需增压到规定操作压力。

原料油在进入高压油泵前，先后经过增压泵、过滤器、脱水器除去固体杂质和水后，先进入原料油缓冲罐，再到高压油泵。其流程见图4-3。

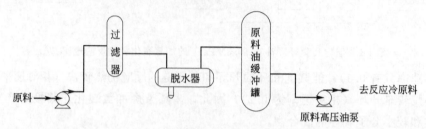

图4-3　加氢原料处理及增压流程

在反应过程中消耗的氢气，包括化学反应消耗的和溶解在油中的以及泄漏损失的氢气，采用压缩机不断补充新鲜氢气加以解决。

反应过程中未反应的氢气，从反应器出来，经过降温并与油分离后，用循环氢气压缩机升压，大部分在换热器、加热炉中升温后，再循环到反应器中去，以保证加氢裂化反应在高氢压力或过量氢气存在下顺利进行。

足够高的氢分压可抑制催化剂失活，获取满意的产品质量和保证长周期的运转。氢分压的高低由反应器操作压力、进入反应器总反应气体的量、化学耗氢量和原料油分子量等因素决定。

氢气进入多段往复式压缩机前，一般先进入分离罐除去气中液滴。以三段往复式压缩机为例，每段压缩后的氢气，均须冷却降温。对于尚需进一步压缩的气体，应在本压缩段出口冷却降温后，进入下一段压缩前，进行气液分离。其流程见图4-4。

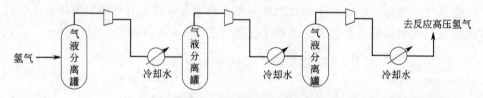

图4-4　氢气多段压缩增压流程

(2) 原料升降温及反应　升压后的原料油和氢气，在进入反应器前需要升温，升温一般在多台换热器和1~2台加热炉中进行。升温时，可以是氢气和原料油分别与反应器高温流出物换热，只有换热后的原料油进加热炉加热；也可氢气、油混合在一起后，先与反应器流出物在换热器中换热，然后进加热炉加热；也可以让氢气与反应流出物在换热器中换热，适当升温后，再与原料油混合，进一步换热，加热升温。

(3) 产物气液分离及净化处理　反应器流出物在换热器中降温后，在最后一个换热器或（和）冷却器之前，注入凝结水以除去存留在氢气和油中的氨及硫化氢。注入凝结水后的流出物经空气冷却器或（和）水冷却器后，进入高压分离器，分离出富氢气体、油和水。

在处理含硫、氮含量较低的馏分油时，一般在高压分离器前注水，即可将循环氢气中的硫化氢和氨除去。处理高含硫原料，循环氢气中硫化氢含量达到1%以上时，常用硫化氢回收系统，一般用乙醇胺吸收除去硫化氢，富液再生循环使用，流程见图4-5。解吸出来的硫化氢则送去制硫装置。

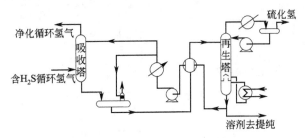

图 4-5　循环氢气脱 H_2S 工艺流程

从高压分离器顶部出来的富氢气体——循环氢气，可直接与新氢气混合，在循环氢气压缩机中升压后去反应器。必要时也可先经胺液洗涤塔除去气体中的 H_2S 后，再与新氢混合去循环氢压缩机升压，再去反应器。

离心式循环氢气压缩机多采用汽轮机驱动，也可采用同步电动机驱动。

反应液体产物和酸性水可均由高压分离器底部分别流出，液体产物可用液力涡轮泵回收能量后去低压分离器，也可直接减压后去低压分离器。在低压分离器中，溶在液体产物中的气体及轻烃释出，释出气体后的液体产物送去分馏部分。

酸性水可在低压分离器底部排出，也可在高压分离器底部排出。高压分离器底部排出的酸性水，送去酸性水处理装置。

典型的独立反应系统，一般包括以下几种设备：

① 反应设备包括一个或多个反应器，反应器是反应部分的核心设备，具有精制原料油或转化原料油为目的产品的功能；

② 升温、降温设备一般包括若干个换热器，一个或两个加热炉、空气冷却器、水冷却器等；

③ 气液分离设备有热高压分离器、冷高压分离器、低压分离器；

④ 转动设备包括新氢压缩机、循环氢压缩机、高压原料油泵、循环油泵、胺液泵、注水泵、注硫泵、注氨泵、高压生成油能量回收液力涡轮泵及高压富胺液能量回收液力涡轮泵；

⑤ 洗涤设备：循环氢气脱 H_2S 胺液洗涤塔及其附属配套设备。

2. 分馏系统

低压分离器可放在反应部分，也可放在分馏系统。

进入低压分离器的油品，由于压力降低，溶于油中的气体及一些轻质烃挥发出来。这些气体及轻烃直接送去或脱除 H_2S 后送去轻烃回收车间或燃料气管网。

低压分离器底部脱水后的液体，先后换热、加热升温后，进入一系列由汽提塔或稳定塔（脱丁烷塔）、常压分馏塔组成的塔组，以分出需要的各种目的产品。

生产石脑油、煤油或石脑油、煤油和柴油的分馏部分典型工艺流程见图 4-6 和图 4-7。

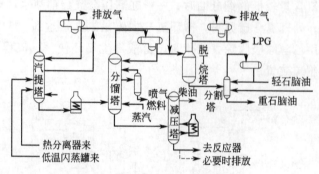

图 4-6　分馏部分典型工艺流程（一）

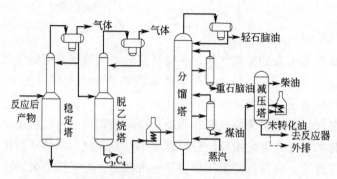

图 4-7　分馏部分典型工艺流程（二）

对图 4-6 所示工艺流程，汽提塔塔顶为反应生成气体：H_2S、NH_3、C_4 及以下的轻烃、轻石脑油。塔底油品在加热炉升温后去分馏塔。分馏塔塔顶为重石脑油，侧线为煤油。重石脑油和汽提塔蒸出液体一起去脱丁烷塔，脱丁烷塔主要分离出液化气，塔底油去分割塔，分别从塔顶、塔底得到轻、重石脑油。

当需要柴油产品时，分馏塔底油去减压分馏塔进一步分馏。减压塔侧线出柴油，塔底油在催化裂化、蒸汽裂解或润滑油需要供应原料油时，可全部或部分排出装置。塔底油部分排出装置时，剩余部分可循环到反应器进一步转化，也可全部循环回反应器完全转化。

对图 4-7 所示工艺流程，经反应后的原料油先进稳定塔，然后稳定塔顶液体再去脱乙烷塔，蒸出乙烷后的 C_3、C_4 由脱乙烷塔底排出。稳定塔底油经加热后去分馏塔，分别在分馏塔顶分离出轻石脑油，侧线出重石脑油和煤油。当需要柴油产品时，分馏塔底油再去减压分馏塔，在减压塔蒸出柴油后，塔底油可根据需要或循环，或排出装置供下游装置作原料。

分馏系统也可划分为常压分馏塔、减压分馏塔的工艺流程。常压分馏塔仅生产石脑油时可出一个侧线；既生产石脑油，又生产煤油时，可出两个侧线，见图 4-8。为了降低常压分馏塔塔底温度，当生产柴油时，一般再设减压分馏塔，见图 4-9。

分馏系统的核心设备是塔，根据产品品种要求，可以有汽提塔或稳定塔、常压分馏塔和减压分馏塔。其他主要设备有加热炉、换热器、冷凝冷却器、冷油泵、热油泵。

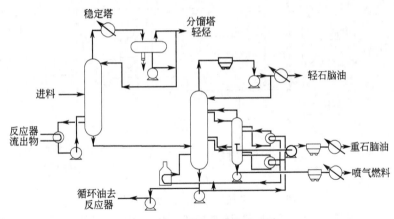

图 4-8 典型常压分馏工艺流程

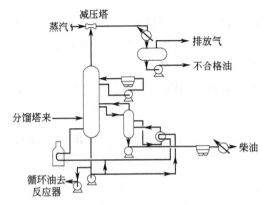

图 4-9 典型减压分馏工艺流程

二、加氢处理工艺流程

加氢处理根据处理的原料可划分为两个主要工艺。一是馏分油产品的加氢处理，包括传统的石油产品加氢精制和原料的预处理；二是渣油的加氢处理。

（一）馏分油加氢处理

馏分油加氢处理，主要有二次加工汽油、柴油的精制和含硫、芳烃高的直馏煤油馏分精制。另外还有润滑油加氢补充精制和重整原料预加氢处理。

在工艺流程上，除个别原料油，如我国孤岛原油直馏煤油馏分需要采用两段加氢外，一般馏分油加氢处理工艺流程如图 4-10 所示。

原料油和新氢气、循环氢气混合后，与反应产物换热，再经加热炉加热到一定温度进入反应器，完成硫、氮等非烃化合物的氢解和烯烃加氢反应。反应产物从反应器底部导出经换热冷却进入高压分离器分出不凝气和氢气循环使用，油则进入低压分离器进一步分离轻烃组分，产品则去分馏系统分馏成合格产品。由于加氢精制过程为放热反应，放热量一般在 290~420kJ/kg，循环氢气本身即可带走反应热。对于芳烃含量较高的原料，而又需深度芳烃饱和加氢时，由于反应热大，单靠循环氢气不足以带走反应热，因此需在反应器床层间加入冷氢，以控制床层温度。

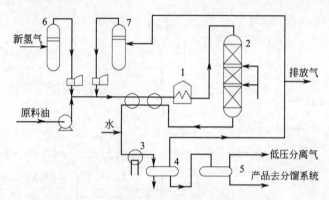

图 4-10 一般馏分油加氢处理工艺流程

1—加热炉；2—反应器；3—冷却器；4—高压分离器；5—低压分离器；6—新氢气储罐；7—循环氢气储罐

1. 石脑油加氢

（1）直馏石脑油加氢　直馏石脑油辛烷值一般小于 50，很少作为车用汽油的调和组分，主要用作下游装置原料，作为催化重整及制氢装置的原料时必须通过预加氢处理以除去杂质。

（2）催化裂化石脑油加氢　催化裂化石脑油的主要的特点是烯烃及硫含量高，不能满足清洁汽油调和组分及催化重整、裂解制乙烯原料的要求。典型高硫原油催化裂化石脑油性质和组成见表 4-16。

表 4-16　典型高硫原油催化裂化石脑油性质和组成

项目	数据	项目	数据
密度(20℃)/(g/cm^3)	0.7246	初馏点/5%	32/40
二烯值/(gI/100g)	<0.1	10%/30%	48/69
实际胶质/(mg/100mL)	10	50%/70%	95/126
S/(μg/g)	1471	90%/95%	160/171
N/(μg/g)	55.2	终馏点	188/215
Br 值/(g/100mL)	69.4	P/O/N/A[①]组分质量分数/%	33.98/30.02/11.04/24.72
馏程/℃		RON/MON	91/79

① P/O/N/A 指烷烃、烯烃、环烷烃、芳香烃。

催化裂化石脑油中硫、烯烃、芳烃的分布特点是：烯烃主要集中在轻馏分中，芳烃主要集中在重馏分中，硫主要集中在重馏分中，并以噻吩类硫化物为主，硫醇性硫主要集中在轻馏分中。

催化裂化石脑油是车用汽油的主要调和组分，尤其是我国车用汽油。因此，催化裂化石脑油中硫、烯烃及芳烃含量对清洁汽油影响重大。加氢脱硫是降低汽油硫含量的主要方法，但常规的加氢脱硫又会导致汽油辛烷值降低。为此，开发了各种既降低产物中硫含量，又减少辛烷值的损失或恢复汽油辛烷值的工艺。主要工艺如下。

① 选择性加氢脱硫工艺。石油化工科学研究院 RSDS 技术的特点是根据产品目标和原料性质，将催化裂化汽油馏分切制为轻馏分（LCN）和重馏分（HCN），LCN 采用碱抽提法脱除硫醇，HCN 则进行选择性加氢脱硫。抚顺石油化工研究院 OCT-M 技术采用同样的原理，只是选择不同的催化剂和工艺条件。其流程见图 4-11。

抚顺石油化工研究院 OCT-M 技术，其技术要点是采用专有的催化剂（反应器上下两

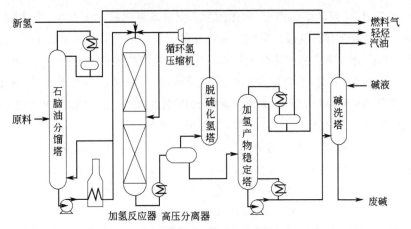

图 4-11 OCT-M 催化裂化石脑油选择性加氢脱硫流程

段分别装填 FGH-20 和 FGH-11 催化剂),在反应温度为 240~300℃、压力为 1.6~3.2MPa、空速为 3.0~5.0h^{-1}、氢油体积比为 300:1~500:1 的条件下,可以使 FCC 汽油的总脱硫率达到 85%~90%,烯烃饱和率为 15%~25%,RON 损失小于 2 个单位,抗爆指数损失小于 1.5 个单位,液体产品收率大于 98%,该技术于 2003 年在中国石化广州分公司每年 40 万吨的加氢装置上应用。

② 加氢脱硫-辛烷值恢复工艺。由 UOP 公司和委内瑞拉石油研究所技术支持中心联合开发的 ISAL 加氢脱硫-辛烷值恢复工艺,采用传统的低压加氢脱硫工艺和新型的分子筛催化剂,其工艺流程见图 4-12。

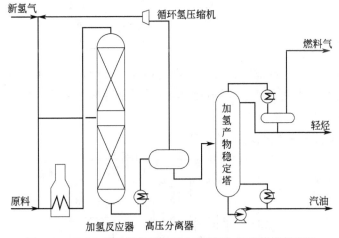

图 4-12 ISAL 催化裂化石脑油加氢脱硫-辛烷值恢复流程

ISAL 工艺流程与传统石脑油固定床加氢工艺大致相同,也分为原料部分、反应部分和产品分离与稳定三部分。

根据原料的性质,ISAL 反应部分可以是一台反应器或两台反应器。在第一反应器中装填加氢处理催化剂,第二反应器装填 ISAL 催化剂,如为一台反应器,这两种催化剂则分层装填。

在第一反应器或第一床层主要进行加氢脱硫和脱氮反应,根据反应苛刻度的不同,烯烃和多环芳烃的饱和程度不相同,辛烷值损失程度也不相同。从加氢处理催化剂床层出来的反应产物进入 ISAL 催化剂床层。ISAL 催化剂为非贵金属催化剂，在 ISAL 催化剂上进行加氢异构化反应，同时也伴有加氢裂化反应，使产品的平均分子量低于原料，90%点的温度也比反应进料低，以弥补加氢产物的辛烷值损失，同时，也相应损失部分液体产品收率。

ISAL 工艺的原料可以是全馏分催化裂化石脑油，也可以是催化裂化石脑油的重组分。通常将催化裂化石脑油分制成轻、重组分时效果较好，ISAL 工艺目标也可以多样化，可以按收率最大来操作，也可以按辛烷值最大来操作。

(3) 焦化石脑油加氢　焦化与热裂化石脑油中硫、氮及烯烃含量较高，安定性差，辛烷值低，需要通过加氢处理，才能作为汽油调和组分、重整原料或乙烯裂解原料。

大庆焦化汽油采用 $Co-Ni-Mo/Al_2O_3$ 催化剂加氢处理的结果见表 4-17。

表 4-17　大庆焦化汽油加氢处理结果

催化剂		$Co-Ni-Mo/Al_2O_3$	
反应条件			
总压力/MPa		3.0	3.9
反应温度/℃		320	320
液时空速/h^{-1}		1.5	2.0
氢油体积比		500	500
精制油收率(质量分数)/%		99.5	99.5
氢耗(质量分数)/%		0.4	0.45
原料油与产品性质	原料油	产品(1)	产品(2)
密度(20℃)/(g/cm³)	0.7379	0.7328	0.7316
馏分范围/℃	45～221	62～218	57～210
总氮/(μg/g)	170	1	1
碱氮/(μg/g)	137	0.4	0.1
硫/(μg/g)	467	52	33
溴值/(gBr/100g)	72	0.1	0.2

由表 4-17 可知，由于汽油馏分的硫、氮化物含量较低，所以在压力为 3MPa，空速为 $1.5h^{-1}$ 时，加氢脱硫率达 90%，脱氮率达 99%，烯烃饱和率达 98%，砷、铅等金属几乎可以完全脱除。且产品收率达 99.5%。

典型焦化汽油加氢精制工艺流程见图 4-13。

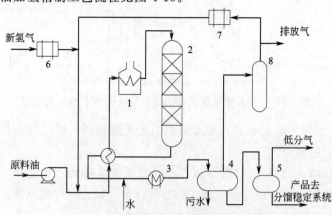

图 4-13　典型焦化汽油加氢精制工艺流程
1—加热炉；2—反应器；3—冷却器；4—高压分离器；5—低压分离器；
6—新氢压缩机；7—循环氢压缩机；8—沉降罐

2. 煤油馏分加氢

直馏煤油加氢处理，主要是对含硫、氮和芳烃高的煤油馏分进行加氢脱硫、脱氮及使部分芳烃饱和，以改善其燃烧性能，生产合格的喷气燃料或灯用煤油。

由石油化工科学研究院开发的喷气燃料临氢脱硫醇（RHSS）技术的典型工艺流程见图 4-14 和图 4-15，在实际应用中可以根据具体情况采用不同的工艺流程。

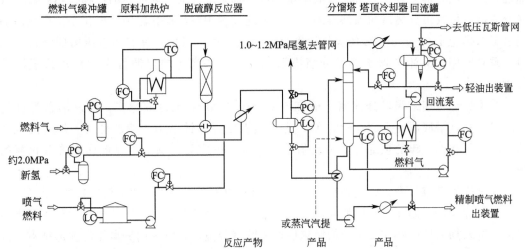

图 4-14　喷气燃料临氢脱硫醇工艺流程（一次通过）

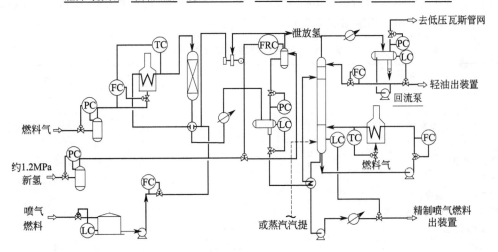

图 4-15　喷气燃料临氢脱硫醇工艺流程（冷高压分离器循环）

该工艺属浅度加氢处理，主要用于直馏喷气燃料馏分的脱硫醇、脱酸，少量的脱硫和改善产品的颜色，使得产品保持直馏馏分的主要性质特点。采用低温下活性高的脱硫醇催化剂，使得整个加氢过程可在比常规加氢处理工艺缓和得多的条件下进行。工业装置投资及操作费用低，原料的适应性强，可长周期运转。既能加工高硫中东直馏喷气燃料馏分，也能加工国内很多直馏喷气燃料馏分。在温度为240~300℃，压力为0.7~1.3MPa，空速为3~4h^{-1}，体积氢油比为30~50的工艺条件下，可将直馏喷气燃料馏分中高达622μg/g的硫醇降低至小于10μg/g，同时油品的酸值和颜色也得到改善。

对于一次通过的流程，氢气来自2.0~3.0MPa的氢气管网，经流量控制器后与原料油混合、换热，加热到反应所需要的温度，进入加氢反应器，反应后的产物换热后进入气液分离器，氢气由分离器的顶部排出，由于反应过程中气耗低，氢纯度变化小，反应后的尾氢可以排至1.0~1.2MPa的氢气管网继续使用，也可以排入具有相近压力压缩机的入口，重复使用。液体产物压送至分馏塔系统，分馏塔底部的热源可由重沸炉或重沸器提供。

为了保证分馏效果，分馏塔一般在0.05~0.15MPa压力下操作，控制塔顶温度为110~130℃，塔底温度为210~230℃。为了确保银片腐蚀合格，特别是对于加工高硫油的工厂，可在回流罐的顶部接入一新氢管线，补充一定量的新氢，降低回流罐硫化氢的浓度。

在氢气循环流程中，氢气来自1.0~1.2MPa的氢气管网或其他加氢装置的外排氢气，氢气经缓冲罐进入循环压缩机的入口，经压缩后与原料油混合、换热，加热到反应所需的温度，进入加氢反应器，反应产物换热后进入气液分离器，氢气由分离器的顶部排出，进入氢气缓冲罐经循环压缩机循环使用。由于反应过程中氢耗低，氢纯度变化小，当氢气纯度质量分率低于85%时，可以从高压分离器外排部分氢气。

表4-18是以Ni-W/Al$_2$O$_3$为催化剂对胜利煤油馏分进行加氢处理的结果。由表4-18可见，在使用表中催化剂和反应条件下，通过加氢处理，胜利煤油馏分中硫、氮几乎完全脱除，芳烃含量由16.6%降至12.05%，色度从>5号降到<1号，无烟火焰高度由22mm提高到26mm，精制油收率也在99%以上。

表4-18 胜利煤油馏分加氢处理结果

催化剂		Ni-W/Al$_2$O$_3$
主要反应条件		
总压力/MPa		4.0
床层平均反应温度/℃		325
液时空速/h^{-1}		1.65
氢油体积比		473~516
氢纯度/%		81~86
精制油收率(质量分数)/%		>99
氢耗(对原料)(质量分数)/%		~0.5
原料与产品性质	原料油	产品
密度(20℃)/(g/cm^3)	0.8082	0.8037
馏分范围/℃	174~242	177~246
硫含量/(μg/g)	1000	0.3
硫醇硫含量/(μg/g)	12.1	<1
氮/(μg/g)	15.4	<0.5
碱氮/(μg/g)	8.6	—
酸度^{①}/(mg/100mL)	4.21	—
溴值/(gBr/100g)	—	0.21

续表

催化剂	Ni-W/Al$_2$O$_3$	
芳烃的质量分数/%	16.6	12.05
燃烧性能	不合格	合格
无烟火焰高度/mm	22	26
色度(ASTM-1500)/号	>5	<1

① 酸度用 KOH 测定。

3. 柴油馏分加氢

柴油加氢精制主要是焦化柴油与催化裂化柴油的加氢精制。例如，通过对胜利等原油的催化裂化柴油含氮化物组成研究发现，喹啉、咔唑、吲哚类环状氮化物占总氮的65%以上，是油品储存不安定与变色的主要组分。因此，加氢脱氮是柴油加氢处理改质的首要目的。

(1) 直馏柴油加氢　典型直馏柴油加氢处理工艺流程见图4-16。

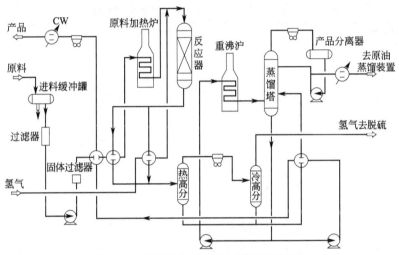

图 4-16　典型直馏柴油加氢处理工艺流程

原料通过过滤、加压、换热，加热后与氢气混合进入加氢反应器，反应产物通过热高压分离器与冷高压分离器，分离出氢气脱硫净化后循环使用，反应产物进入蒸馏塔分离出产品。

(2) 催化裂化柴油加氢　典型催化裂化柴油加氢处理工艺流程见图4-17。

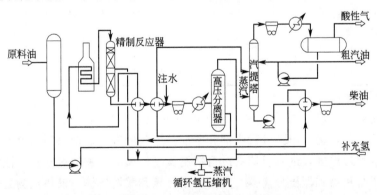

图 4-17　典型催化裂化柴油加氢处理工艺流程

原料进入装置原料缓冲罐，通过原料泵升压后与产品柴油换热，与氢气混合后再与反应产物进行换热，进入反应加热炉加热至反应温度，进入反应器进行精制反应；反应产物通过换热、注水、空冷及水冷进入高压分离器，分出循环氢与新氢混合进入氢气压缩机，反应产物通过汽提塔分离出气体、粗汽油及精制柴油。

表 4-19 是以 Ni-W/Al$_2$O$_3$ 为催化剂对胜利催化裂化柴油馏分进行加氢处理的结果。

由表 4-19 可见，胜利催化裂化柴油在使用 Ni-W/Al$_2$O$_3$ 催化剂，反应压力为 4.2MPa，床层温度为 286.5℃，空速为 2.0h^{-1} 时，通过加气处理，脱氮率为 21.7%，脱硫率为 78%。根据 100℃、16h 快速氧化安定性测定，沉渣和透光率有明显改进。在压力为 4.0MPa，床层温度为 330℃，空速降到 1.5h^{-1} 的条件下，脱硫率可以提到 94.3%，脱氮率达 76%，烯烃饱和率可达 93%。虽然氧化沉渣也有明显改善，然而实际胶质、色度、氧化安定性，均不如浅度精制。这可能是提高加氢深度虽然可以增加脱硫、脱氮率，但有部分萘系芳烃加氢生成四氢萘，反而使油品不安定。

表 4-19　胜利催化裂化柴油加氢处理结果

催化剂		Ni-W/Al$_2$O$_3$	
主要反应条件			
总压力/MPa		4.2	4.0
床层平均反应温度/℃		286.5	330
液时空速/h^{-1}		2.0	1.5
氢油体积比		690	690
氢纯度/%		70	71
精制油收率(质量分数)/%		99.4	99.4
氢耗(对原料)(质量分数)/%		0.68	—
原料与产品性质	原料油	产品	产品
密度(20℃)/(g/cm^3)	0.8931	0.8854	0.8789
馏分范围/℃	190～335	208～334	195～332
硫/(μg/g)	4700	1207	266
氮/(μg/g)	660	517	157
碱氮/(μg/g)	75.5	65.8	5.0
实际胶质/(mg/100mL)	97.6	22.8	34.6
酸度①/(mg/100mL)	14.62	0.78	—
溴值/(gBr/100g)	0.2	2.54	0.7
色度(ASTM-1500)/号	2.5	<0.5	<1.0
氧化沉渣/(mg/100mL)	1.07	0.13	0.31

① 酸度用 KOH 测定。

（3）焦化柴油加氢　焦化汽油、柴油加氢处理工艺流程图见图 4-18。本流程处理焦化汽油和柴油产品，也可单独处理汽油和柴油。原料经升压、换热后与氢气混合进入反应加热炉升温至反应温度，进入反应器进行精制反应；反应产物通过换热、注水、空冷、水冷后通过高压分离器和低压分离器，分离出循环氢和酸性气体，液体产物通过脱丁烷塔分离出液化气和少量酸性气体，脱丁烷塔塔底液体进入分馏塔分离出粗汽油和柴油。

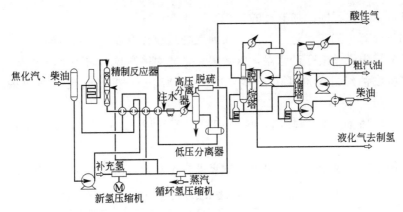

图 4-18 焦化汽油、柴油加氢处理工艺流程

(二) 渣油加氢处理

随着原油的重质化和劣质化及硫、氮、金属等杂质含量在渣油中又较为集中，渣油加氢处理主要能脱除渣油中硫、氮和金属杂质，降低残炭值、脱除沥青质等，为下游重油催化裂化 (RFCC) 或焦化提供优质原料；也可以进行渣油加氢裂化生产轻质燃料油。如孤岛减压渣油经加氢处理后，脱除沥青质达 70%，金属达 85% 以上，可直接作为催化裂化的原料。实际生产过程中往往是将两者结合，既进行改质，又进行裂化。

渣油加氢过程中，发生的主要反应有加氢脱硫、脱氮、脱氧、脱金属等反应，以及残炭转化和加氢裂化反应。这些反应进行的程度和相对的比例不同，渣油的转化程度也不同。根据渣油加氢转化深度的差别，习惯上将其分为渣油加氢处理 (RHT) 和渣油加氢裂化 (RHC)。典型渣油加氢处理反应系统工艺流程见图 4-19。

经过滤的原料在换热器内与由反应器来的热产物进行换热，然后与循环氢混合进入加热炉，加热到反应温度。由炉出来的原料进入串联的反应器。反应器内装有固定床催化剂。大多数情况是采用液流下行式通过催化剂床层。催化剂床层可以是一个或数个，床层间设有分配器，通过这些分配器将部分循环氢或液态原料送入床层，以降低因放热反应而引起的温升。控制冷却剂流量，使各床层催化剂处于等温下运转。催化剂床层的数目取决于产生的热量、反应速率和温升限制。

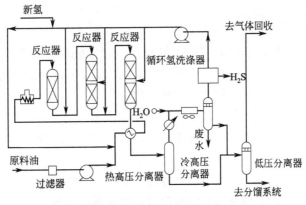

图 4-19 典型渣油加氢处理反应系统工艺流程

在串联反应器中可根据需要装入不同类型的催化剂，如脱金属催化剂、脱氮催化剂和

裂化催化剂，以实现不同的加氢目的。

渣油加氢处理工艺流程与一般馏分油加气处理流程有以下几点不同：

①原料油首先经过微孔过滤器，以除去夹带的固体微粒，防止反应器床层压降过快；

②加氢生成油经过热高压分离器与冷高压分离器，提高气液分离效果，防止重油带出；

③由于一般渣油含硫量较高，故循环氢需要脱除 H_2S，防止或减轻高压反应统系腐蚀。

某炼厂固定床加氢处理原料和产品性质见表 4-20，反应系统主要操作条件见表 4-21。

表 4-20　固定床渣油加氢反应系统原料和主要产品性质

项目	原料油	石脑油		柴油		加氢渣油	
		SOR	EOR	SOR	EOR	SOR	EOR
密度(20℃)/(g/cm³)	0.9875	0.7582	0.7541	0.8675	0.8656	0.9275	0.9349
S 含量/%	3.10	0.0015	0.0018	0.015	0.0245	0.52	0.61
N/(μg/g)	2800	15	17	305	320	1500	2000
残炭/%	12.88	—	—	—	—	6.48	8.00
凝固点/℃	18	—	—	−15	−15	—	—
Ni/(μg/g)	26.8	—	—	—	—	9.0	11.6
V/(μg/g)	83.8	—	—	—	—	8.7	11.4
Fe/(μg/g)	<10	—	—	—	—	1.1	1.2
Na/(μg/g)	<3	—	—	—	—	2.1	2.4
Ca/(μg/g)	<5	—	—	—	—	0.3	0.5
密度(20℃)/(g/cm³)	0.9875	0.7582	0.7541	0.8675	0.8656	0.9275	0.9349
S 含量/%	3.10	0.0015	0.0018	0.015	0.0245	0.52	0.61

表 4-21　固定床渣油加氢反应系统主要操作条件

项目	运转初期(SOR)	运转末期(EOR)	项目	运转初期(SOR)	运转末期(EOR)
反应温度/℃	385	404	反应器入口汽油体积比	650	650
反应平均氢分压/MPa	14.7	14.7	体积空速/h⁻¹	0.2	0.2

三、加氢裂化工艺流程

加氢裂化装置，根据反应压力的高低可分高压加氢裂化（大于 10MPa）和中压加氢裂化（小于 10MPa）；根据原料来源可分为馏分油加氢裂化和渣油加氢裂化；根据操作方式的不同，可分为一段加氢裂化和二段加氢裂化。

1. 一段加氢裂化

根据加氢裂化产物中的尾油是否循环回炼，采用三种操作方式：一段一次通过、一段串联全循环操作及部分循环操作。下面主要介绍前两种方式。

（1）一段一次通过流程　一段一次通过流程的加氢裂化装置主要是以直馏减压馏分油为原料生产喷气燃料、低凝柴油为主，裂化尾油作高黏度指数、低凝点的润滑油料。一段一次通过流程若采用一个反应器，前半段装加氢精制催化剂，主要对原料进行加氢处理，后半段装加氢裂化催化剂，主要进行加氢裂化反应；也可以设两个反应器，前一个反应器进行加氢处理,后一个反应器进行加氢裂化。高压一段一次通过生产燃料和润滑油料加氢裂化流程见图 4-20。

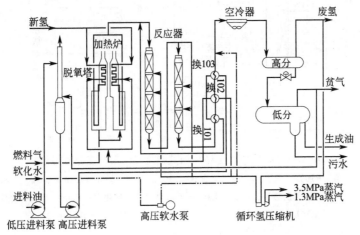

图 4-20　高压一段一次通过生产燃料和润滑油料加氢裂化流程

该流程采用两个反应器串联,氢气、原料与生成油分别换热,氢气通过加热炉升温后与原料油混合。以大庆 300～545℃减压馏分油为原料,该流程有两种方案,即－35 号柴油和 3 号喷气燃料方案。

主要操作条件为处理反应器入口压力:17.6MPa;反应温度:390～405℃;氢油比:1800:1;空速:1.0～2.8h^{-1};循环氢纯度:91%。产品及收率见表 4-22。

表 4-22　产品及收率

产品方案	喷气燃料	柴油	产品方案	喷气燃料	柴油
石脑油	27.22%	27.33%	尾油	23.81%	16.19%
燃料溶剂油	—	3.25%	液化石油气	1.80%	1.71%
－35 号柴油	3 号喷气燃料 22.13%	20.14%	燃料气	2.70%	2.66%
0 号柴油	N7[①]组分油 11.62%	13.41%	损失	1.21%	1.06%
冷榨脱蜡料	12.32%	17.06%			

① N7 为高速机油调和组分。

主要产品性质:

－35 号柴油,硫含量为 0.0002%,凝点为－37℃;

3 号喷气燃料,硫含量为 0.0002%,结晶点为－53℃;

加氢裂化尾油,凝点为 19℃,通过临氢处理可获得润滑油基础油。

(2) 一段串联全循环流程　一段串联全循环流程是将尾油全部返回裂解段裂解成产品的流程。根据目的产品不同,可分为中馏分油型(喷气燃料-柴油)和轻油型(重石脑油)。

例如,以胜利原油的减压馏分油与胜利渣油的焦化馏分油混合物为原料生产中间馏分油加氢裂化反应部分流程见图 4-21。采用处理—裂化—处理模式。

上述流程的主要操作条件如下。

进料量:原料油为 100t/h,循环油为 60t/h;

体积空速:处理段为 0.941h^{-1},裂化段为 1.14h^{-1},后处理段为 15.0h^{-1};

补充新氢纯度:95.0%;

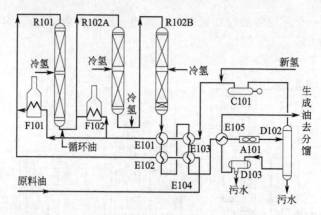

图 4-21 一段串联全循环加氢裂化反应系统部分流程图

R101—处理反应器;R102A,R102B—裂化反应器;F101,F102—循环氢加热炉;C101—循环氢压缩机;
E101,E103—反应物循环换热器;E102,E104—反应物原料油换热器;E105—反应物分馏进料换热器;
A101—高压空冷器;D102—高压分离器;D103—低压分离器

氢油比:处理段入口为842.3(m^3/m^3),裂化段入口为985(m^3/m^3);

裂化反应器入口压力:17.5MPa;

反应温度:R101处理反应器和R102裂化反应器运转初期的入口、出口及平均温度分别为355.3℃、392.8℃、380.9℃和385.9℃、390.1℃、386.6℃。

原料油减压馏分油和焦化馏分油的性质见表4-23,减压馏分油与焦化馏分油按9:1混合,主要产品性质及收率见表4-24。

表 4-23 原料油减压馏分油和焦化馏分油的性质

项目	减压馏分油	焦化馏分油	项目	减压馏分油	焦化馏分油
密度(15℃)/(g/cm^3)	0.9018	0.9086	金属含量/(μg/g)		
总硫(质量分数)/%	0.57	0.86	Ni	0.25	0.55
总氮(质量分数)/%	0.159	0.6189	Cu	<0.1	<0.1
康氏残炭(质量分数)/%	0.18	0.56	V	<0.1	<0.1
馏程(5%~100%)/℃	345~531	306~502	Na	0.18	0.16
金属含量/(μg/g)			Pb	<0.1	<0.1
Fe	0.37	0.46	As	<0.5	<0.5

表 4-24 主要产品性质及收率

产品	轻石脑油	重石脑油	3号喷气燃料	轻柴油
密度(15℃)/(g/cm^3)	0.6742	0.7418	0.7842	0.8064
馏程/℃	44~100	102~143	159~273[①]	249~327
辛烷值(RON)	76.2	—	—	—
十六烷值(计算)	—	—	—	73
倾点/℃	—	—	—	−6
结晶点/℃	—	—	−54.7	—
烟点/mm	—	—	36	—
芳烃体积分数/%	1	41.7	2.25	—
总硫/(μg/g)	<1	<1	<1	<1
总氮/(μg/g)	<1	<1	<1	<1
产率[②]占进料/%(质量分数)	16.4	13.1	43.1	21.6

① 10%~终馏点;② 运转初期。

2. 二段加氢裂化

在二段加氢裂化的工艺流程中设置两个（组）反应器，但在单个或一组反应器之间，反应产物要经过气-液分离或分馏装置将气体及轻质产品进行分离，重质的反应产物和未转化反应物再进入第二个或第二组反应器，是二段过程的重要特征。它适合处理高硫、高氮减压蜡油、催化裂化循环油、焦化蜡油或这些油的混合油，也适合处理单段加氢裂化难处理或不能处理的原料，二段工艺简化流程见图4-22。

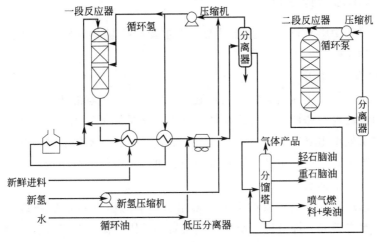

图4-22　二段加氢裂化工艺流程

该流程设置两个反应器，一反为加氢处理反应器，二反为加氢裂化反应器。新鲜进料及循环氢分别与一反出口的生成油换热，加热炉加热，混合后进入一反，在此进行加氢处理反应。一反出料经过换热及冷却后进入分离器，分离器下部的物流与二反流出物自分离器底部流出物流混合，一起进入共用的分馏系统，分别将酸性气以及液化石油气、石脑油、喷气燃料等产品进行分离后送出装置，由分馏塔底导出的尾油再与循环氢混合加热后进入二反，此时进入二反物流中的 H_2S 及 NH_3 均已脱除干净，油中硫、氮化合物含量也很低，消除了这些杂质对裂化催化剂的影响，因而二反的温度可大幅度降低。此外，在两段工艺流程中，二反的氢气循环回路与一反的相互分离，可以保证二反循环氢中较少的 H_2S 及 NH_3 含量。

与一段工艺相比，二段工艺具有气体产率低、干气少、目的产品收率高，液体总收率高，产品质量好，特别是产品中芳烃含量非常低，氢耗较低，产品方案灵活，原料适应性强，可加工更重质、更劣质原料等优点。但二段工艺流程复杂，装置投资和操作费用高。

反应系统的换热流程既有原料油、氢气混合与生成油换热方式，也有原料油、氢气分别与生成油换热的方式。后者的优点是充分利用其低温位热，以利于最大限度降低生成油出换热器的温度；降低原料油和氢气在加热过程中的压力降，有利于降低系统压力降。

氢气与原料油有两种混合方式：即"炉前混油"与"炉后混油"。前者是原料油与氢气混合后一同进加热炉。而后者是原料油只经换热，加热炉单独加热氢气，随后再与原料油混合。"炉后混油"的好处是，加热炉只加热氢气，炉管中不存在气液两相，流体易于均匀分配，炉管压力降小，而且炉管不易结焦。

以上探讨均为高压加氢裂化工艺。除此之外，还有从轻质直馏减压馏分油生产喷气燃料、低凝柴油为主的中压加氢裂化,以及用直馏减压馏分油控制单程转化率的中压缓和加氢裂化,生产一定数量的燃料油,尾油作为生产乙烯裂解原料。

任务三　催化加氢生产操作

一、主要工艺条件分析

实际生产过程中影响催化加氢结果的因素主要有原料的组成和性质、反应温度、压力、空速及氢油比等。

1. 原料的组成和性质

参与加氢过程的反应原料有原料油及氢气(新氢和循环氢混合物)。

(1) 原料油的组成和性质　无论是加氢处理,还是加氢裂化,其主要目的都是除去杂质和改质,加氢处理主要除去氧、氮、硫及金属,另外还将不饱和烃改质为饱和烃。而加氢裂化则是在除去氧、氮、硫及金属的基础上,更侧重于将大分子改质为小分子及将稠环化合物改质为少环或链状化合物。

原料油的组成和性质决定要除去的杂质组分和改质组分的含量及结构。原油来源不同,其组分含量有差异。馏分油来源、切割位置和范围不同,其组分含量也不同。原油越重,馏分油切割终馏点越高,则馏分中杂质元素含量和重质芳烃含量越高,且其构成的化合物结构也越复杂,则越不容易加氢除去杂质和改质,对于二次加工馏分油,出于加工方法不同,其组成也不同。如焦化柴油的烯烃含量较催化裂化柴油高。评价加氢原料组成和性质的指标有馏分、特性因数、杂质元素的含量、胶质、溴值、酸度、色值等。对于不同原料只有采取选择相应的催化剂,工艺流程和操作条件等措施,才能达到预期的加氢目的。原料油组成、性质对催化加氢的影响分析见表4-25。

表4-25　原料油组成、性质对催化加氢的影响分析

影响因子	影响分析	指标要求
S	加氢脱硫反应速率快、放热量大,易引起床层升温;反应深度增加,催化剂失效加快	小于几微克每克
N	原料中氮含量提高,脱氮率下降;对催化剂活性产生抑制或中毒;由于有杂环饱和反应,耗氢最大	加氢裂化原料氮含量<10μg/g
烯烃	烯烃易聚合生焦,使催化剂失效或床层压降增大;烯烃饱和是强放热反应,易引起床层升温及增大耗氢量	
芳烃	芳烃对硫化物的加氢脱硫有抑制作用;易聚合生焦;芳烃加氢饱和是强放热反应,并受热力学平衡限制	
沥青质	沥青质是加氢过程主要结焦前驱物,易生焦;影响加氢产品优势	<100μg/g
铁、镁、钙、钠	铁、镁、钙、钠离子易形成硫化物污垢,使床层压降增大	铁含量<2μg/g
镍、钒、铜、铅	镍、钒、铜、铅等重金属易使催化剂中毒	<1μg/g
砷、硅	砷、硅易使催化剂中毒	砷<100μg/g 硅<2μg/g
馏程	原料油馏程变重,芳烃、沥青质、金属含量增加,残炭值增大,催化剂的结焦趋势加快,运转周期缩短	限制初馏点和终馏点
残炭	残炭值高,催化剂易结焦	一般小于0.2%

(2) 原料油的处置　原料油是否经过适当的处置,将直接影响装置的正常开工及生产。对于原料油的处置,主要体现在惰性气体保护、脱水以及过滤三个方面。

① 原料油的保护。从罐区送来的原料,不论是直馏的或是二次加工的,在储罐中均要进行保护。

保护的目的主要是防止原料油接触空气中的氧。研究表明,在储存时原料油中的芳香硫醇被氧化后产生的磺酸可与吡咯发生缩合反应而产生沉渣,烯烃与氧可以发生反应形成氧化产物,氧化产物又可以与含硫、氧、氮的活性杂原子化合物发生聚合反应而形成沉渣,沉渣是结焦的前驱物,它们容易在下游设备中的较高温部位,如生成油-原料油换热器及反应器顶部,进一步缩合结焦,造成反应器和系统压降升高,换热效果下降等。因此防止原料油与氧气接触,是避免和减少换热器和催化剂床层顶部结焦的十分必要的措施。

原料油的保护方法主要有惰性气体保护和内浮顶储罐保护。惰性气体保护是用不含氧气的气体充满油面以上空间,使原料油与氧气隔绝,一般用氮气作保护气,也可用炼厂的瓦斯气作保护气。装置运转期间应对原料油保护气进行定期采样,分析氧含量。为达到良好的保护效果,惰性气体中的氧含量应低于 $5\mu L/L$。

② 原料油的脱水。加氢原料在进装置前要脱除明水。原料油中含水有多方面的危害,一是引起加热炉操作波动,炉出口温度不稳,反应温度随之波动,燃料耗量增加,产品质量受到影响;二是原料中大量水汽化后引起装置压力变化,恶化各控制回路的运行;三是对催化剂造成危害,高温操作的催化剂如果长时间接触水分,容易引起催化剂表面活性金属组分的老化聚结,活性下降,强度下降,催化剂颗粒发生粉化现象,堵塞反应器。

原料油脱水主要在原料罐区进行,可分为原料油中水的沉降和脱除两个过程。为了脱除原料油中的水,原料油罐一般安排三个,第一个用于接收油,第二个进行水、淤渣的沉降并脱除,第三个用于出料,原料从此罐进入装置,三个罐切换操作。原料油罐中的原料油量应能维持装置正常操作 10h 以上,以使罐中的水和淤渣等有足够多的时间沉降并脱除。严禁使用一个罐进行边收料、边出料的操作,这种操作方式将严重影响水、淤渣等的沉降和分离,而且易导致罐底的沉渣被搅动并进入下游设备。

另外,通常在装置内原料油进加热炉前设置卧式脱水罐,操作人员应定期进行脱水。加氢催化剂的设计一般要求原料油中含水低于 $300\mu g/g$。

③ 原料油的过滤。原料油中常带有一些固体颗粒(如焦化装置馏出油中含有一定量的炭粒),特别是当原料油酸值高时因设备腐蚀还生成一些腐蚀产物。这些杂质将沉积在催化剂床层中,导致反应器压降升高而使装置无法操作。因此,原料油在进入反应器前应先经过过滤装置,脱除其中的固体颗粒物。

目前,加氢装置,特别是加氢裂化装置和渣油加氢装置多采用自动切换的多列原料过滤器。固体颗粒沉积在过滤元件上,当压降升高到预先设定的差压值时,差压开关启动过滤器的反冲洗程序,并将原料油自动切换到另一列过滤器。反冲洗下来的油必须经沉降后才能再进入加氢装置。

过滤器的滤芯孔一般小于 $20\sim 25\mu m$。

(3) 反应进料氢气组成　催化加氢是耗氢过程,必须不断补充新氢。在实际生产中未消耗的氢气采用循环操作,实际进入反应器的反应进料氢气包括两部分,即新氢和循环氢,因此参与反应的氢气组成取决于新氢与循环氢比例及各自的组成。

① 新氢组成。新氢含有氢气、轻烃、惰性气体及杂质，其组成主要取决于氢气生产方法，新氢纯度对系统氢分压、循环氢纯度及装置氢耗影响较大。表 4-26 列出了不同来源的新氢组成。

表 4-26 不同来源的新氢组成

来源	H_2/%	轻烃/%					惰性气/%		杂质/(μL/L)			
		C_1	C_2	C_3	C_4	C_5^+	Ar	N_2	$CO+CO_2$	H_2O	H_2S①	HCl①
连续重整	92	3.3	2.3	1.3	0.9	0.2	—	—	20			<1
半再生重整	86.6	6.1	2.6	1.6	0.8	0.3		<2②		30	5	
乙烯	95.0	5.0							20			
制氢	99.90	0.05						0.05	50		0.5	1
合成氨	76.64	0.34					0.4	24~25				

① (mg/m³)；② (μL/L)。

② 循环氢组成。循环氢组成取决于新氢纯度、新氢补充量、循环氢放空量及高压分离器分离条件。

③ 反应进料氢气影响。由于惰性气体（如氮气、氩气等）在油中的溶解度很低，气体平衡常数小，这些组分会在高压分离器气相中累积。只有当这些组分在气相中的浓度足够高时，才会使高压分离器生成油中溶解的量与带入的量达成平衡，随着高压分离器生成油而排出高压系统。因此新氢中带有惰性气体组分时将显著降低循环氢的氢纯度，系统氢分压下降。新氢中的轻烃，尤其是甲烷，其溶解度接近惰性气体，这些烃类随着新氢进入装置并在循环气中累积，使得循环氢纯度下降，为了维持循环氢的氢浓度及系统的氢分压，在实际操作中不得不排放一定的循环氢并补充新氢，从而增加了氢气耗量。

氢气中杂质主要对加氢催化剂及生产过程有影响，如 CO 和 CO_2 的影响主要表现为：

a. CO_2 加氢转化为 CO，该反应为吸热反应，在加氢反应条件下有利于平衡正向进行，从而造成循环氢中 CO 浓度比 CO_2 浓度高；

b. 在含镍或钴催化剂作用下，CO 和 CO_2 分别与氢气在 200~350℃ 条件下反应生成甲烷，同时放出大量的热，甲烷化反应产生的热使反应器内催化剂床层温升过高，温度分布不均，影响装置正常操作；

c. CO 与 CO_2 和氢气在催化剂活性中心会发生竞争吸附，影响加氢活性中心的利用；

d. CO 可能与催化剂上的金属组分形成有毒的易挥发碳基化合物而造成催化剂腐蚀，降低催化剂活性。

加氢工艺和催化剂性质不同对新氢纯度的要求也不同。一般加氢处理可直接使用重整氢作新氢补充。非贵金属加氢处理催化剂允许使用纯度较低的新氢。有的加氢过程，如加氢裂化对氢纯度要求较高，特别是对 CO 和 CO_2 总量有较严格的要求。贵金属催化剂和渣油加氢过程也要求使用较高纯度的新氢。

2. 反应温度

温度对反应过程的影响主要体现在温度对反应平衡常数和反应速率常数的影响。

对于加氢处理反应而言，由于主要反应为放热反应，因此提高温度，反应平衡常数减小，这对受平衡制约的反应过程尤为不利，如脱氮反应和芳烃加氢饱和反应。加氢处理的其他反应平衡常数都比较大，因此反应主要受反应速率制约，提高温度有利于加快反应速率。

温度对加氢裂化过程的影响，主要体现为对裂化转化率的影响。在其他反应参数不变的情况下，提高温度可加快反应速率，也就意味着转化率的提高，这样随着转化率的增加导致低分子产品的增加而引起反应产品分布发生很大变化，导致了产品质量的变化。

在实际应用中，应根据原料组成和性质及产品要求来选择适宜的反应温度。

3. 反应压力

在加氢过程中，反应压力起着十分关键的作用，加氢过程反应压力的影响是通过氢分压来体现的，系统中氢分压决定于反应总压、氢油比、循环氢纯度、原料油的汽化率以及转化深度等。为了方便和简化，一般都以反应器入口的循环氢纯度乘以总压来表示氢分压。

随着氢分压的提高，脱硫率、脱氮率、芳烃加氢饱和转化率也随之增加；对于VGO原料而言，在其他参数相对不变的条件下，氢分压对裂化转化深度产生正的影响；重质馏分油的加氢裂化，当转化率相同时，其产品的分布基本与压力无关；反应氢分压是影响产品质量的重要参数，特别是产品中的芳烃含量与反应氢分压有很大的关系；反应氢分压对催化剂失活速度也有很大影响，过低的压力将导致催化剂快速失活而不能长期运转。

总的来说：提高氢分压有利于加氢过程反应的进行，可加快反应速率，但压力提高增加装置的设备投资费用和运行费用，同时对催化剂的机械强度要求也提高。目前工业上装置的操作压力一般在 7.0～20.0MPa。

4. 反应空速

空速是指单位时间里通过单位催化剂的原料油的量，有两种表达形式，一为体积空速（LHSV），另一为质量空速（WHSV），单位为 h^{-1}。工业上多用体积空速。

空速的大小反映了反应器的处理能力和反应时间。空速越大，装置的处理能力越大，但原料与催化剂的接触时间则越短，相应的反应时间也就越短。因此，空速的大小最终影响原料的转化率和反应的深度。

一般重整料预加氢的空速为 $2.0\sim10.0\ h^{-1}$；煤油馏分加氢的空速为 $2.0\sim4.0\ h^{-1}$；柴油馏分加氢精制的空速为 $1.2\sim3.0\ h^{-1}$；蜡油馏分加氢处理空速为 $0.5\sim1.5\ h^{-1}$；蜡油加氢裂化空速为 $0.4\sim1.0\ h^{-1}$；渣油加氢的空速为 $0.1\sim0.4\ h^{-1}$。

5. 反应氢油比

氢油比是单位时间内进入反应器的氢气流量与原料油量的比值，工业装置上通用的是体积氢油比，它是以每小时单位体积的进料所需要通过的循环氢气的标准体积量表示的。氢油比变化的实质是影响反应过程的氢分压。增加氢油比，有利于加氢反应的进行，提高催化剂的寿命，但过高的氢油比将增加装置的操作费用及设备投资。

二、加氢催化剂的性能

催化加氢催化剂的性能取决于其组成和结构，根据加氢反应侧重点不同，加氢催化剂可分为加氢处理和加氢裂化两大类。

加氢催化剂主要由主催化剂、助催化剂、载体三部分组成。主催化剂提供反应的活性和选择性；助催化剂主要改善主催化剂的活性、稳定性和选择性；载体主要提供合适的比表面积和机械强度,有时也提供某些反应活性,如加氢裂化中的裂化及异构化所需的酸性活性。

1. 加氢处理催化剂

加氢处理催化剂根据其主要催化功能可分为加氢饱和(烯烃、炔烃和芳烃中不饱和键加氢)、加氢脱硫、加氢脱氮、加氢脱金属催化剂;也可根据处理原料类型分为轻质馏分油、重质馏分油、石蜡和特种油及渣油加氢处理催化剂。

加氢处理催化剂中常用的加氢活性组分有铂、钯、镍等金属和钨、钼、镍、钴的混合硫化物,它们对各类反应的活性顺序为:

加氢饱和:Pt,Pb>Ni>W-Ni>Mo-Ni>Mo-Co>W-Co;

加氢脱硫:Mo-Co>Mo-Ni>W-Ni>>W-Co;

加氢脱氮:W-Ni>Mo-Ni>>Mo-Co>W-Co。

为了保证金属组分以硫化物的形式存在,在反应气氛中需要一个最低的 H_2S 和 H_2 分压比值,低于这个比值,催化剂活性会逐渐降低,甚至丧失。

加氢处理催化剂的活性主要取决于金属的种类、含量、化合物状态及其在载体表面的分散度等。

活性氧化铝是加氢处理催化剂常用的载体,这主要是因为活性氧化铝是一种多孔性物料,它具有很高的表面积和理想的孔结构(孔体积和孔径分布),可以提高金属组分和助剂的分散度。制成一定形状颗粒的氧化铝还具有优良的机械强度和物理化学稳定性,适宜于工业过程的应用。

载体性能主要取决于载体的比表面积、孔体积、孔径分布、表面特性、机械强度及杂质含量等。

2. 加氢裂化催化剂

加氢裂化催化剂属于双功能催化剂,即催化剂由具有加(脱)氢功能的金属组分和具有裂化功能的酸性载体两部分组成。根据不同的原料和产品要求,对这两种组分的功能进行适当的选择和匹配。

加氢裂化催化剂根据加氢活性金属分为非贵金属和贵金属催化剂。

非贵金属催化剂主要用ⅥB族的Mo和W及ⅧB族的Co和Ni等金属元素,可以是单组分、双组分或多组分,多采用W-Ni、Mo-Ni和Mo-Co等组合。非贵金属催化剂在使用前必须进行预硫化,并且在使用过程中维持一定的 H_2S 分压,避免活性组分被还原。非贵金属催化剂主要用于单段、一段串联及两段加氢工艺过程。

贵金属催化剂主要用Pt和Pd等贵金属元素。贵金属加氢催化剂仅用于有独立循环氢系统的两段加氢工艺的第二段。

在加氢裂化催化剂中加氢活性组分的作用是使原料油中的芳烃,尤其是多环芳烃加氢饱和;使烯烃,主要是反应生成的烯烃迅速加氢饱和,防止不饱和分子吸附在催化剂表面上,生成焦状缩合物而降低催化剂的活性。因此,加氢裂化催化剂可以维持长期运转,不像催化裂化催化剂那样需要经常烧焦再生。

常用的加氢活性组分按其加氢活性强弱次序为:

Pt,Pd>W-Ni>Mo-Ni>Mo-Co>W-Co

铂和钯虽然具有最高的加氢活性,但由于对硫很敏感,仅能在两段加氢裂化过程中无硫、无氨气氛的第二段反应器中使用。在这种条件下，酸功能也得到最大限度的发挥，因此产品都是以汽油为主。

在以中间馏分油为主要产品的一段法加氢裂化催化剂中，普遍采用 Mo-Ni 或 Mo-Co 组合。在以润滑油为主要产品时，则都采用 W-Ni 组合，有利于脱除润滑油中最不希望存在的多环芳烃组分。

加氢裂化催化剂中裂化组分的作用是促进 C—C 链的断裂和异构化反应。常用的裂化组分是无定形硅酸铝和沸石，统称为固体酸载体。其结构和作用机理与催化裂化催化剂相同。

加氢裂化催化剂根据载体的酸性组成分为无定形和结晶型。

无定形载体主要有无定形硅铝、无定形硅镁及改性氧化铝。无定形硅铝载体酸性弱，酸中心数少，平均孔径大，不宜发生过度裂解，二次裂解少，有利于生产中间馏分油，特别是柴油。

结晶型载体催化剂酸性是由经过改性分子筛获得，同时再配以无定形硅铝、无定形硅镁及改性氧化铝组分。其特点是酸性强，酸中心数多，平均孔径小，具有较高的裂解活性，较大的生产灵活性及较强的原料适应性。

不论是进料中存在的氮化合物，还是反应生成的氨，对加氢裂化催化剂都具有毒性。因为氮化合物，尤其是碱性氮化合物和氨会强烈地吸附在催化剂表面上，使酸性中心被中和，导致催化剂活性损失。因此，加工氮含量高的原料油时，对无定形硅铝载体的加氢裂化催化剂需要将原料预加氢脱氮，并分离出 NH_3 以后再进行加氢裂化反应。但对于含沸石的加氢裂化催化剂，则允许预先加氢脱氮过的原料带着未分离的氨直接与之接触。这是因为沸石虽然对氨也是敏感的，但由于它具有较多的酸性中心，即使氨存在下仍能保持较高的活性。

考察选择加氢裂化催化剂性能时要综合考虑催化剂的加氢活性，裂化活性，对目的产品的选择性，对硫化物、氮化物及水蒸气的敏感性，运转稳定性和再生性能等因素。

3. 催化剂装填

反应器的催化剂装填工作可以分为新反应器（或者空置的反应器）的装填、催化剂器内再生后卸催化剂并重新装填、反应器撇头后补充催化剂装填三种形式。

4. 催化剂氮气干燥

加氢反应器催化剂装填结束后，即可开始装置的氮气气密性工作，如果催化剂供应商要求对催化剂进行氮气干燥，则可以在气密性工作结束后进行。

绝大多数加氢催化剂都以氧化铝或含硅氧化铝作为载体，属多孔物质，吸水性很强，一般吸水量可达 1%～3%，最高可达 5% 以上。催化剂含水主要有以下危害：

① 当潮湿的催化剂与热的油气接触升温时，其中所含水分迅速汽化，导致催化剂孔道内水汽压力急剧上升，容易引起催化剂骨架结构被挤压崩塌。

② 反应器底部催化剂床层温度较低时，下行的水蒸气被催化剂冷凝吸收会放出大量的热，又极易导致下部床层催化剂机械强度受损，严重时发生催化剂颗粒粉化现象，从而导致床层压降增大。

因此，有的催化剂供应商或者技术专利商推荐在催化剂进行预硫化前要进行氮气干燥脱水。

对催化剂进行氮气干燥步骤时，一般要求氮气纯度（体积分数）≥99.5％、氧含量（体积分数）＜0.3％、（氢＋烃）含量（体积分数）＜0.3％，水含量＜300μL/L。并在进氢气的装置、高压分离器气体去瓦斯管网、原料油进高压系统管线、低压分离器气体去瓦斯管网、低压分离器油去分馏系统等管线上加装隔离盲板。

5. 催化剂的预硫化

加氢催化剂的钨、钼、镍、钴等金属组分，使用前都是以氧化物的状态分散在载体表面，但有加氢活性的却是硫化态。在加氢运转过程中，虽由于原料油中含有硫化物，可通过反应转变成硫化态，但往往由于在反应条件下，原料油含硫量过低，硫化不完全而导致一部分金属还原，使催化剂活性达不到正常水平。故目前这类加氢催化剂，多采用预硫化方法，将金属氧化物在进油反应前转化为硫化态。

加氢催化剂的预硫化，有气相预硫化与液相预硫化两种方法。气相预硫化（亦称干法预硫化），即在循环氢气存在下，注入硫化剂进行硫化；液相预硫化（亦称湿法预硫化），即在循环氢气存在下，以低氮煤油或轻柴油为硫化油，携带硫化剂注入反应系统进行硫化。

影响预硫化效果的主要因素为预硫化温度和硫化氢浓度。

注硫温度主要取决于硫化剂的分解温度。例如，采用 CS_2 为硫化剂，CS_2 与氢开始反应生成 H_2S 的温度为175℃，因此，注入 CS_2 的温度应在175℃以下，使 CS_2 先在催化剂表面吸附，然后在升温过程中分解。

在反应器催化剂床层被 H_2S 穿透前，应严格控制床层温度不能超过230℃，否则一部分氧化态金属组分会被氢气还原成低价金属氧化物或金属元素，致使硫化不完全。此外，还原反应与硫化反应将使催化剂颗粒产生内应力，导致催化剂的机械强度降低。同时，还原金属对油具有强烈的吸附作用，在正常生产期间会加速裂解反应，造成催化剂大量积炭，活性迅速下降。因此，必须严格控制整个预硫化过程各个阶段的温度和升温速度。硫化最终温度一般为360～370℃。

循环氢中硫化氢浓度增高，硫化反应速率加快，当硫化氢浓度增加到一定程度之后，硫化反应速率就不再增加。但是在实际硫化过程中，受反应系统材质抗硫化氢腐蚀性能的限制，不可能采用过高的硫化氢浓度。一般预硫化期间，循环氢中硫化氢体积分数限制在1.0％以下。

预硫化过程一般分为催化剂干燥、硫化剂吸附和硫化三个主要步骤。

6. 催化剂再生

加氢催化剂在使用过程中由于结焦和中毒，使催化剂的活性及选择性下降，不能达到预期的加氢目的，必须停工再生或更换新催化剂。

国内加氢装置一般采用催化剂器内再生方式，有蒸汽-空气烧焦法和氮气-空气烧焦法两种。对于 $\gamma\text{-}Al_2O_3$ 为载体的 Mo、W 系加氢催化剂，其烧焦介质可以为蒸汽或氮气，但对于以沸石为载体的催化剂，如再生时水蒸气分压过高，可能破坏沸石晶体结构，而失去部分活性，因此必须用氮气-空气烧焦法再生。目前，工业上使用的催化剂再生方法有两种，一种为器内再生，即催化剂在加氢装置的反应器中不卸出，直接采用含氧气体介质再生，这是早期使用的一种催化剂再生方法；另一种为近期越来越普遍使用的器外再生方法，它是将待再生的失活催化剂从反应器中卸出，运送到专门的催化剂再生工厂进行再生。这里主要对催化剂器内再生进行阐述。

(1) 再生前的预处理及准备 在反应器烧焦之前，需先进行催化剂脱油与加热炉清焦。催化剂脱油主要根据加工原料的性质，采取"退油+热氢气提催化剂床层"或"轻油洗涤退油+热氢气提催化剂床层"的措施处理后，用氮气将可燃气体置换合格。这一步骤虽然耗用一定的时间，但是为烧焦提供了安全保证，并能大幅度缩短第一阶段的烧焦时间。对于采用加热炉加热原料油的装置，在再生前，加热炉管必须清焦，以免影响再生操作和增加空气耗量。炉管清焦一般用水蒸气-空气烧焦法，烧焦时应将加热炉出、入口从反应部分切出，蒸汽压力为 0.2～0.5MPa，炉管温度约为 550～620℃。可以通过固定蒸汽流量，变动空气注入量，或固定空气注入量，变动蒸汽流量的办法来调节炉管温度。

对前置反应器撇顶处理（颗粒杂质经常堵塞分配器，上部床层形成硬盖）也是解决烧焦时流体分布均匀，防止局部过热超温，防止烧焦过程中杂质下移的重要措施。注氨、注碱和注软化水系统要吹扫干净，各类设备处于完好待用状态。

准备好 NaOH 溶液（用软化水配制成 4%～5% 的 NaOH 水溶液）、无水液氨、缓蚀剂，缓蚀剂用软化水调稀加入碱液中。

建立再生流程，按再生流程用盲板对系统进行隔离。加氢裂化装置催化剂器内再生工艺流程见图 4-23。

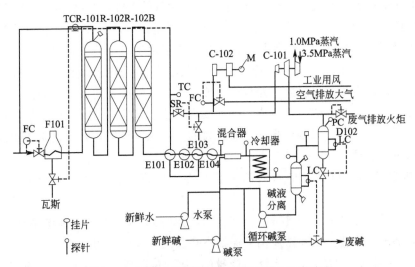

图 4-23 加氢裂化装置催化剂器内再生工艺流程

在反应器的入口及出口安装好氧含量在线分析仪，仪器调校准确，保证及时提供数据，做到数据可靠。

联系分析室，做好表 4-27 所列项目的分析准备工作。

表 4-27 催化剂再生分析项目及频率

项目	采用部位	分析频率/(次/h)	项目	采用部位	分析频率/(次/h)
O_2	反应器入口、出口	0.5	NH_4^+	循环碱液	4
CO_2	反应器入口、出口	2	SO_4^{2-}	废碱液	8
SO_2、SO_3	反应器出口、循环气	1	Fe^{2+}	循环碱液	4
NH_3	循环气	1	pH 值	循环碱液	0.5

(2) 烧焦再生操作步骤

① 氮气循环升温阶段。用氮气以 2～3MPa/h 的速度将系统升压至要求值，循环压缩机全量循环。

氮气循环稳定后，启动中和系统，开启注碱泵，开始注入 5％NaOH 溶液，高压分离器液面建立并达到要求后启动循环碱液泵，建立装置内部碱液循环，循环碱液泵全量循环。

加热炉点火，以 20℃/h 的速度将反应器入口温度提高至 300～330℃ 的再生烧焦的起始温度，并保持恒温。此时反应器各床层温度达到 260℃ 以上。

调节循环碱液量使混合器出口温度低于要求值（如 110℃），调节冷却水量使烟气温度低于要求值（如 50℃），启动并调好在线 O_2 和 CO_2 含量分析仪表。

② 引风烧焦。引风烧焦分 3～4 段进行，每段烧焦应严格控制反应器入口温度与入口最大氧浓度。

(3) 再生注意事项

① 系统洗涤、吹扫干净。再生前，必须用精制油把催化剂上的残油洗涤除去。同时要将系统管道、冷换设备、容器内残留的油气排掉。要求把系统内的氢气和油气吹扫干净（确保油气＋H_2 含量＜0.6％）。

② 控制烧焦速度。烧焦速度过快（温升过高），会损害催化剂。另外在短时间内会产生大量的 SO_2、CO_2，它们与 NaOH 反应，生成大量的盐类，会结晶析出堵塞设备。

③ 控制反应器入口温度。反应器入口温度是再生过程应控制的一个关键参数。整个再生过程中都必须严格按规定指标执行。床层各点温度绝对不允许超过 480℃。

④ 控制反应器入口氧含量。反应器入口的氧浓度是用来控制再生温度的最重要的参数。床层最高温度发生在燃烧段，并且燃烧段通过反应器床层向下移。为使再生后催化剂有最大活性，再生温度不应超过限值，一旦发现温度超高应及时降低空气量，甚至切断空气。再生过程中，不允许同时提高反应器进口的温度和氧浓度，因为这易导致催化剂床层烧焦温度超过允许值。

⑤ 控制空冷器入口注入稀碱液的浓度。再生过程中生成的盐主要有 NH_4HCO_3、$NaHCO_3$、Na_2CO_3、$NaHSO_3$ 和 Na_2SO_3 等，注入稀碱溶液既可中和 SO_2 和 CO_2 以防腐蚀，又可降低这些盐在水溶液中的浓度，以防结晶析出。用 5％稀碱液注入空冷器入口，即使有部分水汽化，但其浓度仍可保证不会发生 NaOH 碱脆。

⑥ 控制压缩机入口的 NH_3 含量。过量的 NH_3 是造成 NH_4HCO_3 结晶的一个原因，因而要控制系统中的氨含量。保证稳定的再生速率和稳定的注氨量，一般可以维持系统中的氨含量在 $10mg/m^3$ 左右，但在再生后期，由于 SO_2、CO_2 气体生成量减少，循环碱液的 pH 值升高，循环气中的氨含量会上升，此时应注意及时调整循环碱液的 pH 值，不能采用降低或停止注氨的办法，否则会引起设备的腐蚀。

⑦ 控制循环气中的 CO_2 含量。循环气中的 CO_2 含量也是造成 NH_4HCO_3 结晶的另一个原因。用氮气置换的方法降低 CO_2 含量是不经济的，也是难以奏效的。最好的办法是控制循环碱液的 pH 值。

⑧ 控制循环碱液的 pH 值。为了保持理想的 CO_2 和 NH_3 含量，必须控制好循环碱液的 pH 值。为控制 CO_2 在循环气中的含量，pH 值应控制在 8.0 以上。为维持合适的 NH_3 含量，pH 值应控制在 10 以下。

⑨ 备足合格的各种化学品。为防止再生产物对设备的腐蚀,应备足合格的化学试剂,并按规定进行中和操作。再生结束后,停注无水液氨和碱液,但应继续注入脱氧水或新鲜水,直到系统洗涤干净。

⑩ 控制注碱点温度。为防止碱脆,稀碱液注入点的温度应低于200℃,最好为140~150℃。

⑪ 考察腐蚀速度。为考察中和操作对设备腐蚀的抑制情况,可在三个注碱处后放置挂片(注碱口前、注碱口后、空冷器出口)。再生结束后取下挂片,进行腐蚀分析。如有可能,可采用腐蚀探针随时测定再生过程中设备的腐蚀程度。

三、装置开停工操作方案

1. 开工准备

开工前的准备主要包括装置全面吹扫、水冲洗、单机试运、水联运、气密性检查、烘炉、热氮油联运等过程。

(1) 装置检查　装置检查的内容主要包括施工安装是否符合设计要求,是否有施工遗漏现象和缺陷,施工记录、图纸、资料是否齐全等。在对装置进行检查过程中,主要对工艺管线、仪表计算机系统和静态工艺设备大检查。检查的最终目的是确定是否具备向装置内引水、电、汽、风、燃料等条件,是否具备进行装置全面吹扫、冲洗及单机试运的条件。

(2) 装置吹扫　装置检查结束,开始对装置进行开工前的准备工作。首先是对装置工艺管线和流程进行全面、彻底的吹扫贯通。吹扫的目的是为了清除残留在管道内的泥沙、焊渣、铁锈等脏物,防止卡坏阀门、堵塞管线设备和损坏机泵。通过吹扫工作,可以进一步检查管道工程质量,保证管线设备畅通,贯通流程,并促使操作人员进一步熟悉工艺流程,为开工做好准备。

在对装置进行吹扫时,应注意事项:

① 引吹扫介质时,压力不能超过设计压力;

② 净化风线、非净化风线、氮气线、循环水线、新鲜水线、蒸汽线等采用本身介质进行吹扫;

③ 冷换设备及泵不参加吹扫,有副线的走副线,没有副线的要拆入口法兰;

④ 顺流程走向吹扫,先扫主线,再扫交线及相关联的管线,尽可能分段吹扫;

⑤ 蒸汽吹扫时必须坚持先排凝后引汽,引汽要缓慢,防止水击,蒸汽引入设备时,顶部要放空,底部要排凝,设备吹扫干净后,自上而下逐条吹扫各连接工艺管线;

⑥ 吹扫要反复进行,直至管线清净为止,吹扫干净后,应彻底排空,管线内不应存水。

(3) 原料和分馏系统试压　在吹扫工作完成,确保系统干净的基础上,可以对装置的原料和分馏系统进行试压。试压的目的是检查并确认静设备及所有工艺管线的密封性能是否符合规范要求;发现工程质量检查中焊接质量、安装质量及使用材质等方面的漏项;进一步了解、熟悉并掌握各岗位主要管道的试压等级、试压标准、试压方法、试压要求、试压流程。

试压过程应注意的事项如下:

① 试压前,应确认各焊口的 X 光片的焊接质量合格。

② 试压介质为 1.0MPa 蒸汽和氮气,其中原料油系统用氮气试压,分馏系统绝大部分的设备和管线可以用蒸汽试压。

③ 需氮气试压的系统在各吹扫蒸汽线上加盲板隔离,需用蒸汽试压的系统在各氮气吹扫线上加盲板隔离。

④ 设备和管道的试压不能串在一起进行。

⑤ 冷换设备一程试压,另一程必须打开放空。

⑥ 试压时,各设备上的安全阀应全部投用。

(4) 原料油、低压系统水冲洗及水联运　水冲洗是用水冲洗管线及设备内残留的铁锈、焊渣、污垢、杂物,使管线、阀门、孔板、机泵等设备保持干净、畅通,为水联运创造条件。水联运是以水代油进行岗位操作,训练操作人员同时对管线、机泵、设备、塔、容器、冷换设备、阀门及仪表进行负荷试运,考验系统的安装质量、运转性能是否符合规定和生产要求。水冲洗过程的注意事项如下。

① 临氢系统,富气系统的管线、设备不参加水联运水冲洗,做好隔离工作。

② 水冲洗前应将采样点、仪表引线上的阀、液面计、连通阀等易堵塞的阀门关闭。待设备和管线冲洗干净后,再打开上述阀门进行冲洗。

③ 系统中的所有阀门在冲洗前应全部关闭,随用随开,防止跑串。在水冲洗时,先管线后设备,各容器、塔、冷换设备、机泵等设备入口法兰要拆开,并做好遮挡,以免杂物进入设备,待水质干净后方可上好法兰。

④ 对管线进行冲洗时,先冲洗主线,后冲洗支线,较长的管线要分段冲洗。

⑤ 在向塔、器内装水时,要打开底部排凝阀和顶部放空阀,防止塔和容器超压。待水清后再关闭排凝阀。然后从设备顶部开始,自上而下逐步冲洗相连的管线,在排空塔、器中的水时,要打开顶部放空阀,防止塔、器抽空。

原料油、分馏系统水冲洗结束后,在有条件及时间的情况下,可以开展水联运操作,以水代油进行操作训练,同时检查仪表、阀门的开关情况以及控制回路的动作等。

(5) 烘炉　烘炉的目的是以缓慢升温的方法,脱尽炉体内耐火砖、衬里材料所含的自然水、结晶水,烧结后可增强材料强度和延长使用寿命。通过烘炉,考验炉体钢结构及三门一板(风门、油门、汽门及烟道挡板)、火嘴、阀门等安装是否灵活好用;考验系统仪表是否好用;考察燃料气(油)系统投用效果是否良好;熟悉和掌握装置所用加热炉、空气预燃系统的性能和操作要求。

烘炉操作分为暖炉和烘炉两个阶段。暖炉是指在炉子点火升温前先用蒸汽通入炉管,对炉管和炉膛进行低温烘烤。暖炉时间约需 1~2 天。

烘炉时,要严格按照热炉材质供应商提供的烘炉曲线或设计要求升温烘炉,通常加热炉升温烘炉阶段的升温速度控制在 15℃/h,并进行火嘴切换等操作,使炉膛各处受热均匀。烘炉时,将蒸汽出炉温度控制在碳钢管不大于 350℃,不锈钢管不大于 480℃。

(6) 反应系统干燥　反应系统经过水压试验和水冲洗后,虽然从各低点进行了排水处理,并用空气进行吹扫,但管线和设备中不可避免地会存有少量的水。因此,反应加热炉的烘炉和反应系统的干燥可以结合在一起进行。此时,烘炉用的介质采用干燥的氮气。氮气从原料油泵出口引入系统。干燥的工艺流程安排在装置的高压系统,从高压分离器处切水。氮气引入系统后，通过原料油/生成油换热器—加热炉—反应器—生成油/原料油换热器—空冷—高压分离器—循环氢压缩机—(原料油/生成油换热器)—加热炉而形成氮气循环。烘炉和反应系统干燥同时进行的过程中，系统压力控制在 2.5～5.0MPa，高压分离器温度不大于 45℃，最终炉出口温度为 250～320℃，结束干燥的标准为高压分离器排水量小于 0.05kg/h。

(7) 反应系统氮气置换及气密性检查　加氢装置操作是在高温、高压、临氢的状态下进行的，微量氢气和油气的泄漏，都将可能造成重大的安全事故。因此在装置接触氢气前，应先用氮气进行置换和并检查气密性。通过氮气介质的气密性工作，检查设备和管线各焊口、法兰、阀门的泄漏情况并使操作人员进一步熟悉装置的工艺流程、设备、管线、仪表控制系统及各设备管线的操作压力。操作步骤如下。

① 反应系统隔离。反应系统隔离注意事项：

a. 用盲板把反应系统与可能存在的氢气、烃类或可燃物的其他系统隔离；

b. 用阀或盲板将所有通大气的管线和低点导淋隔断；

c. 投用安全阀；

d. 防止高压串低压，对与高压系统相连而又无法用盲板隔离的设备和管线应将放空阀打开；

e. 将所有不同压力的系统，按压力等级隔离。

② 氮气置换。为了减少氮气置换用量，加快系统内氧气含量的下降速度，在设有抽真空系统的装置，可以采用抽真空的方法进行氮气置换前的预置换工作。系统抽真空时需隔离循环氢压缩机，防止抽真空期间损坏密封。通常情况下，使用蒸汽抽真空。通过蒸汽喷射泵可以将高压回路抽真空至 100mmHg（约 13.33kPa），甚至更低。一般要求停止抽真空后，30min 内的真空度下降不大于 500Pa，即为合格。抽真空试验结束后可用 0.6MPa 的氮气破坏真空，并保持微正压 0.04MPa。氮气的注入点可在新氢压缩机出口管线、高压原料油泵出口管线、循环氢压缩机出入口管线处。

可在抽真空的同时，进行大部分反应系统的氮气置换。对于新氢机和循环氢压缩机，一般在它们的出入口引入氮气，通过机体上的放空线排空的方法进行机体内的置换工作，多次反复充压、排压后，可以将机体内的氧体积分数降低到 0.5% 以下，然后并入反应系统。

③ 低压气密及反应系统升温、升压、热紧。反应系统氮气置换结束后，可以开展不同压力等级的氮气气密性工作。氮气气密性查漏用肥皂水进行，观察是否有气泡产生。在烘炉工作与反应系统干燥同时进行的情况下，也可以在温度达到 250℃ 以上时对系统的法兰进行热紧工作。需要注意的是，许多高压加氢装置在设计时对设备的高温回火脆性有特殊要求，在这种情况下，需要对装置的压力和温度的递增严加控制，严格按照设备的特殊要求进行。

(8) 分馏系统热油运　热油运是用油冲洗水联运时未涉及的管线及设备内残留的杂物，使管线、设备保持干净；利用煤油和柴油馏分渗透力强的特点，及时发现漏点，进行补漏；考察温度控制、液位控制等仪表的运转情况；考察机泵、设备等在进油时的变化情况；通过热油运，分馏系统建立稳定的油循环，能在反应系统达到开工条件时迅速退油、缩短分馏系统的开工时间，模拟实际操作，为实际操作做好事前训练。

2. 新鲜催化剂开工

在完成上述开工准备工作及催化剂预硫化后,可向反应系统进油进行开工。

① 初活钝化。由于预硫化过程在高浓度的硫化氢气氛中进行,造成预硫化结束后催化剂的活性金属与过量的硫阴离子键接,当反应气相中硫化氢浓度下降时,这些过量键接的硫阴离子将脱附出来,形成硫阴离子空穴,构成催化剂的活性中心。因此刚经过预硫化的催化剂具有很高的活性。另一方面,预硫化结束时系统中仍存在大量的硫化氢,它们吸附在催化剂表面,并解离成 H^+ 和 HS^-,增加了催化剂的酸性功能。如果此时与劣质的原料,特别是二次加工馏分油如催化裂化柴油、焦化柴油等接触,由于催化剂的高加氢活性和酸性,将发生剧烈的加氢反应,甚至是烃类的加氢裂化反应,短时间内产生大量的反应热,极易引起反应器超温。同时催化剂表面的积炭速度非常快,使催化剂快速失活,并影响催化剂活性稳定期的正常活性水平。

为了避免催化剂初活性阶段发生超温和快速失活,通常需要用质量较好的直馏馏分油作为原料先行接触刚刚预硫化结束的催化剂,使催化剂在接触少量杂质的情况下缓慢结焦失活,直至催化剂的活性基本稳定下来。这一过程即所谓的催化剂初活稳定阶段。

② 切换原料。经过初活稳定后再切换为正常生产原料。切换正常生产原料时一般是按比例分步进行切换,如25%、50%、75%及100%。

③ 调节控制操作。换进100%原料后,对主要控制操作调节进行操作调节直至达到目标要求,生产出合格产品。

3. 装置重新开工

加氢装置的重新开工可以按照开工前催化剂是否进行了再生操作而分为两类。当催化剂经过了器内或者器外再生操作,此时的重新开工要完全按照新鲜催化剂的开工方法进行;而在催化剂没有再生的情况下,其停工过程多种多样,因此重新开工的过程也应该根据停工中出现的特殊情况做相应的变化。

一般情况下,加氢处理装置的重新开工程序较为简单,主要操作阶段可以分为装置氢气置换和升压、氢气循环升温、引入原料油、调整操作等。重新开工过程需要注意以下三个问题。

第一,尽量缩短反应开始前升温过程的运转时间。因为此时系统里硫化氢浓度很低,或者几乎不含硫化氢。低硫化氢浓度、高温氢气循环的状态容易使催化剂被氢还原,影响催化剂活性。

第二,应该在比停工前操作时更低的温度下进油。停工操作时,有一个氢气吹扫过程,这个过程将会使催化剂表面的一些可汽提积炭被除去,更多的催化剂活性中心暴露于表面。同时,催化剂的活性组分金属硫化物上硫阴离子空穴数目暂时性增加,催化剂活性相对有所提高。因此,一旦在停工前的操作温度下进油,极易引起剧烈反应而超温。对于馏分油加氢装置来说,通常在升温到200℃时开始引入原料油。

第三,对于较为新鲜的催化剂应采取补硫措施。装置停工时,如果催化剂投入使用的时间低于20天,在重新开工时系统内硫化氢浓度又低的情况下,最好以补充硫化的方式进行装置开工。补充硫化的操作条件应由催化剂供应商或专利商给出。

4. 停工

停工是装置操作的一个重要环节,合理的停工方案对装置的安全、催化剂的保护及下次开工的顺利进行均有相当大的影响。加氢装置的停工可分为正常停工和非正常停工两种。

（1）正常停工　正常停工是指在下述情况时的停工操作：

a. 催化剂再生前的停工；

b. 装置检修或其他原因的计划性停工；

c. 装置发生故障或事故，但有充分处理时间的停工。

装置正常停工操作可分为降量降温、切换进料冲洗、氢气吹扫降温等过程。正常停工可分为催化剂不需再生的停工和催化剂需要再生的停工。

① 催化剂不需再生的停工。装置停工时，为了逐渐改变系统的热平衡状态，必需进行降量运转。但减少进料量时易出现反应加热炉出口温度升高、催化剂床层等迅速结焦的现象，所以应先降低催化剂床层温度后降低进料量。在此阶段应保持氢气继续循环、保持系统压力，逐渐调低冷氢流量至完全撤掉冷氢，可以在降温和降量过程中生产一部分合格产品，不合格产品改入污油线。

当反应器入口温度降到某一温度附近时，继续保持在氢气循环的状态下切换为直馏煤油或柴油，继续降温。当加氢装置的原料油是减压蜡油或渣油时，温度降低后，原料油可能会凝结在管道、容器和催化剂上，切换为煤油或直馏柴油可溶解重质原料油并将其带出装置。在原料油为二次加工馏分油的情况下，切换为直馏轻质馏分油也可以避免低温下原料油中的结焦前驱物大量沉积在催化剂表面，否则重新开工时容易致使催化剂结焦失活。另外，切换为煤油或直馏柴油后，要保证一定的恒温运转时间，保证装置内管道、容器和反应器已清洗干净。当反应温度降到200℃时，可以停止进油。

装置停油后，保持氢气循环。维持一定的吹扫时间，并以尽可能大的氢气流量吹扫催化剂，吹净催化剂上的烃类残留物。继续降温到反应器入口温度为80~90℃后，加热炉可以熄火，停循环氢压缩机等，并以0.5MPa/min的降压速度将系统压力降低到0.3~0.5MPa。

如果停工时间较长，为保护催化剂，需用氮气置换系统，并保持一定的氮气压力（0.5~1.5MPa）。再根据停工目的决定反应器外部系统的停工和装置停工后的操作。

② 催化剂需再生的停工。当装置停工的目的之一是对反应器内的催化剂进行器内或器外再生时，装置的停工操作可分为降量降温、切换进料冲洗、高温热氢气提、降温停工等过程。

降温降量、切换进料冲洗的过程可以与催化剂不需再生的停工操作相同，当冲洗过程结束后，将反应系统升温至360℃或更高，用循环氢气对催化剂床层进行热氢气提，热氢气提操作6~8h后，可以缓慢降温停工，然后用氮气或惰性气体置换吹扫系统，吹扫到系统中的可燃气体（油气+H_2）体积含量低于0.6%后进入再生阶段。

（2）非正常停工　装置的非正常停工通常是由于装置内事故或系统工程事故引起，因此也可以称为事故停工，有时是紧急停工。造成装置非正常停工的原因有许多，因此不可能给出标准、细致的停工程序，这里只提出原则性的处理方法。

一旦发生事故，首先对人员和设备采取紧急保护措施，并尽可能按接近正常停工的操作步骤停工。若发生设备事故或操作异常被迫停工时，注意降温过程对催化剂的保护。防止进水，尽量在氢气循环下降温。尽量避免催化剂在高温下长时间与氢气接触，以防止催化剂还原。在非正常停工过程中，应始终注意以下几点：

① 避免催化剂处于高温状态；
② 床层泄压速度不能太快；
③ 当氢分压特别低时，尽量吹尽催化剂上残留的烃类；
④ 无论在何情况下，停工后保持床层中有一定压力（如 0.5MPa）的氮气。

四、常见事故及处理

1. 反应进料中断

（1）现象

① 分布式控制系统（DCS）和静电防护（ESD）报警。
② 反应进料流量指示大幅度下降或为零。
③ 高压换热器反应生成油侧的出口温度升高。
④ 反应器入口温度升高，温度过高导致循环氢加热炉联锁动作而熄火。

（2）原因

① 反应进料泵故障，停运。
② 原料缓冲罐液位失灵，造成假液面。
③ 反应进料泵出口流量过低联锁动作。
④ 反应进料泵故障停运。
⑤ 反应进料流量控制仪表失灵。
⑥ 反应进料流量控制联锁失灵动作。
⑦ 装置晃电或停电。

（3）处理方法

① 进料泵故障而备用泵能在短时间内启动的，必须立即启动备用泵。
② 程序控制失灵的，应立即联系仪表技术人员恢复。
③ 如其他原因引起进料中断，不能恢复进料应采取下列处理方法：

a. 裂化反应器入口温度降低 30℃，精制反应器入口温度降低 15℃；

b. 继续氢气循环，保持系统压力，新氢量可视系统压力适当减少；

c. 循环油停止进原料缓冲罐，循环油通过未转化油线排出装置；

d. 控制冷、热高压分离器正常液位，低压分离器控制一定的压力便于将高压分离器排油压入分馏系统；

e. 如催化剂（新鲜或再生后）使用时间没有超过 30 天，进料泵能够在 5min 内启动可恢复操作，把反应温度升到正常温度，否则将反应温度降至 150℃，按低氮油开工；

f. 催化剂使用时间超过 30 天，进料泵短时间不能启动，将反应系统操作参数调整至进 VGO 的条件，重新进料，按 VCO 开工进行；

g. 在进料中断处理过程中，如果反应器温度超过正常操作温度 30℃ 或任一点温度超过反应器允许的操作温度，则按 2.1MPa/min 放空压力，按紧急降压处理；

h. 反应温度低于 260℃ 时停止向空气冷却设备内注水；

i. 停止循环氢脱硫，以免催化剂的硫损失；

j. 循环油改出原料缓冲罐，排未转化油，平衡分馏各塔液位。

④ 塔底重沸炉降温，各塔改为自循环，等待开工。

2. 串压（冷、热高压分离器，循环氢脱硫塔）

(1) 现象

① 低压部分容器压力猛增，液面波动大。

② 反应系统压力下降。

③ 管线振动。

④ 能量回收透平因转速骤降而停运。

⑤ 循环氢压缩机入口流量波动。

(2) 原因

① 仪表指示失灵，造成假液位，液面压空。

② 调节阀失灵。

(3) 处理方法

① 高压分离器液位控制改为手动操作，关闭控制阀调整液位，联系仪表技术人员处理。同时，密切注意高压分离器液面，逐渐用副线调整至正常液位。

② 低压部分改放火炬线，将压力降至正常压力。

习题

一、填空题

1. 加氢处理除去杂质的主要反应有_____、_____、_____、_____。
2. 催化加氢催化剂的再生包括_____、_____两个过程。
3. 影响催化加氢过程的主要因素有_____、_____、_____、_____。
4. 加氢裂化反应部分设备腐蚀的主要类型有_____和_____以及硫酸腐蚀。

二、简答题

1. 加氢处理过程涉及的主要反应有哪些？
2. 在加氢裂化过程中主要有哪些烃类反应？
3. 一段加氢和二段加氢的主要区别是什么？
4. 绘出典型馏分油加氢处理的工艺流程。
5. 绘出典型一段加氢裂化的工艺流程。
6. 加氢裂化装置从安全方面看有何特点？
7. 加氢裂化装置对新氢质量有何要求？
8. 空速对反应操作有何影响？
9. 加氢裂化催化剂的使用性能有哪些？
10. 简述氢油比对操作过程的影响。

项目五

催化重整操作

知识目标

① 了解催化重整生产过程的作用和地位、发展趋势、主要设备的结构和特点。
② 熟悉催化重整生产原料的要求和组成、主要反应原理和特点、催化剂的组成和性质、工艺流程和操作的影响因素。
③ 初步掌握催化重整的生产原理和方法。

能力目标

① 能根据原料的组成、催化剂的组成和结构、工艺过程、操作条件对重整产品的组成和特点进行分析判断。
② 能对影响重整生产过程的因素进行分析和判断,进而能对实际生产过程进行操作和控制。

任务一 催化重整生产原理

一、催化重整生产概述

1. 催化重整在石油加工过程中的地位

催化重整是将 $C_6 \sim C_{11}$ 石脑油馏分,在一定的氢分压和操作温度下,利用高活性的重整催化剂,进行环烷脱氢、异构化、烷烃脱氢环化、加氢裂化、芳烃脱烷基等多种反应,使原料中的大部分环烷烃和部分烷烃主要转化成芳烃,从而提高汽油组分的辛烷值,同时副产氢气的过程。重整反应深度取决于原料油的性质、催化剂的性能和操作的苛刻程度。其主要目的,一是生产高辛烷值汽油组分,二是为化纤、橡胶、塑料和精细化工提供原料。苯(benzene)、甲苯(toluene)、二甲苯(xylene)等芳烃简称 BTX。苯是生产苯乙烯的主要原料。二甲苯中的对二甲苯(PX)是生产 PTA 的重要原料。甲苯最大的用途是通过芳烃转化生产苯和二甲苯。目前,在全球的 BTX 芳烃中,有大约 70% 来自炼油厂的催化重整装置。因此,催化重整技术的进展直接影响芳烃工业的发展。除此之外,催化重整过程还生产化工过程所需的溶剂、油品加氢所需的高纯度廉价氢气(75%~95%)和民用燃料液化气等副产品。

重整油市场实际上直接受汽油和芳烃市场的影响。催化重整生成油具有较高的辛烷值(RON 为 95~102)、较低的烯烃含量(体积分数为 0.1%~1.0%),而且基本上不含硫、氮、氧等杂质,因此是理想的汽油调和组分。汽油池中重整汽油所占的比例,美国为 30%~35%,欧洲为 45%~50%,而以中国为代表的发展中国家主要以催化裂化汽油为主。我国用于催化重整原料的石脑油资源有限,而有限的重整生成油以满足芳烃生产为主,将重整汽油用于汽油调和的炼油厂比较少。目前,我国的重整汽油比例只有约 15%,还不到世界平均值的一半(世界重整汽油占汽油池的比例平均在 33% 左右)。2010 年底,中国石化炼油企业生产的汽油中重整汽油的比例为 17.7%。未来,随着中国、印度和中东等新兴经济体地区和国家汽油质量标准的升级,炼油厂需要调入更多高质量的重整油来提高汽油的辛烷值,这将对此地区催化重整的发展和操作模式产生影响。

催化重整在芳烃生产装置中占据龙头地位,在世界芳烃的生产中,催化重整所占的比例逐年增加。未来几年,根据芳烃项目的建设情况,预计生产芳烃的催化重整产能增长为 3%~4%。在全球 BTX 芳烃中,炼油厂催化重整的产能占各自总产能的比例分别为:苯占 37.0%,甲苯占 71.3%,二甲苯占 79.0%。随着化纤、塑料市场的快速发展,近几年其主要生产原料对二甲苯的消费量的年平均增长率将达到 5.0%。未来芳烃的市场需求增长仍然较快,据预测,未来 5 年全球 BTX 芳烃需求量的年平均增长率仍在 3% 以上。欧洲未来 BTX 芳烃需求也有所增长,催化重整的操作重点是增加芳烃产率。而亚洲对芳烃需求的快速增长也决定了催化重整装置主要用于生产芳烃。

除了生产重整油和芳烃以外,催化重整也联产氢气,这也有助于催化重整技术的应用,因为炼油厂要加工更多的重质原油,满足更严格的油品质量标准,就需要更多的氢气保证加氢装置运行。加氢装置采用重整氢,可节省大量的制氢原料,降低操作成本。全球石油化工生产过程中所需要的氧气约有50%以上来自催化重整，美国约有60%以上来自催化重整，西欧也达到了50%左右。

在生产高辛烷值汽油组分时，采用80~180℃馏分作为原料，因为馏分的终馏点过高会引起催化剂上结焦过多，导致催化剂活性及运转周期缩短。沸点低于80℃的C_6环烷烃的调和辛烷值已经高于重整反应产物苯的调和辛烷值，因此没有必要再进行重整反应，并且在清洁汽油生产要求中对苯的含量进行了限制。

当以生产BTX为主时，一般采用60~145℃的馏分作为原料。在工业生产过程中，考虑效益与原料来源等因素，一般将原料初馏点切到80℃左右，将终馏点放宽到170℃左右。

2. 催化重整发展简介

1940年，工业上第一次出现了催化重整，使用的是氧化钼-氧化铝（MoO_3~Al_2O_3）催化剂，以重汽油为原料，在480~530℃、1~2MPa（氢压）的条件下，通过环烷烃脱氢和烷烃环化脱氢生成芳烃，通过加氢裂化反应生成小分子烷烃等，所得汽油的辛烷值可高达80左右，这一过程也称为临氢重整。但是这个过程有较大的缺点：催化剂的活性不高，汽油收率和辛烷值都不理想，且反应周期短、处理能力小、操作费用高、在第二次世界大战以后临氢重整就停止了发展。

1949年，美国环球油品公司（UOP）开发出了含贵金属的铂催化剂，催化重整重新得到迅速发展，并成为石油工业中的一个重要过程。铂催化剂比铬、钼催化剂的活性高得多，在比较缓和的条件下就可以得到辛烷值较高的汽油，同时催化剂上的积炭速率较慢，在氢压下操作一般可连续生产半年至一年而不需要再生。铂重整一般是以80~200℃的馏分为原料，在450~520℃，1.5~3.0MPa（氢压）及铂/氧化铝催化剂作用下进行，汽油收率为90%左右，辛烷值达90以上。铂重整生成油中含芳烃30%~70%，因而是芳烃的重要来源。1952年，发展了以二乙二醇醚为溶剂的重整生成油抽提芳烃的工艺，可得到硝化级苯类产品。因此，铂重整-芳烃抽提联合装置迅速发展成生产芳烃的重要工艺过程。单铂催化剂稳定性差，要求在较高的压力下操作，因此，在很大程度上限制了重整装置的技术水平和经济效益的提高。

1967年，雪弗隆研究公司（Chevron Research Corp.）研究成功铂铼/氧化铝双金属重整催化剂（Pt-Re/Al_2O_3）并投入工业应用，称为铂-铼重整，催化重整的工艺又有了新的突破。与铂催化剂比较，铂-铼催化剂和随后陆续出现的各种双金属（铂-铱、铂-锡）或多金属催化剂的突出优点是具有较高的稳定性。例如，铂-铼催化剂在积炭达20%时仍有较高的活性，而铂催化剂在积炭达6%时就需要再生。双金属或多金属催化剂有利于烷烃环化的反应，增加芳烃的产率，汽油辛烷值可高达105（RON），芳烃转化率可超过100%，能够在较高的温度、较低的压力的条件下进行操作。

1971年，美国环球油品公司（UOP）的CCR（Catalyst Continuous Regeneration）Platforming连续催化重整工艺实现了工业化生产。四个反应器重叠布置，积炭催化剂可连续再生，催化剂可长期保持较高的活性，重整生成油收率和芳烃产率得到提高。之后，由于不断改进，又相继推出加压再生、UOP Cyelemax、UOP Chlorsorb技术，使其催化重整工艺技术达到一个更高的水平。1973年，法国石油研究院（IFP）的Octanizing连续催化重整工艺实现了工业化生产，工艺性能与美国UOP公司的CCR相似，但四个反应器并列布置。随着工艺的不断改进,又分别推出 IFP RegenB、IFP RegenC 技术。长期以来,美国 UOP 工艺和法国 IFP 工艺成为世界上最具有竞争力的两种连续催化重整工艺。

我国的重整技术起步较晚,但发展较快。洛阳石油化工工程公司(LPEC)和石油科学研究院(RIPP)经过多年潜心研究与合作,陆续成功开发出了具有自主知识产权的超低压连续重整成套技术,其开发历程分为以下三个阶段。

① 低压组合床重整技术。前两个反应器采用固定床工艺,装填 CB-7 铂-铼催化剂,后两个反应器采用移动床连续再生重整工艺,装填 GCR-100 铂-锡催化剂,其工艺特点是操作压力较低(0.6～0.9MPa),氢油分子比较低(3.5～4.5),全装置运转周期两年以上。2001 年,国产低压组合床重整技术成功应用于长岭每年 15 万吨固定床重整装置改造项目,该技术的成功应用标志着我国已拥有具有自主知识产权的重整催化剂连续再生技术。

② 中国石化洛阳分公司连续重整改造。在 IFP 第一代连续重整技术的基础上,LPEC、RIPP 和中国石化洛阳分公司联合开发了完全连续重整技术,并在洛阳分公司 70 万吨/年连续重整装置改造项目上实施。该项目实现了我国拥有完全连续的重整技术,代表了我国第二代连续重整技术水平。

③ 国产超低压连续重整技术。中国石化股份有限公司广州分公司 100 万吨/年催化重整联合装置是国内第一套具有自主知识产权、采用国产超低压连续重整成套技术的装置。2009 年 4 月 12 日,重整反应投料并产出合格的重整汽油,实现了安全、环保、平稳、高质一次开车成功。该项目的建成投产,说明我国第三代连续重整技术水平与国际上最先进的连续重整技术水平相当。该套超低压连续重整装置建成投产,标志着我国成为继美国、法国之后世界上第三个拥有连续重整技术的国家,对实现我国炼油技术国产化具有划时代的意义。目前,该技术正广泛应用于国内的北海、塔河、九江、沧州、东明、扬子石化等连续重整装置的设计与建设中。

二、催化重整的化学反应

催化重整无论是生产高辛烷值汽油还是芳烃,都是通过化学过程来实现的。因此,必须对重整条件下所进行的反应类型和反应特点有足够的了解和研究。

在催化重整中发生一系列芳构化、异构化、裂化和生焦等复杂的平行和顺序反应,主要分为两类。一类是理想反应,如芳构化,异构化等制取芳烃,提高汽油辛烷值和生成高纯度氢的反应;另一类是不利反应,如加氢裂化、加氢脱烷基、缩合生焦等反应。

1. 芳构化反应

凡是生产芳烃的反应都可以称为芳构化反应。在重整条件下芳构化反应主要包括以下几方面。

(1) 六元环脱氢反应

$$\text{环己烷} \rightleftharpoons \text{苯} + 3H_2 \uparrow$$

$$\text{甲基环己烷} \rightleftharpoons \text{甲苯} + 3H_2 \uparrow$$

$$\text{二甲基环己烷} \rightleftharpoons \text{二甲苯} + 3H_2 \uparrow$$

(2) 五元环烷烃异构脱氢反应

$$\text{环戊烷-CH}_3 \rightleftharpoons \text{环己烷} \rightleftharpoons \text{苯} + 3\text{H}_2\uparrow$$

$$\text{二甲基环戊烷} \rightleftharpoons \text{甲基环己烷} \rightleftharpoons \text{甲苯} + 3\text{H}_2\uparrow$$

(3) 烷烃环化脱氢反应

$$n\text{-}C_6H_{14} \rightleftharpoons \text{环己烷} \rightleftharpoons \text{苯} + 3\text{H}_2\uparrow$$

$$n\text{-}C_7H_{16} \rightleftharpoons \text{甲基环己烷} \rightleftharpoons \text{甲苯} + 3\text{H}_2\uparrow$$

$$i\text{-}C_8H_{18} \rightleftharpoons \begin{cases} \text{间二甲苯} + 4\text{H}_2\uparrow \\ \text{邻二甲苯} + 4\text{H}_2\uparrow \\ \text{对二甲苯} + 4\text{H}_2\uparrow \end{cases}$$

芳构化反应的特点有以下几方面。

(1) **强吸热** 其中相同碳原子时烷烃环化脱氢吸热量最大，五元环烷烃异构脱氢吸热量最小。因此，在实际生产过程中必须不断地补充反应过程中所需的热量。

(2) **体积增大** 因为都是脱氢反应，重整过程可生产高纯度的氢气。

(3) **可逆** 在实际过程中可控制操作条件，提高芳烃产率。

对于芳构化反应，无论生产目的是芳烃还是高辛烷值汽油，这些反应都是有利的。尤其是正构烷烃的环化脱氢反应会使辛烷值大幅度地提高。这三类反应的反应速率是不同的。六元环烷烃的脱氢反应进行得很快，在工业条件下能达到化学平衡，是生产芳烃最重要的反应。五元环烷烃的异构脱氢反应比六元环烷烃的脱氢反应慢很多，但大部分也能转化为芳烃。烷烃环化脱氢反应的速率较慢，在一般铂重整过程中，烷烃转化为芳烃的转化率很小。铂-铼等双金属和多金属催化剂重整的芳烃转化率有很大的提高，主要原因是提高了烷烃转化为芳烃的反应速率。

2. 异构化反应

$$n\text{-}C_7H_{16} \rightleftharpoons i\text{-}C_7H_{16}$$

$$\text{甲基环戊烷} \rightleftharpoons \text{环己烷}$$

$$\text{对二甲苯} \rightleftharpoons \text{邻二甲苯}$$

在催化重整条件下，各种烃类都能发生异构化反应，且是轻度的放热反应。异构化反应有利于五元环烷烃异构脱氢生成芳烃，提高芳烃产率。对于烷烃的异构化反应，虽然不能直接生成芳烃，但却能提高汽油的辛烷值，并且由于异构烷烃较正构烷烃容易进行脱氢环化反应，因此，异构化反应对生产汽油和芳烃都有重要意义。

3. 加氢裂化反应

$$n\text{-}C_7H_{16} + H_2 \longrightarrow n\text{-}C_3H_8 + i\text{-}C_4H_{10}$$

$$\text{甲基环戊烷} + H_2 \longrightarrow CH_3-CH_2-CH_2-CH(CH_3)$$

4. 加氢脱烷基反应

$$\text{C}_6\text{H}_5\text{CH(CH}_3)_2 + \text{H}_2 \longrightarrow \text{C}_6\text{H}_6 + \text{C}_3\text{H}_8$$

加氢裂化和加氢脱烷基反应实际上是裂化、加氢、异构化综合进行的反应，也是中等程度的放热反应。由于是按碳正离子反应机理进行反应，因此，产品中小于 C_3 的小分子很少。反应结果是生成较小的烃分子，而且在催化重整条件下的加氢裂化还包含异构化反应，这些都有利于提高汽油的辛烷值。但同时由于生成小于 C_5 的气体烃，汽油产率下降，并且芳烃收率也下降，因此，加氢裂化反应和加氢脱烷基反应要适当控制。

5. 缩合生焦反应

在重整条件下，烃类还可以发生叠合和缩合等分子增大的反应，最终缩合成焦炭，覆盖在催化剂表面，使其失活。因此，这类反应必须加以控制，工业上采用循环氢保护，一方面使容易缩合的烯烃饱和，另一方面抑制芳烃深度脱氢。

一般来讲，可以把缩合生焦看作不可逆反应，其倾向大小与原料的分子大小及结构有关，分子越大、烯烃含量越高的原料越易缩合生焦。另外，还与操作条件和催化剂性能有关，温度提高、压力降低、氢油比降低、反应时间延长都会导致缩合生焦。

三、催化重整催化剂的组成和评价

伴随着催化重整工艺的发展，重整催化剂经历了铬钼、单铂、双金属（Pt-Sn，Pt-Re）等发展阶段。现阶段应用最广泛的是双金属（Pt-Sn、Pt-Re）重整催化剂。含 Pt-Sn 的重整催化剂主要用于连续重整工艺，含 Pt-Re 的重整催化剂主要用于固定床重整工艺。目前，重整催化剂的改进主要是在金属配比、添加第三金属组元、制备技术和载体上做适当的调整，以降低催化剂生产成本，提高催化剂的催化性能。Pt/L 沸石催化剂具有较传统重整催化剂更高的芳烃选择性，采用此类催化剂的重整工艺近期也有所发展。

由于半再生式催化重整和连续再生式催化重整的操作方式不同，对催化剂的要求也有所不同。一般半再生催化剂要求催化剂有更好的稳定性、更低的积炭速率，而连续重整催化剂是在系统内连续再生，对催化剂要求有良好的低压反应性能、抗积炭性能和再生性能、金属抗烧结性能和金属再分散性能、适当的堆积密度和良好的机械性能、高抗磨强度、高的水热稳定性和氯保持能力以保证催化剂寿命。知名的催化剂供应商都按照市场对催化剂的要求不断地研究改进和开发新的催化剂。

未来重整工艺将继续向反应压力降低、反应温度升高、氢油比降低的方向发展，而催化剂在重整工艺中仍起着核心的作用。在催化选择性、活性和稳定性方面的改善对炼油厂经济会产生重大影响，未来市场对性能优异的催化剂仍将保持强大的需求。未来催化剂的开发将以适应市场需要为目的，在满足环境和安全要求的前提下，提高催化剂的性能，降低催化剂的成本。

1. 重整催化剂的组成

工业重整催化剂分为两大类：非贵金属催化剂和贵金属催化剂。

非贵金属能化剂主要有 Cr_2O_3/Al_2O_3、MoO_3/Al_2O_3 等，其主要活性组分多属于元素周期表中ⅥB族金属元素的氧化物。这类催化剂的性能较贵金属催化剂的性能低得多，目前工业上已淘汰。

贵金属催化剂主要有 Pt-Re/Al$_2$O$_3$、Pt-Sn/Al$_2$O$_3$、Pt-Ir/Al$_2$O$_3$ 等系列，其活性组分主要是元素周期表中ⅧB族的金属元素，如铂、钯、铱、铑等。

贵金属催化剂由活性组分、助催化剂和载体构成。

(1) 活性组分　由于重整过程有芳构化和异构化两种不同类型的理想反应，因此，要求重整催化剂具备脱氢和裂化、异构化两种活性功能，即重整催化剂的双功能。一般由金属元素提供环烷烃脱氢生成芳烃、烷烃脱氢生成烯烃等脱氢反应功能，也称为金属功能；由卤素提供烯烃环化、五元环异构等异构化反应功能，也称为酸性功能。通常情况下，把提供活性功能的组分又称为主催化剂。

重整催化剂的这两种功能在反应中是有机配合的，它们并不是互不相干的，应保持一定的平衡，否则会影响催化剂的整体活性及选择性。研究表明，烷烃的脱氢环化反应可按如图 5-1 所示的过程进行。

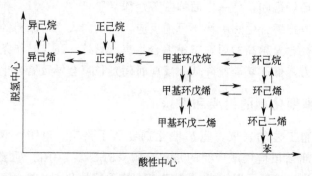

图 5-1　C$_6$ 烃的重整反应历程

由以上可以看出，在正己烷转化成苯的过程中，烃分子交替地在脱氢中心和酸性中心上起作用。正己烷转化为苯的总反应速率取决于过程中各个阶段的反应速率，而反应速率最慢的阶段起着决定作用（控制步骤）。因此，重整催化剂的两种功能必须适当配合才能得到满意的结果。如果脱氢活性很强，则只能加速六元环烷烃的脱氢，而对五元环烷烃和烷烃的芳构化及烷烃的异构化促进不大，达不到提高芳烃产率和提高汽油辛烷值的目的。相反，如果酸性功能很强，则促进了异构化反应，加氢裂化也相对增加，而液体产物收率下降，五元环烷烃和烷烃生成芳烃的选择性下降，也达不到预期的目的。因此，如何保证这两种功能得到适当的配合是制备重整催化剂和实际生产操作的一个重要问题。

从表 5-1 的实验数据可进一步观察两种功能的配合，有以下两组催化剂。A 组：铂含量保持不变，为 0.3%，氟含量从 0.05% 依次增加到 1.25%。B 组：氟含量保持不变，为 0.77%，铂含量从 0.012% 依次增加到 0.300%。金属组分与酸性组分的相互关系如表 5-1 所示。

从表 5-1 中可以看出，A 组催化剂，随氟含量的增加，苯产率也增加，当氟含量大于 1% 时，苯产率增加趋缓，接近平衡转化率。由此可见，含氟小于 1% 时，甲基环戊烷脱氢异构生成苯的反应速率是由酸性功能控制的。对 B 组催化剂，催化剂中铂含量增加，苯产率增加。当铂含量大于 0.075% 时，产率增加不大。可见含铂小于 0.075% 时，反应速率由催化剂的脱氢功能控制。

表 5-1　金属组分与酸性组分的相互关系

A组:催化剂含铂,0.3%		B组:催化剂含氯,0.77%	
氟含量/%	苯产率/%	铂含量/%	苯产率/%
0.05	25.0	0.012	14.5
0.15	31.5	0.030	45.0
0.30	41.0	0.050	56.0
0.50	59.0	0.075	63.0
1.00	71.0	0.100	63.5
1.25	71.5	0.300	63.0

注:以甲基环戊烷为原料,反应条件为500℃,1.8Mpa。

① 铂。活性组分中金属元素提供了脱氢活性功能,目前应用最广的是贵金属铂(Pt)。一般来说,催化剂的活性、稳定性和抗毒物能力随铂含量的增加而增强。但铂是贵金属成本很高,其催化剂的成本主要取决于铂含量。研究表明,当铂含量接近于1%时,继续提高铂含量几乎没有收益。随着载体及催化剂制备技术的改进,使分布在载体上的金属能够更加均匀地分散,重整催化剂的铂含量趋向于降低,一般为0.1%~0.7%。

② 卤素。活性组分中的酸性功能一般由卤素提供,随着卤素含量的增加,催化剂对异构化和加氢裂化等酸性反应的催化活性也增加。在卤素的使用上通常有氟氯型和全氯型两种。氟在催化剂上比较稳定,在操作时不易被水带走,因此氟氯型催化剂的酸性功能受重整原料含水量的影响较小。一般氟氯型新鲜催化剂含氟和氯约为1%,但氟的加氢裂化性能较强,使催化剂的选择性变差。氯在催化剂上不稳定,容易被水带走,这也正好可通过注氯和注水控制催化剂的酸性,从而达到重整催化剂的双功能很好地配合的目的。一般新鲜全氯型催化剂的氯含量为0.6%~1.5%,在实际操作过程中要求氯稳定在0.4%~1.0%。

(2) 助催化剂　助催化剂是指本身不具备催化活性或活性很弱,但其与主催化剂共同存在时,能改善主催化剂的活性、稳定性及选择性的物质。近年来重整催化剂的发展主要是引进第二、第三及更多的其他金属作为助催化剂。一方面,减小铂含量以降低催化剂的成本;另一方面,改善铂催化剂的稳定性和选择性。通常,把这种含有多种金属元素的重整催化剂称为双金属或多金属催化剂。目前,双金属和多金属重整催化剂主要有以下三大系列。

① 铂-铼系列:与铂催化剂相比,初活性没有很大改进,但随着活性、稳定性大大提高,容炭能力增强(铂-铼催化剂容炭量可达20%,铂催化剂仅为3%~6%),主要用于固定床重整工艺。

② 铂-铱系列。在铂催化剂中引入铱可以大幅度提高催化剂的脱氢环化能力。铱是活性组分,它的环化能力强,其氢解能力也强,因此在铂铱催化剂中常常加入第三组分作为抑制剂,改善其选择性和稳定性。

③ 铂-锡系列。铂-锡催化剂在低压和高温条件下稳定性非常好,环化选择性也好,其较多地应用于连续重整工艺。

对于连续重整装置而言,助催化剂金属的选择要考虑如下三个方面。

① 对液体产率、活性和生焦等的影响。

② 通过多个氧化和还原周期，助金属有保持和调节金属功能与酸性功能的能力（即再生能力）。

③ 对催化剂其他性能（如氯化物滞留能力）无不利影响。

(3) 载体　载体也称担体。一般来说，载体本身并没有催化活性，但是具有较大的比表面积和较好的机械强度，它能使活性组分很好地分散在其表面上，从而更有效地发挥其作用，节省活性组分的用量，同时也提高催化剂的稳定性和机械强度。目前，作为重整催化剂的常用载体有 $\eta\text{-}Al_2O_3$ 和 $\gamma\text{-}Al_2O_3$。$\eta\text{-}Al_2O_3$ 的比表面积大，氯保持能力强，但热稳定性和抗水能力较差，因此目前重整催化剂常用 $\gamma\text{-}Al_2O_3$ 作为载体。载体应具备适当的孔结构，孔径过小不利于原料和产物的扩散，易于在微孔口结焦，使内表面不能充分利用而使活性迅速降低。采用双金属或多金属催化剂时，操作压力较低，要求催化剂有较大的容焦能力以保证稳定的活性。因此这类催化剂的载体的孔容和孔径要大一些，这一点从催化剂的堆积密度可看出，铂催化剂的堆积密度为 $0.65\sim0.8g/cm$，多金属催化剂的堆积密度则为 $0.45\sim0.68g/cm$。

2. 重整催化剂的评价

催化重整催化剂研究和开发的重点是，最大限度地提高催化剂的选择性和寿命，以便最大量地生产汽油、BTX 芳烃和氢气，满足市场需求。新的工业化催化重整催化剂的发展技术重点为半再生重整催化剂，选择减少 Pt-Re 催化剂的氢解活性，增加重整生成油和氢气产率，以及提高催化剂选择性和寿命的三金属和多金属催化剂。连续重整催化剂的发展趋势是增加催化剂的活性和选择性，减少失活率，降低 Pt 组元荷载，提高催化剂的抗磨损性能。

重整催化剂评价主要从化学组成、物理性质及使用性能三个方面进行。

(1) 化学组成　重整催化剂的化学组成涉及活性组分的类型和含量、助催化剂的种类及含量、载体的组成和结构。主要指标有金属含量、卤素含量、载体类型及含量等。

(2) 物理性质　重整催化剂的物理性质主要有催化剂化学组成、结构和配制方法所导致的物理特性。主要指标有堆积密度、比表面积、孔体积、孔半径和颗粒直径等。

(3) 使用性能　重整催化剂的使用性能由催化剂的化学组成和物理性质、原料组成、操作方法及操作条件共同作用，使重整催化剂在使用过程中导致结果的差异。主要指标有活性、选择性、稳定性、再生性能、机械强度和寿命等。

① 活性。催化剂的活性评价方法一般因生产目的不同而异。以生产芳烃为目的时，可在一定的反应条件下考察芳烃转化率或芳烃产率。如以加氢精制后的大庆直馏（60～130℃）馏分为原料，在 490℃、总压为 2.5MPa、氢油体积比为 1200:1、空速为 $3\sim6h^{-1}$ 的条件下进行重整反应，所得芳烃转化率即为催化剂的活性，铂催化剂一般大于 85%，铂-铼催化剂可达 110% 左右。

② 选择性。催化剂的选择性表示催化剂对不同反应的加速能力。由于重整反应是一个复杂的平行-顺序反应，因此催化剂的选择性直接影响目的产物的收率和质量。催化剂的选择性可用目的产物的收率或目的产物收率/非目的产物收率的值进行评价，如用芳烃转化率、汽油收率、芳烃收率/液化气收率，汽油收率/液化气收率等表示。

③ 稳定性和寿命。催化剂的稳定性是衡量催化剂在使用过程中其活性及选择性下降

速度的指标。催化剂的活性和选择性下降主要由原料性质、操作条件、催化剂的性能和使用方法共同作用造成。一般把催化剂活性和选择性的下降称为催化剂失活。造成催化剂失活的原因主要有以下几方面。

a. 固体物覆盖。催化重整过程主要固体覆盖物是焦炭，焦炭对催化剂活性的影响可从生焦能力和容焦能力两方面进行考察。如铂-锡催化剂的生焦速率慢，铂-铼催化剂的容焦能力强，因此焦炭对这两类催化剂的活性影响相对较弱。

b. 中毒。中毒分为永久性中毒和非永久性中毒。永久性中毒是指催化剂活性不能恢复，如砷、铅、钼、铁、镍、汞、钠等中毒，其中以砷的危害性最大。砷与铂有很强的亲和力，它与铂形成合金（$PtAs_2$）造成催化剂永久性中毒，通常催化剂上的砷含量超过 $200\mu g/g$ 时，催化剂活性完全失去。非永久性中毒是指在更换不含毒物的原料后，催化剂上已吸附的毒物可以逐渐排除而恢复活性。这类毒物一般为含氧、硫、氮等的化合物。因此应该加强重整原料的预处理、设备管线的吹扫等防止毒物进入反应过程。

c. 老化。重整催化剂在反应和再生过程中由于温度、压力及其他介质的作用造成金属聚集、卤素流失、载体破碎及烧融等，这些对催化剂的活性及选择性都会造成不利的影响。

综上所述，重整催化剂在使用过程中由于积炭、中毒、老化等原因造成活性及选择性下降，从而影响重整催化剂的长期稳定使用，结果是芳烃转化率或汽油辛烷值降低。保持活性和选择性的能力称为催化剂的稳定性。

当重整催化剂在使用过程中由于活性、选择性、稳定性、再生性能、机械强度等使用性能不能满足实际生产需求时，必须更换新催化剂。催化剂从开始使用到废弃这一段时间称为催化剂的寿命，可用小时表示，也可用每千克催化剂处理原料量，即 t（原料）/kg（催化剂）或 m^3（原料）/kg（催化剂）表示。

④ 再生性能。重整催化剂由于积炭等原因而失活可通过再生来恢复其活性，但催化剂经再生后很难恢复到新鲜催化剂的水平。这是由于有些失活不能恢复（例如永久性的中毒），而且再生过程中由于热作用等造成载体表面积减小和金属分散度下降而使活性降低。因此，每次催化剂再生后其活性只能达到上次再生的 85%～95%，当它的活性不再满足要求时就需要更换新鲜催化剂。

⑤ 机械强度。催化剂在使用过程中，由于装卸或操作条件等原因导致催化剂颗粒粉碎，造成床层压力降增大，压缩机能耗增加，同时也对反应不利。因此要求催化剂必须具有一定的机械强度。工业上常以耐压强度（Pa 或 N/粒）表示重整催化剂的机械强度。

四、重整催化剂的使用方法及操作技术

1. 开工技术

由于催化剂的类型和重整反应工艺不同，所以采用不同的开工技术。对于氧化态铂-铼或铂-铱催化剂的固定床重整部分开工技术，包括催化剂的装填、干燥、还原、预硫化和进油等步骤，每个步骤都会影响催化剂的性能和反应过程。

（1）催化剂的装填　装填催化剂前必须对装置进行彻底清扫和干燥。清除杂物和硫化铁等污染物，装填催化剂必须在晴天进行，催化剂要装得均匀结实，各处松密一致，以免进油后油气分布不均，产生短路。

(2) 催化剂的干燥　开工前反应区一定要彻底干燥以防催化剂带水。干燥主要通过循环压缩机用热氮气循环流动来完成，在各低点排去游离水。干燥用的氮气中通入空气，以维持一定的氧含量，使催化剂在高温下氧化，清洁表面，有利于还原，同时也可将系统中残存的烃类烧去，氧浓度可逐步升到5%左右，温度可逐步升到500℃左右，必要时循环氮气可经分子筛脱水，以加快干燥进程。整个反应部分的气体回路均在干燥范围内。

(3) 催化剂的还原　还原过程是在循环氢气的氛围下，将催化剂上氧化态的金属还原成具有更高活性的金属态。还原前用氮气吹扫系统，一次通过，以除去系统中的含氧气体。还原时从低温开始，先用干燥的电解氢或经活性炭吸附过的重整氢一次通过床层，从高压分离器排出，以吹扫系统中的氮气。然后用氢将系统充压到0.5~0.7MPa进行循环，并以30~50℃/h的速度升温。当温度升到480~500℃时保持1h，结束还原。在整个还原过程中（包括升温过程），在各部位的低点放空排水。在有分子筛干燥设施的装置上，必要时可投用分子筛干燥设施。

(4) 催化剂预硫化　对铂-铼或铂-铱双金属催化剂而言，需在进油前进行硫化，以降低过高的初活性，防止进油后发生剧烈的氢解反应。硫化温度为370℃左右，硫化剂（硫醇或二硫化碳）从各反应器入口注入，以免炉管吸硫造成硫不足，同时也避免硫的腐蚀。硫化剂在1h内注完，新装置注硫量要多一些。注硫量不同，进油催化剂床层温度和氢浓度的变化也不一样。一般第一、第二反应器的注硫量以0.06%~0.15%为宜，第三、第四反应器还要稍高一些。硫化时如注硫量过多，则在进油后由于催化剂上的硫释放出来，需要较长时间才能将循环气中的硫含量降到$2\mu g/g$以下，在此期间不能将反应温度提高到所需温度，只能在480℃的条件下运转，否则会加速催化剂失活。

(5) 重整进油及调整操作　催化剂预硫化后即可进油。如果使用的重整进料油是储存的预加氢精制油，需再经过汽提塔除去油中的水和氧。根据循环气中的含水量逐步提高到所需的温度，并进行水氯平衡的调节。

如果是还原态或铂-锡催化剂，则开工方法稍有不同，因为催化剂为还原态，故不需还原过程。由于催化剂中加入锡，已抑制了催化过程的初活性，所以不需要预硫化。

2. 反应系统中水氯平衡的控制

在装置运转过程中催化剂的水氯平衡控制是非常重要的。因为一种优良的催化剂，其金属功能和酸性功能是相互匹配的。但在运转过程中，催化剂上的氯含量（酸性功能）受反应系统中的水等影响而逐渐损失，所以在操作时要加以调节，以保持催化剂有适宜的氯含量。调节方法在开工初期和正常运转时有所不同。

(1) 开工初期　由于催化剂在还原时和进油后初期系统中的水量较多，氯损失较大，或由于氯化更新时未达到预期的效果，所以在开工初期必须集中补氯以期对催化剂上的氯进行调整。

集中补氯时的注氯量要根据循环气中水的多少来定。重整开工的补氯量如表5-2所示。一般总的补氯量为催化剂的0.2%（质量分数）左右。集中补氯期间，温度不要超过480℃。当循环气中的含水量小于$200\mu g/g$，硫化氯含量小于$2\mu g/g$，原料油中的硫含量小于$0.5\mu g/g$时，反应器温度即可升到490℃。随着进油时间的延长，系统气中的水含量继续下降。当系统气中的含水量小于$50\mu g/g$后，按正常的水氯平衡调节。

表 5-2　重整开工的补氯量

气中的含水量/(μg/g)	进料油中的注氯量/(μg/g)	气中的含水量/(μg/g)	进料油中的注氯量/(μg/g)
>500	25～50	100～200	5～10
200～500	10～25	50～100	3～5

（2）正常运转　当重整转入正常运转后，反应系统中水和氯的来源是原料油中的水和氯及注入的水和氯。循环气中的水宜为 15～50μg/g，以 15～30μg/g 为好，适量的水能活化氧化铝，并使氯分布均匀。循环气中的氯含量宜为 1～3μg/g，过高的氯表明催化剂上的氯过量。催化剂上的氯含量是反应系统中水和氯摩尔比的函数。例如某催化剂在反应温度为 500℃时，水氯摩尔比与催化剂上的氯含量的关系如图 5-2 所示。

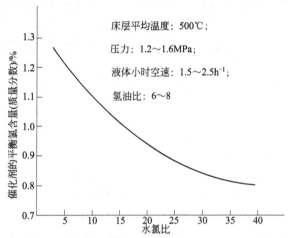

图 5-2　某催化剂平衡氯含量与反应混合进料水氯比的关系

关于水氯平衡的调节，在实践中也积累了丰富的经验，可简单地按循环气中水的含量来确定。一般注氯量如表 5-3 所示。

表 5-3　重整正常运转过程中的注氯量

气中的含水量/(μg/g)	注氯量/(μg/g)	气中的含水量/(μg/g)	注氯量/(μg/g)
35～50	2～3	15～25	0.5～1
25～35	1.5～2		

（3）催化剂的失活控制与再生　在运转过程中，催化剂的活性逐渐下降，选择性变坏，芳烃产率和生成油的辛烷值降低。其原因主要是催化剂积炭、中毒和老化。因此，在运转过程中，必须严格操作，尽量防止或减少这些失活因素的产生，以降低催化剂的失活速率，延长开工周期。通常采用提高反应温度的方法来补偿催化剂的活性损失。当运转后期反应温度上升到设计的极限，或液体收率大幅度下降时，催化剂必须停工再生。

① 催化剂的失活控制。

a. 抑制积炭生成。催化剂在高温下容易生成积炭，但如能将积炭前身物及时加氢或加氢裂解变成轻烃，则可以减少积炭。制备催化剂时在金属铂以外加入第二种金属如铼、锡、铱等，可大大提高能化剂的稳定性。因为铼的加氢性能强，容炭能力提高；锡可提高加氢性能；铱可把积炭前身物裂解变成无害的轻烃，从而减少积炭。由于催化剂中加入了第二种金属和制备技术的改进，催化剂上的铂含量从 0.6% 降到 0.3%，甚至更低，而催化剂的稳定性和容炭能力却大为提高。

提高氢油比有利于加氢反应的进行,可减少催化剂上积炭前身物的生成。提高反应压力可抑制积炭的生成,但压力加大后,烷烃和环烷烃转化成芳烃的速率减慢。对铂-铼及铂-依双金属催化剂在进油前进行预硫化,以抑制催化剂的氢解活性,也可减少积炭。

b. 抑制金属聚集。在优良的新鲜催化剂中,铂金属粒子分散很好,大小在10nm左右,而且分布均匀。但在高温下,催化剂载体表面上的金属粒子聚集很快,金属粒子变大,表面积减小,以致催化剂活性减小。所以对提高反应温度必须十分慎重。如催化剂上因氯损失较多,而使活性下降,则必须调整好水氯平衡,控制好催化剂上的氯含量,观察催化剂活性是否上升,在此基础上再决定是否提温。

再生时高温烧炭也会加速金属粒子的聚集,一定要很好地控制烧炭温度,并且要防止硫酸盐的污染。烧炭时注入一定量的氯化物会使金属稳定,并有助于金属的分散。

另外,要选用热稳定性好的载体,如 $\gamma\text{-}Al_2O_3$,在高温下不易发生相变,可减少金属聚集。

c. 防止催化剂污染中毒。在运转过程中,如果原料油中的含水量过高,会洗下催化剂上的氯,使催化剂酸性功能减弱而失活,并且使催化剂载体结构发生变化,加速催化剂上铂晶粒的聚集。氧及有机氧化物在重整条件下会很快变为水,所以必须避免原料油中的过量水、氧及有机氧化物的存在。

原料油中的有机氮化物在重整条件下会生成氨,进而生成呈碱性的氯化铵,使催化剂的酸性功能减弱而失活。此时虽可注入氯以补偿催化剂上氯的损失,但已生成的氯化铵会沉积在冷却器、循环氢压缩机进口,堵塞管线,使压力降增大。所以当发现原料油中的氮含量增加时,首先要降低反应温度,寻找原因,加以排除,不宜补氯和提温。

在重整反应条件下,催化剂硫中毒的一种情况是原料油中的硫及硫化物会与金属铂作用使铂中毒,从而使催化剂的脱氢和脱氢环化活性变差。如发现硫中毒,也是先降低反应温度,再找出硫高的原因,加以排除。催化剂硫中毒的另一种情况是再生时硫酸盐中毒而失活。当催化剂烧炭时,存在炉管和热交换器内的硫化铁与氧作用生成二氧化硫和三氧化硫进入催化剂床层,在催化剂上生成亚硫酸盐及硫酸盐强烈吸附在铂及氧化铝上,促使金属晶粒长大,抑制金属的再分散,活性变差,并难以氯化更新。

砷中毒是原料油中微量的有机砷化物与催化剂接触后,强烈地吸附在金属铂上而使金属失去加氢、脱氢的金属功能。例如,某重整装置首次使用大庆石脑油为原料油时,砷含量在 $1\mu g/g$ 以上,经40天运转后,第一反应器温降为0℃,第二反应器温降为2℃,第三反应器温降为7℃,铂催化剂已完全丧失活性。此时分析催化剂上的砷含量(质量分数),第一反应器为0.15%,第二反应器为0.082%,第三反应器为0.04%,都已超过催化剂所允许的砷含量(0.02%)。将失活催化剂进行再生前后的对比,结果表明,再生前后的活性无差异,说明不能用再生方法恢复其活性。砷中毒为不可逆中毒,中毒后必须更换催化剂。所以,必须严格控制原料中的砷和其他金属(如Pb、Cu等)的含量,以防止催化剂发生永久性中毒。

想一想

为什么通过反应器温降的大小,可判断催化剂是否失活?

② 催化剂的再生。催化剂经长期运转后，如因积炭失去活性，经烧炭、氯化更新、还原及硫化等过程，可完全恢复其活性，但如因金属中毒或高温烧结而严重失活，再生不能使其恢复活性，则必须更换催化剂。例如，某重整装置用铂-铼双金属催化剂（Pt 0.3%，Re 0.3%），经运转一个周期后，反应器降温，停止进料并用氮气循环置换系统中的氢气，加压烧炭及氯化更新进行再生，效果良好。催化剂再生的条件如表5-4所示。催化剂再生前后的分析如表5-5所示。催化剂再生后的性能如表5-6所示。

表5-4 催化剂再生的条件

条件	介质	反应器入口温度/℃	分离器压力/MPa	气剂体积比	气中氧的体积分数/%	气中水的体积分数/%	时间/h
烧炭	氮气＋空气	410（前期）	1.0～1.5	1200～1400	0.3～1.0	—	—
		430（后期）	1.0～1.5	1200～1400	1.0～5.0	—	—
氯化更新	氮气＋空气＋氯	420～500	0.5	800	13	1000～1500	4
		500～510	0.5	800	13	1000～1500	4

表5-5 催化剂再生前后的分析

反应器	再生前成分的质量分数/%			再生后成分的质量分数/%		
	C	S	Cl	C	S	Cl
第一反应器上部	1.2	0.005	1.04	0.4	0.005	0.6
第二反应器上部	2.3	0.007	1.30	0.04	—	0.76
第三反应器上部	4.4	0.003	1.30	0.03	0.005	0.98
第四反应器上部	4.6	—	1.38	0.02	—	1.12

表5-6 催化剂再生后的性能

反应条件及结果	第一周期（初期）	第二周期（初期）
加权平均入口温度/℃	479.8	480.4
平均反应压力/MPa	1.8	1.8
体积空速/h^{-1}	2.06	2.0
气油比/(m/m^3)	1388	1332
稳定汽油收率（质量分数）/%	91.5	92.3
稳定汽油辛烷值		
MONC	78.0	79.7
RONC	—	88.1
循环气中氢浓度的体积分数/%	94.0	92.1
气体产率/(m/m)	221	227

注：原油为80～180℃的大庆石脑油。

催化剂再生包括以下几个环节。

a. 烧炭。烧炭在整个再生过程中所占时间最长，且在高温下进行，而高温对催化剂上微孔结构的破坏、金属的聚集和氯的损失都有很大影响，所以要采取措施尽量缩短烧炭时间并很好地控制烧炭温度。烧炭前将系统中的油气吹扫干净，以省无谓的高温燃烧时间。烧炭时若采用高压，则可加快烧炭速率。提高再生气的循环量，除了可加快积炭的燃烧外，并可及时将燃烧时所产生的热量带出。烧炭时床层温度不宜超过460℃，再生气中氧的体积分数宜控制在0.3%～0.8%。当反应器内的燃烧高峰完成后，温度会很快下降。

如进出口温度相同，表明反应器内的积炭已基本烧完。在此基础上将温度升到480℃，同时提高再生气中氧的体积分数至1.0%～5.0%，烧去残炭。

b. 氯化更新。氯化更新是再生中很重要的一个步骤。研究和实践证明，烧焦后对催化剂再进行氯化和更新，可使催化剂的活性进一步恢复，达到新鲜催化剂的水平，有时甚至可以超过新鲜催化剂的水平。

重整催化剂在使用过程中，特别是在烧焦时，铂晶粒会逐渐长大，分散度降低，同时烧焦过程中产生水，会使催化剂上的氯流失。氯化就是在烧焦之后，用含氯气体（通常为二氯乙烷）在一定的温度下处理催化剂，使铂晶粒重新分散，从而提高催化剂的活性，氯化同时也可以给催化剂补充一部分氯。更新是在氯化之后，用干空气在高温下处理催化剂。更新的作用是使铂的表面再氧化以防止铂晶粒的聚结，从而保持催化剂的表面积和活性。

c. 被硫污染后的再生半再生。重整催化剂及系统被硫污染后，在烧焦前必须先将临氢系统中的硫及硫化铁除去，以免催化剂在再生时受硫酸盐污染。我国通用的脱除临氢系统中的硫及硫化铁的方法有高温热氢循环脱硫及氧化脱硫法。

高温热氢循环脱硫是在装置停止进油后，压缩机继续循环，并将温度逐渐提高到510℃，循环气中的氢在高温下与硫及硫化铁作用生成硫化氢，并通过分子筛吸附除去。当油气分离器出口气中的H_2S小于$1\mu g/g$时，热氢循环即可结束。

氧化脱硫是将加热炉和热交换器等有硫化铁的管线与重整反应器隔断，在加热炉炉管中通入含氧的氮气，在高温下一次通过，将硫化铁氧化成二氧化硫而排出。气体中氧的体积分数为0.5%～1.0%，压力为0.5MPa。当温度升到420℃时，硫化铁的氧化反应开始剧烈，二氧化硫浓度最高可达每克中含几千微克，控制最高温度不超过500℃。当气体中的二氧化硫低于$10\mu g/g$时，将氧的体积分数提高到5%，再氧化2h即可结束。

任务二 催化重整工艺流程组织

催化重整过程可生产高辛烷值汽油，也可生产芳烃。生产目的不同，装置构成也不同。

以生产高辛烷值汽油为目的的重整过程主要由原料预处理、重整反应和反应产物分离三部分构成，如图5-3所示。

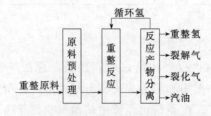

图5-3 生产高辛烷值汽油的方案

以生产芳烃为目的的重整过程主要由原料预处理、重整反应、芳烃抽提和芳烃精馏四部分组成，如图5-4所示。

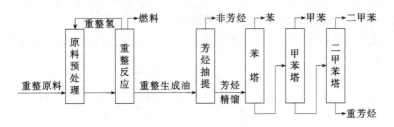

图 5-4 生产芳烃的方案

催化重整工艺流程包括四个部分：原料预处理、反应（再生）、芳烃抽提和芳烃精馏，其中反应（再生）部分按系统催化剂再生方式可分为固定床半再生、固定床循环再生和移动床连续再生。本部分主要讨论反应（再生）部分工艺过程。

一、固定床半再生重整工艺流程

固定床半再生式重整的特点是当催化剂运转一定时期后，由于活性下降而不能继续使用时，需就地停工再生（或换用异地再生好的或新鲜的催化剂），再生后重新开工运转，因此称为半再生式重整过程。

1. 典型的铂-铼重整工艺流程

铂-铼双金属催化剂半再生式重整反应工艺原理流程如图 5-5 所示。

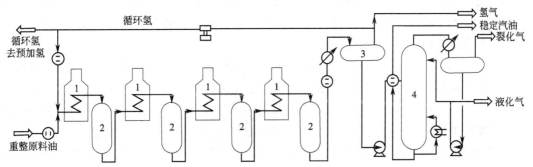

图 5-5 铂-铼双金属催化剂重整工艺原理流程图
1—加热炉；2—反应器；3—高压分离器；4—脱戊烷塔

经预处理的原料油与循环氢混合，再经换热、加热后进 4 个串联的绝热反应器，每个反应器之前都有加热炉，提供反应所需的热量。反应器的入口温度一般为 480～520℃，其他操作条件：空速为 $1.5～2h^{-1}$，氢油比（体）约为 1200∶1，压力为 1.5～2MPa，生产周期为半年至一年。

自最后一个反应器出来的重整产物温度很高（490℃左右），为了回收热量而进入一台大型立式换热器与重整进料换热，再经冷却后进入油气分离器，分出含氢 85%～95%（体积分数）的气体（富氢气体）。经循环氢压缩机升压后，大部分送回反应系统作为循环氢使用，一小部分去预加氢部分。如果是以生产芳烃为目的的工艺过程，分离出的重整生成油进入脱戊烷塔，塔顶蒸出 $\leqslant C_5$ 的组分，塔底是含有芳烃的脱戊烷油，作为芳烃抽提部分的进料油。如果重整装置只生产高辛烷值汽油，则重整生成油只进入稳定塔，塔顶分出裂化气和液态烃，塔底产品为满足蒸气压要求的稳定汽油。稳定塔和脱戊烷塔实际上完全相同，只是生产目的不同时，名称不同。

2. 麦格纳重整（Magna forming）工艺流程

麦格纳重整属于固定床反应器半再生式过程，其反应系统工艺流程如图 5-6 所示。

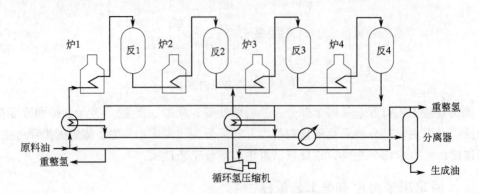

图 5-6 麦格纳重整工艺流程图

麦格纳重整工艺的主要理念是根据每个反应器所进行反应的特点，对主要操作条件进行优化。例如，将循环氢分为两路，一路从第一反应器进入，另一路则从第三反应器进入。在第一、第二反应器采用高空速、较低反应温度及较低氢油比，这样可有利于环烷烃的脱氢反应，同时抑制加氢裂化反应。后面的 1 个或 2 个反应器则采用低空速、高反应温度及高氢油比，这样有利于烷烃脱氢环化反应。这种工艺的主要特点是可以得到较高的液体收率，装置能耗也有所降低。国内的固定床半再生式重整装置多采用此种工艺流程，也称为分段混氢流程。

固定床半再生式重整过程的工艺优点是工艺反应系统简单，运转、操作与维护比较方便，建筑费用较低，应用最广泛。缺点是由于催化剂活性变化，要求不断地变更运转条件（主要是反应温度），到了运转末期，反应温度相当高，导致重整油收率下降，氢纯度降低，气体产率增加，而且催化剂停工再生影响全厂生产，装置开工率较低。随着双（多）金属催化剂的活性、选择性和稳定性得到改进，使其能在苛刻条件下长期运转，发挥了它的优势。

二、连续再生式重整工艺流程

半再生式重整工艺会因催化剂的积炭而被迫停工进行再生。为了能经常保持催化剂的高活性，在有利于芳构化反应的条件下进行操作，并且随着炼油厂加氢工艺的日益增多，需要连续地供应氢气。美国环球油品公司（UOP）和法国石油研究院（IFP）分别研究和发展了移动床反应器连续再生式重整，简称连续重整。其主要特征是设有专门的再生器，催化剂在反应器和再生器内进行移动，并且在两器之间不断地进行循环反应和再生，一般每 3~7 天催化剂全部再生一遍。如图 5-7 和图 5-8 所示为 IFP 和 UOP 连续重整反应系统流程。

在连续重整装置中，催化剂连续地依次流过串联的三个（或四个）移动床反应器，从最后一个反应器流出的待生催化剂含炭量为 5%~7%。待生催化剂依靠重力和气体提升输送到再生器进行再生。恢复活性后的再生催化剂返回第一反应器又进行反应。催化剂在系统内形成一个循环。由于催化反应可以频繁进行再生，可采用比较苛刻的反应条件，即低反应压力（0.8~0.35MPa）、低氢油摩尔比（4~1.5）和高反应温度（500~530℃）。其结果是更有利于烷烃的芳构化反应，重整生成油的辛烷值 RON 可高达 100，甚至 105 以上，液体收率和氢气产率高。

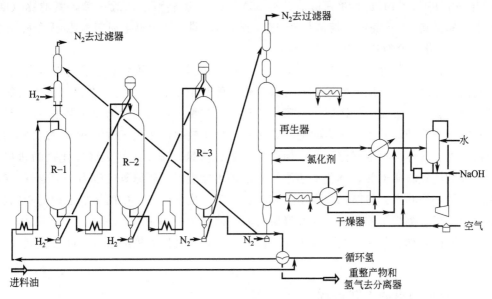

图 5-7　IFP 连续重整反应系统流程图

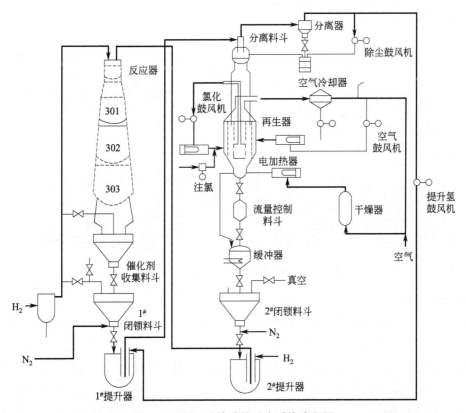

图 5-8　UOP 连续重整反应系统流程图

近年来，这两项技术都有较大的改进。到目前为止，IFP 和 UOP 各推出了三代连续重整工艺。

首先，在反应部分有了较大进步，从第一代到第三代，反应压力逐渐降低，已经由 UOP 第一代的 1.23MPa 下降到目前的 0.35MPa，空速逐渐增加近一倍，氢油比（摩尔比）由 5 降低到 2，产品的辛烷值从 95 增加到 105，催化剂的再生周期由 30 天下降到 2~3 天。这些变化，都对提高芳烃的产率产生了较大影响。

其次，在催化剂再生方面有了较大改进。UOP 的第一代再生工艺采用常压再生，烧焦氢化循环回路分开，烧焦区的氧气含量范围一般为 1.0%~1.3%，氯化气体进行循环，还原采用重整氢气进行一段还原。与第一代再生工艺相比，第二代为加压再生，尽管烧焦区的氧气含量降低，但由于压力的提高，提高了烧焦效率；氯化区改为轴向，取消了氯化鼓风机，氯化气体与再生气体汇合，使烧焦气氛含有氯，减少了烧焦区催化剂的氯损失；还原区改到闭锁料斗上部，避免了还原气带水进入反应器；还原氢气改为提纯氢气，改善了催化剂的还原状态。与第二代再生工艺相比，第三代再生工艺中的烧焦区内的筛网由圆柱形改为锥形，缩短了催化剂的高温停留时间，使催化剂的使用寿命延长；还原区改回到第一反应器的顶部，但由一段还原改为二段还原，还原气体由提纯氢气改回重整氢气，进一步提高了还原效率。

三、芳烃抽提的工艺流程

芳烃抽提的工艺流程一般包括抽提、溶剂回收和溶剂再生三个系统。典型的二乙二醇醚抽提装置的工艺流程如图 5-9 所示。

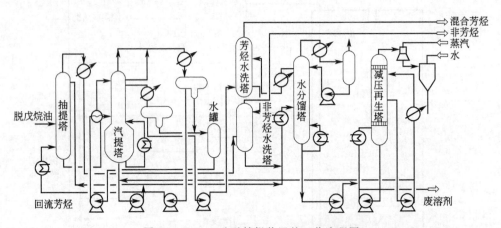

图 5-9　二乙二醇醚抽提装置的工艺流程图

1. 抽提部分

原料（脱戊烷油）从抽提塔（萃取塔）的中部进入，抽提塔是一个筛板塔，溶剂（主溶剂）从塔的顶部进入与原料进行逆流接触抽提。从塔底出来的是提取液，其主要是溶剂和芳烃，提取液送入溶剂回收部分的汽提塔以分离溶剂和芳烃。为了提高芳烃的纯度，抽提塔塔底打入经加热的回流芳烃。

2. 溶剂回收部分

溶剂回收部分的任务是从提取液、提余液和水中回收溶剂并使之循环使用。溶剂回收部分的主要设备有汽提塔、水洗塔和水分馏塔。

(1) 汽提塔　汽提塔的主要任务是回收提取液中的溶剂。其结构是顶部带有闪蒸段的浮阀塔，全塔分为三段：顶部闪蒸段、上部抽提蒸馏段和下部汽提段。汽提塔在常压下操作，由抽提塔底来的提取液经换热后进入汽提塔顶部。在闪蒸段，提取液中的轻质非芳烃、部分芳烃和水因减压闪蒸出去，余下的液体流入抽提蒸馏段。抽提蒸馏段顶部引出的芳烃也还含有少量非芳烃（主要是 C_6），这部分芳烃与闪蒸产物混合经冷凝并分去水分后作为回流芳烃返回抽提塔下部。产品芳烃由抽提蒸馏段上部以气相引出，冷凝后分出的水即可作为汽提塔的中段回流，也可换热作为汽提蒸汽。汽提塔底都有重沸器供热。为了避免溶剂分解（二乙二醇醚在164℃开始分解），在汽提段引入水蒸气以降低芳烃蒸气分压使芳烃能在较低的温度（一般约150℃）下全部蒸出。溶剂的含水量对抽提操作有重要影响，为了保证汽提塔底抽出的溶剂有适宜的含水量，汽提段的压力和塔底温度必须严格控制。为了减少溶剂损失，汽提所用的蒸汽是循环使用的，一般用量是汽提塔进料量的3%左右。

(2) 水洗塔　水洗塔有两个：芳烃水洗塔和非芳烃水洗塔，这是两个筛板塔。在水洗塔中，是用水洗去（溶解掉）芳烃或非芳烃中的二乙二醇醚，从而减少溶剂的损失。在水洗塔中，水是连续相而芳烃或非芳烃是分散相。从两个水洗塔塔顶分别引出混合芳烃产品和非芳烃产品。芳烃水洗塔的用水量一般约为芳烃量的30%。这部分水是循环使用的，其循环路线为：水分馏塔—芳烃水洗塔—非芳烃水洗塔—水分馏塔。

(3) 水分馏塔　水分馏塔的任务是回收水溶剂并取得干净的循环水。对送去再生的溶剂，先通过水分馏塔分出水，以减轻溶剂再生塔的负荷。水分馏塔在常压下操作，塔顶采用全回流，以便使夹带的轻油排出。大部分不含油的水从塔顶部侧线抽出。国内的水分馏塔多采用圆形泡罩塔板。

3. 溶剂再生部分

二乙二醇醚在使用过程中由于高温及氧化会生成大分子的叠合物和有机酸，导致管道堵塞和腐蚀设备，并降低溶剂的使用性能。为了保证溶剂的质量，一方面要注意经常加入单乙醇胺以中和生成的有机酸，使溶剂的 pH 值经常维持在7.5~8.0；另一方面要经常从汽提塔塔底抽出的贫溶剂中引出一部分溶剂去再生。再生是采用蒸馏的方法将溶剂和大分子叠合物分离。因二乙二醇醚的常压沸点是245℃，已超出其分解温度164℃，必须用减压（约0.0025MPa）蒸馏。

减压蒸馏在减压再生塔中进行，塔顶抽真空，塔中部抽出再生溶剂，一部分作为塔顶回流，余下的送回抽提系统。已氧化变质的溶剂因沸点较高而留在塔底，用泵抽出后与进料一起返回塔内，经一定的时间后从塔内可部分地排出老化变质的溶剂。

当溶剂改用三乙二醇醚或四乙二醇醚等溶剂时，此工艺流程可以不变，但是操作条件需适当改变。

四、芳烃精馏的工艺流程

芳烃精馏的工艺流程有两种类型，一种是三塔流程（见图5-10），用来生产苯、甲苯、混合二甲苯和重芳烃；另一种是五塔流程，用来生产苯、甲苯、邻二甲苯、乙苯和重芳烃。

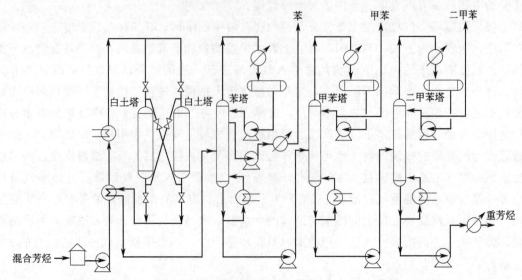

图 5-10 芳烃精馏的工艺流程图（三塔流程）

混合芳烃先换热再加热后进入白土塔，通过白土吸附以除去其中的不饱和烃，从白土塔出来的混合物温度在 90℃ 左右，而后进入苯塔中部，塔底物料在重沸器内用热载体加热到 130～135℃，塔顶产物经冷凝冷却器冷却至 40℃ 左右进入回流罐。经沉降脱水后，打至苯塔塔顶作为回流，苯产品则从塔侧线抽出，经换热冷却后进入成品罐。

用来精制芳烃的白土是一种具有中等酸性的催化活性物质，在 175～200℃，压力为 1.2～1.5MPa 的条件下，白土上的酸性活性中心能促使烯烃聚合和烷基化，成为高沸点化合物，在下一个分离步骤中排出。

白土精制是在液相条件下进行的，这样，生成的聚合物可被白土吸附而脱除。液相操作是由白土床中保持较高的操作压力来实现的。在白土精制过程中，操作温度升高将使白土的吸附能力下降。与此同时，也加强了它的催化能力，因而有利于白土寿命的延长。但过高的温度需要较高的压力才能使芳烃保持在液相状态之中，并需要特殊的加热设备。因此，通常白土塔的操作温度保持在 150～200℃。

白土的寿命由脱除烯烃的程度来决定，较高的转化需要较高的温度，这样将增加白土上难溶的高聚合物和焦炭的生成速率，这些沉积物将堵塞部分活性中心，从而减少了白土的活性。通常，白土的最佳使用寿命，应有适宜的操作温度来保证。活性白土的主要成分为 SiO_2、Al_2O_3 及水，其余为 Fe_2O_3、MgO、K_2O、CaO、Na_2O 等。

苯塔塔底芳烃用泵抽出打至甲苯塔中部，塔底物料由重沸器用热载体加热至 155℃ 左右，甲苯塔塔顶馏出的甲苯经冷凝冷却后进入甲苯回流罐。一部分作为甲苯塔塔顶回流，另一部分去甲苯成品罐。

甲苯塔塔底芳烃用泵抽出后，打至二甲苯塔中部，塔底芳烃由重沸器热载体加热，控制塔的第 8 层温度为 160℃ 左右，塔顶馏出的二甲苯经冷凝冷却后，进入二甲苯回流罐，一部分作为二甲苯塔塔顶回流，另一部分去二甲苯成品罐，塔底重芳烃经冷却后进入混合汽油线。芳烃精馏的操作条件如表 5-7 所示。

表 5-7　芳烃精馏的操作条件

项目	苯塔	甲苯塔	二甲苯塔
塔顶压力/MPa	0.02	0.02	0.02
塔顶温度/℃	79	114	135
塔底温度/℃	135	149	173
塔板数/块	44	50	40
回流比	7	3.2	1.7

五、催化重整的典型设备

1. 重整反应器

重整反应器是催化重整过程的核心设备，按工艺的不同要求大致可分为半再生式重整装置（采用固定床反应器）和连续再生式重整装置（采用移动床反应器）。

工业用固定床重整反应器主要有轴向式反应器和径向式反应器两种结构形式。它们之间的主要差别在于气体流动方式不同和床层压力降不同。如图 5-11 所示为轴向反应器和径向反应器的简图。

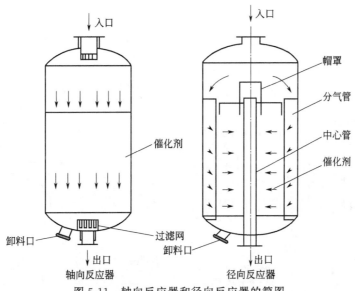

图 5-11　轴向反应器和径向反应器的简图

对轴向反应器而言，反应器为圆筒形，高径比一般略大于 3。反应器外壳由 20 号锅炉钢板制成，当设计压力为 4MPa 时外层厚度约 40mm，壳体内衬为 100mm 的耐热水泥层，里面有一层厚 3mm 的合金钢衬里。衬里可防止碳钢壳体受高温氢气的腐蚀，水泥层则兼有保温和降低外壳壁温的作用。为了使原料气沿整个床层截面分配均匀，在入口处设有分配头并设事故氮气线。油气出口处设有防止催化剂粉末带出的钢丝网。催化剂床层的上方和下方均装有惰性瓷球以防止操作波动时催化剂层跳动而引起催化剂破碎，同时也有利于气流的均匀分布。催化剂床层中设有呈螺旋形分布的若干测温点，以便监测整个床层的温度分布情况，这对再生时尤其显得重要。

与轴向反应器比较，径向反应器的主要特点是气流以较低的流速径向通过催化剂床层，床层压力降较低。如表 5-8 所示为两种反应器的压力降情况。

表 5-8　两种反应器的压力降　　　　　　　　　　　　　　　　单位：MPa

项目	第一反应器	第二反应器	第三反应器	第四反应器
径向反应器	0.1350	0.1604	0.1866	0.1989
轴向反应器	0.1782	0.2876	0.2642	0.4056

注：采用相同的反应条件，装置处理量 15×10^4 吨/年，压力 1.8MPa，反应温度为 520℃，氢油体积比为 1200：1，催化剂装量比例为 1：1.5：3.0：4.5。

径向反应器的中心部位有两层中心管，内层中心管壁上钻有许多几毫米直径的小孔，外层中心管壁上开了许多矩形小槽。沿反应器外壳内壁圆周排列几十个开有许多小的长形孔的扇形筒，在扇形筒与中心管之间的环形空间是催化剂床层。反应原料油气从反应器顶部进入，经分布器后进入沿壳壁布满的扇形筒内，从扇形筒小孔出来后沿径向方向通过催化剂床层进行反应，反应产物进入中心管，然后导出反应器。中心管顶上的帽罩由几节圆管组成，其长度可以调节，用此调节催化剂的装入高度。另外，与轴向反应器比较，径向反应器结构复杂，制造、安装、检修都较困难，投资也较高。径向反应器的压力降比轴向反应器小得多，这点对连续重整装置尤为重要。因此，连续重整装置的反应器都采用径向反应器，而且其再生器也是采用径向式的，如图 5-12 所示。

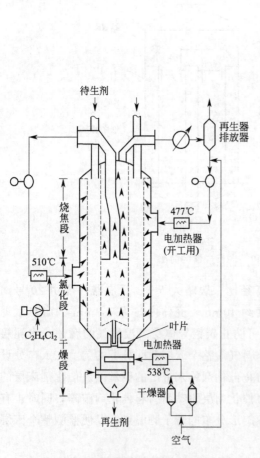

图 5-12　连续重整装置再生器简图

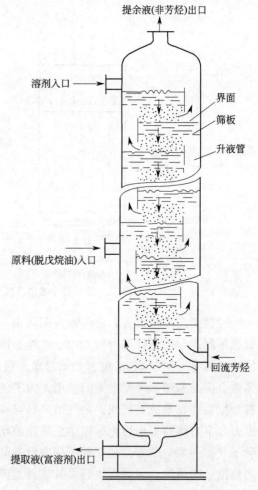

图 5-13　筛板抽提塔

2. 芳烃抽提塔

芳烃抽提方式对抽提效果也有较大影响。工业上多采用多段逆流抽提方法，其抽提过程在抽提塔中进行。为了提高芳烃纯度，可采用打回流方式，即一部分芳烃回流打入抽提塔，称为芳烃回流。工业上广泛用于重整芳烃抽提的抽提塔是筛板塔，如图5-13所示。

任务三 催化重整生产操作

一、主要工艺条件分析

1. 催化重整操作条件分析

影响重整反应的因素主要有催化剂的性能、原料性质、工艺技术、操作条件和设备结构等。而在实际生产过程中具备可调性的主要是操作条件，重整反应的主要操作条件有反应温度、压力、空速和氢油比等。

（1）反应温度 提高反应温度不仅能使化学反应速率加快，而且对强吸热的脱氢反应的化学平衡也很有利，但提高反应温度会使加氢裂化反应加剧、液体产物收率下降，催化剂积炭加快及受到设备材质和催化剂耐热性能的限制，因此，在选择反应温度时应综合考虑各方面的因素。由于重整反应是强吸热反应，反应时温度下降，因此为了得到较高的重整平衡转化率和保持较快的反应速率，就必须维持合适的反应温度，这就需要在反应过程中不断地补充热量。为此，重整反应器一般由三至四个反应器串联而成，反应器之间通过加热炉加热到所需的反应温度。这样，由进出反应器的物料温差提供反应过程所用的热量，这一温差称为反应器温降。在正常生产过程中，反应器温降依次减小。反应器的入口温度一般为480~520℃，使用新鲜催化剂时，反应器的入口温度较低。随着生产周期的延长，催化剂的活性逐渐下降，因此有必要采用逐渐提高各反应器的入口温度的方法，弥补由于催化剂活性下降而造成芳烃转化率或汽油辛烷值的下降。但是，这种提升是有限的。当温度提高后仍然不能满足实际生产要求时，固定床反应过程必须停工，对催化剂进行再生，对连续重整补充或更换新鲜催化剂。

催化重整采用多个串联的反应器，这就提出了反应器入口温度分布的问题。实际上各个反应器内的反应情况是不一样的。例如，反应速率较快的环烷脱氢反应主要是在前面的反应器内进行。而反应速率较低的加氢裂化反应和环化脱氢反应则延续到后面的反应器。因此，应当按各个反应器的反应情况分别采用不同的反应条件。在反应器入口温度的分布上曾经有过几种不同的方法：由前往后逐个递减、由前往后逐个递增、几个反应器的入口温度都相同。近年来，多数重整装置趋向于采用前面反应器的温度较低，后面反应器的温度较高的由前往后逐个递增的方案。

各个反应器进行反应的类型和程度不一样，也造成每个反应器的温降不同，结果是反应温降依次降低，同时也造成催化剂在每个反应器装入量或停留时间的不同。一般催化剂在第一个反应器装入量最小或停留时间最短，最后一个反应器与其相反。如表5-9所示为某固定床重整过程反应器的温降和催化剂的装入比例。

表 5-9　某固定床重整过程反应器的温降和催化剂的装入比例

	第一反应器	第二反应器	第三反应器	第四反应器	总计
催化剂的装入比例	1	1.5	3.0	4.5	10
温降/℃	76	41	18	8	143

由于催化剂床层温度是变化的，因此应用加权平均温度表示反应温度。所谓加权平均温度（或称为权重平均温度），就是考虑到不同温度下的催化剂数量而计算得到的平均温度，其定义如下：

$$加权平均进口温度 = \sum_{i=1}^{i_{max}} x_i T_{i入}, (i_{max} = 3 或 4)$$

$$加权平均床层温度 = \sum_{i=1}^{i_{max}} x_i \frac{T_{i入} + T_{i出}}{2}, (i_{max} = 3 或 4)$$

式中　x_i——各反应器装入催化剂量占全部催化剂量的分率；

$T_{i入}$——各反应器的入口温度，℃；

$T_{i出}$——各反应器的出口温度，℃。

床层温度变化不是线性的，严格地讲，各反应器的平均床层温度不应是出、入口的算术平均值，而应是积分平均值或根据动力学原理计算得到的当量反应温度。但由于后者不易求得，所以一般简单地用算术平均值表示。

（2）反应压力　提高反应压力对生成芳烃的环烷脱氢、烷烃环化脱氢反应都不利，但对加氢裂化反应却有利。因此，从增加芳烃产率的角度来看，希望采用较低的反应压力。在较低的压力下可以得到较高的汽油产率和芳烃产率，氢气的产率和纯度也较高。但是在低压下催化剂受氢气保护的程度下降，积炭速率较快，从而使操作周期缩短。选择适宜的反应压力应从以下三方面考虑。

第一，工艺技术。有两种方法：一种是采用较低的压力，经常再生催化剂，例如采用连续重整或循环再生强化重整工艺；另一种是采用较高的压力，虽然转化率不太高，但可延长操作周期，例如采用固定床半再生式重整工艺。

第二，原料性质。易生焦的原料要采用较高的反应压力，例如高烷烃原料比高环烷烃原料容易生焦，重馏分也容易生焦，对这类易生焦的原料通常要采用较高的反应压力。

第三，催化剂性能。催化剂的容焦能力大、稳定性好，则可以采用较低的反应压力。例如铂-铼等双金属及多金属催化剂有较高的稳定性和容焦能力，可以采用较低的反应压力，既能提高芳烃转化率，又能维持较长的操作周期。

综上所述，半再生式铂重整工艺采用 2~3MPa，铂-铼重整工艺一般采用 1.8MPa 左右的反应压力。连续再生式重整装置的压力可低至约 0.8MPa。新一代的连续再生式重整装置的压力已降低到 0.35MPa。重整技术的发展就是围绕着反应压力从高到低的变化过程，反应压力已成为能反映重整技术水平高低的重要标志。在现代重整装置中，最后一个反应器的催化剂通常占催化剂量的 50%。所以，选用最后一个反应器入口压力作为反应压力是合适的。

（3）空速　在石油化工工业中，对有催化剂参与的化学过程，一般情况下，固定床用空速，流化床用剂油比表示原料与催化剂的接触时间，又以接触时间间接地反映反应时间。连续重整是一种移动床，介于两者之间，情况比较复杂，在此不予多述。重整空速以催化剂的总用量为准。定义如下：

$$质量空速 = 原料油流量(t/h)/催化剂总用量(t)$$

$$体积空速 = 原料油流量(m^3/h,20℃)/催化剂总用量(m^3)$$

降低空速可以使反应物与催化剂的接触时间延长。催化重整中各类反应的反应速率不同，空速的影响也不同。环烷烃脱氢反应的速率很快，在重整条件下很容易达到化学平衡，空速的大小对这类反应影响不大。而烷烃环化脱氢反应和加氢裂化反应速率慢，空速对这类反应有较大的影响。所以，在加氢裂化反应影响不大的情况下，适当采用较低的空速对提高芳烃产率和汽油的辛烷值有好处。

通常在生产芳烃时，采用较高的空速；生产高辛烷值汽油时，采用较低的空速，以增加反应深度，使汽油辛烷值提高。但空速较低增加了加氢裂化反应程度，汽油收率降低，导致氢消耗量和催化剂结焦增加。

选择空速时还应考虑到原料的性质和装置的处理量。对环烷基原料，可以采用较高的空速，而对烷基原料则采用较低的空速。空速越大，装置处理量越大。

（4）氢油比　氢油比常用两种表示方法，即

$$氢油摩尔比 = 循环氢流量(kmol/h)/原料油流量(kmol/h)$$

$$氢油体积比 = 循环氢流量(m^3/h)/原料油流量(m^3/h,20℃)$$

在重整反应中，除反应生成的氢气外，还要在原料油进入反应器之前混合部分氢，这部分氢不参与重整反应，在工业上称为循环氢。通入循环氢主要起如下作用：

第一，为了抑制生焦反应，减少催化剂上的积炭，起到保护催化剂的作用。

第二，起到热载体的作用，减小反应床层的温降，使反应温度不致降得太低。

第三，稀释原料，使原料更均匀地分布于催化剂床层。

在总压不变时提高氢油比，意味着提高氢分压，有利于抑制生焦反应。但提高氢油比使循环氢量增加，压缩机动力消耗增加。当氢油比过大时，会由于减少了反应时间而降低了转化率。

由此可见，对于稳定性高的催化剂和生焦倾向小的原料，可以采用较小的氢油比，反之则需用较高的氢油比。铂重整装置采用的氢油摩尔比一般为 5～8，使用铂-铼催化剂时氢油比一般＜5，连续再生式重整的氢油比一般为 1～3。

2. 芳烃抽提操作条件分析

下面讨论在原料、溶剂及抽提方式决定后，影响抽提效果的操作条件。

（1）操作温度　抽提过程之所以能进行是因为萃取剂加入后形成了两相区。因此，两相区域的大小对抽提过程的影响是很大的，而两相区的大小又与系统的操作温度有关。

一般说来，温度的升高将增大溶解度，使两相区变小。当温度升高到某临界温度，两相区可以消失，完全互溶。此时，抽提分离就无法进行，所以温度升高对抽提过程显然是不利的。同时，温度升高还会使两相区的浓度接近，密度差变小，容易产生液泛。温度降低，两相区增大，对抽提有利，但降得太低，对有些系统可能产生第二或第三部分互溶的情况，所以，过低的操作温度对抽提也是不利的。例如，对于二乙二醇醚，温度低于 140℃时，芳烃的溶解度随着温度升高而显著增加；高于 150℃时，随着温度的提高，芳烃溶解度增加不多，选择性下降却很快。而温度低于 100℃时，溶剂用量太大，而且黏度增大使抽提效果下降，因此抽提塔的操作温度一般为 125～140℃。而对于环丁砜，操作

温度为 90~95℃比较适宜。

(2) 溶剂比　溶剂比是进入抽提塔的溶剂量与进料量之比。溶剂比增大，芳烃回收率增加，但提取相中的非芳烃量也增加，使芳烃产品纯度下降。同时溶剂比增大，设备投资和操作费用也增加。所以在保证一定的芳烃回收率的前提下应尽量降低溶剂比。溶剂比的选定应当结合操作温度的选择来综合考虑。提高溶剂比或升高温度都能提高芳烃回收率。实践经验表明，温度升高 10℃相当于溶剂比提高 0.780。对于不同的原料和溶剂应选择适宜的温度和溶剂比，一般以二乙二醇醚为溶剂，溶剂比为 15~20。以环丁枫为溶剂的环丁枫（Sulfolane）法溶剂比只有 2.0~3.5。

(3) 回流比　回流比是指回流芳烃量与进料量之比，它是调节产品芳烃纯度的主要手段。回流比大则产品芳烃纯度高，但芳烃回收率有所下降。另外，在抽提塔进料口之下引入的回流芳烃，显然要耗费额外的热量，并且使抽提塔的物料平衡关系变得复杂。回流比的大小，应与原料中芳烃含量多少相适应，原料中芳烃含量越高，回流比可越小。回流比和溶剂比也是相互影响的。降低溶剂比时，产品芳烃纯度提高，起到提高回流比的作用。反之，增加溶剂比具有降低回流比的作用。因而，在实际操作过程中，在提高溶剂比之前，应适当加大回流芳烃的流量，以确保芳烃产品纯度。一般选用回流比为 1.1~1.4，此时，产品芳烃的纯度可达 99.9% 以上。

(4) 溶剂含水量　溶剂含有一定量的水，可提高溶剂的选择性。含水越多，溶剂的选择性越好，因而溶剂中的含水量是用来调节溶剂选择性的一种手段。但是，溶剂含水量的增加，将使溶剂的溶解能力降低。因此，每种溶剂都有一个最适宜的含水量范围。对于二乙二醇醚，温度在 140~150℃时，溶剂含水量选用 6.5%~8.5%。

(5) 压力　抽提塔应在恒压下操作，塔内的压力主要保证抽提过程各种烃类在操作温度下处于液相状态，即高于抽提温度下非芳烃的泡点压力，否则塔内将产生汽化现象，会降低抽提效率。压力本身并不影响芳烃在溶剂中的溶解度，在操作上应避免抽提塔压力突然波动。当以 60~130℃馏分作为重整原料时，抽提温度 150℃左右，抽提压力应维持在 0.8~0.9MPa。

3. 芳烃精馏操作条件分析

芳烃精馏要求产品纯度高，应在 99.9% 以上，同时要求馏分很窄，如苯馏分的沸程是 79.6~80.5℃。为了满足上述产品的要求，芳烃精馏塔必须设有自动调节系统来保证塔顶温度在＜0.02℃的范围内波动，这样才能保证其杂质含量＜0.1%。另外，这种精馏塔还应能自动补偿压力变化所引起的干扰。例如，在同一沸点下，大气压波动超过 800Pa 时，塔顶产品就可能不合格。因此，芳烃精馏调节系统必须能满足以下要求：

① 塔顶温度变化＜0.02℃；
② 塔顶、塔底产品必须同时合格；
③ 克服塔压力变化及带入其他组分（如水）所引起的干扰，塔的调节系统应能自动进行补偿。

采用常规的改变回流量控制顶温的方法是难以做到的，需采用温差控制法。

实现精馏的条件是精馏塔内的浓度梯度和温度梯度。温度梯度越大，浓度梯度也就越大。但是，塔内浓度变化不是在塔内自上而下均匀变化的，在塔内某块塔盘上将出现显著变化，这块显著变化的塔盘，通常被称为灵敏塔盘，灵敏塔盘上的浓度变化对产品的质量影响最大。

在实际生产操作过程中，只要控制好灵敏塔盘，就能取得芳烃精馏的平稳操作。因此，温差控制就以灵敏塔盘为控制点，选择塔顶或某层塔板作为参考点，通过这两点温差的变化就能很好地反映出塔内的浓度变化情况。如图 5-14 所示为苯塔的温差调节系统控制图。

苯塔的灵敏塔盘通常在第 8~12 层。苯塔的温差控制就是控制灵敏塔盘（8~12 层）与参考点（1~4 层）之间的温差。灵敏点与参考点的温度信号分别接入温差控制器，温差控制器处理后发出调节信号，改变塔顶回流，以保证塔顶温度的稳定。这种控制方法能起到提前发现、提前调节的作用，只要保持塔顶温度的稳定，塔顶产品的质量就有了保证。

温差与灵敏区的变化、进料组成、塔底温度和回流罐含水等因素有关。合理的温差值及其上、下限可通过理论计算求出，比较容易取的是用实验法求取。所谓温度上限是塔顶产品接

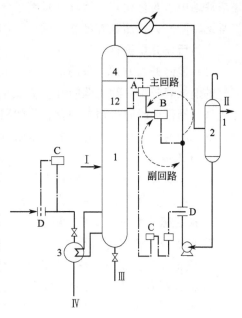

图 5-14 苯塔的温差调节系统控制图
Ⅰ—原料；Ⅱ—芳烃产品；Ⅲ—重芳烃；Ⅳ—热载体；
1—精馏塔；2—回流罐；3—重沸器；A—温差变送器；
B—温差调节器；C—流量变送器；D—孔板

近带有重组分时灵敏塔盘上的温度，下限则是塔底物料接近带有轻组分时灵敏塔盘上的温度。对苯塔来说，上、下限之间的温度范围是 0.1~0.8℃，在温差的上限或下限操作都是不好的，因为接近上限的时候，轻产品将夹带重组分而不合格；接近下限时，塔底将夹带轻组分。只有在远离上、下限时的温差才是合理的温差，只有在合理的温差下操作，才能保证塔顶温度稳定，才能起到提前发现、提前调节，保证产品质量的作用。

二、催化重整系统操作

催化重整系统操作涉及系统开工、正常生产过程控制、系统停工及事故处理等方面的操作程序、方法。以下主要针对 60 万吨/年 UOP 连续重整装置系统操作技术进行探讨。

（一）重整系统开工

重整系统的开工包括开工方式及方案的制订，开工操作人员调度及培训，开工准备及开工操作等方面。

1. 开工方式选择

开工方式一般有顺向开工和逆向开工两种模式。选择开工方式的原则是：在质量符合重整开工要求的氢气来源容易时，采用顺向开工方式；在有足够的合格氢气和精制油的条件下，采用逆向开工方式；在无重整开工用氢气和精制油的情况下，采用直馏石脑油制取重整开工用精制油和氢气的重整装置开工工艺专利技术时，也采用逆向开工方式。

（1）顺向开工方式　预加氢的进料从一开始就使用石脑油，中间不存在切换原料油的操作变化问题，因而预加氢开工过程步骤比较简单，并可避免在预加氢与重整联合运转后，因预加氢原料油切换和操作条件改变的不适当而造成重整进料质量的波动；可使汽提

塔塔底油中水含量比较快地降到重整进料所要求的水平,从而使重整进油后能较快地进入正常运转阶段;预加氢有足够的调整操作时间,能够确保在重整进料的各项杂质含量指标完全合格后才开始重整进油。

(2) 逆向开工方式　采用逆向开工方式开工能在缺少外供氢气的条件下开工,高纯度氢气的消耗量较少,约为顺向开工方式的40%~50%;重整开工的精制油用量较大,预加氢调整操作的时间受精制油储备量的限制;预加氢原料油存在由精制油切换为石脑油的操作变化问题,并存在因此而造成重整进料质量波动的可能性。

2. 开工准备

准备开工过程所需的准备物料及材料,如精制油、氢气、抽提溶剂、白土、硫化物、氯化物、乙醇、分子筛、活性炭等;准备开工过程所需的各种工具等。

3. 检查确认系统达到开工要求

① 检查开工所需物料及材料准备齐全;
② 检查开工所需的各种工具准备齐全;
③ 检查所属工艺管线、流程符合工艺要求;
④ 检查所属各塔、容器、加热炉、冷换设备、所属压缩机符合开工要求;
⑤ 检查各机泵达到正常运转条件;
⑥ 检查公用工程系统具备条件;
⑦ 检查仪表电气系统具备条件;
⑧ 检查安全环保设施齐全好用。

4. 开工操作

(1) 反应系统的氮气置换、气密检查
① 预加氢临氢系统氮气置换、气密操作;
② 重整临氢系统氮气置换、气密操作;
③ 溶剂油系统、临氢系统的氮气置换、气密操作;
④ 瓦斯系统氮气置换。

(2) 临氢系统循环升温、催化剂干燥　临氢系统气密性检查完毕,保持氮气正压。塔系统氮气置换完毕,保持氮气正压。瓦斯线并入系统,具备引瓦斯的条件。安全线并入系统投用。进行临氢系统循环升温、催化剂干燥。
① 预加氢临氢系统循环升温、催化剂干燥、活化;
② 重整临氢系统循环升温、催化剂干燥。

(3) 预加氢、重整临氢系统引氢及相关准备工作　催化剂的干燥、活化完成。预加氢临氢系统氮气正压,床层温度小200~250℃。重整临氢系统氮气正压,床层温度控制在370℃左右。进行以下工作:
① 预分馏塔、汽提塔、脱戊烷塔垫油,各塔升温热油单塔循环;
② 预加氢、重整临氢系统引氢建立氢气循环;
③ 脱重组分塔单塔循环;
④ 建立抽提塔和抽余油水洗塔冷油循环;
⑤ 建立溶剂冷循环;
⑥ 白土塔垫油;

⑦ 苯、甲苯、二甲苯塔垫油升温单塔循环；

⑧ 溶剂油分离塔垫油升温单塔循环。

(4) 芳烃系统重整催化剂还原完毕　预加氢临氢系统氢气循环，压力为 1.5MPa，温度为 200～250℃，重整临氢系统氢气循环，压力为 0.24MPa，温度控制在 370℃左右。各塔热油单塔循环。可进行以下操作：

① 建立溶剂热循环和水循环；

② 溶剂再生塔开工；

③ 二甲苯塔、苯塔、甲苯塔开工；

④ 精馏建立大循环。

(5) 重整进料　重整催化剂硫化结束。重整临氢系统氢气循环，压力为 0.24MPa，温度为 370℃，可进行以下操作：

① 重整进料操作；

② 预加氢切换原料进料，装置进入正常生产。

切换原料，调整操作，系统转入正常生产，完成开工操作。

(二) 重整系统正常生产控制操作

1. 原料预处理系统

(1) 预加氢反应操作控制

① 预加氢反应温度操作控制。反应温度是调节预加氢生成油质量的主要手段，提高温度虽然对除去杂质及烯烃饱和有利，但过高的温度对除去杂质无明显影响，反而促进裂解反应加剧，使催化剂积炭而降低活性及使用寿命。

控制范围：280～350℃。

控制目标：±2℃。

相关参数：预加氢反应加热炉瓦斯压力、入口温度、出口温度、反应器床层各点及出口温度。

控制方式：人工手动调节或 DCS 自动调节控制。

正常控制方法见表 5-10。

表 5-10　预加氢反应温度正常控制方法

影响因素	调整方法
①反应进料量变化 ②燃料气流量和压力变化 ③仪表故障	①根据炉出口温度调节反应进料量。进料量增加，提高炉出口温度；进料量下降，降低炉出口温度 ②调节燃料气流量和压力，控制炉出口温度变化 ③联系仪表单位，消除故障

一旦控制失效，当加热炉出口温度不论何种原因高于受控温度高值（如 350℃）且无法控制时，预处理系统按照紧急停工事故处理预案处理。

② 预加氢反应压力操作控制。提高反应压力将促进加氢反应，增加精制深度，有利于杂质的脱除，并可以保持催化剂活性，延长催化剂的使用寿命，过高的反应压力，会增加投资和运转费用，能耗大。

控制范围：1.3～1.8MPa。

控制目标：±0.05MPa。

相关参数：预加氢产物分离罐瓦斯排放流量、预加氢压缩机出口压力、预加氢反应器压降。

控制方式：人工手动调节或 DCS 自动调节控制。

正常控制方法见表 5-11。

表 5-11　预加氢反应压力正常控制方法

影响因素	调整方法
①预加氢产物分离罐压力变化	①调整分离罐瓦斯排放阀及调节引氢气增压，保持压力稳定
②预加氢压缩机出口压力变化	②调节控制压缩机出口压力

一旦控制失效，当预加氢产物分离罐压力无法控制时，预加氢系统按照紧急停工事故处理预案处理。

③ 预加氢反应氢油比（体积比）操作控制。提高氢油比可以防止因催化剂的积炭而降低活性，并提高了系统的氢分压，有利于加氢精制反应。此外，氢气还起到热载体的作用将反应热带出反应器，避免催化剂超温。

控制范围：氢油比≥100。

控制目标：氢油比不低于 100。

相关参数：预加氢进料量及氢气循环量。

控制方式：人工手动调节或 DCS 自动调节控制。

正常控制方法见表 5-12。

表 5-12　预加氢反应氢油比正常控制方法

影响因素	调整方法
预加氢进料量，氢气循环量	调节原料进料量，控制预加氢压缩机出口氢气循环

一旦压缩机故障停机，氢油比控制失效时，重整装置改抽精制油，预处理系统按照紧急停工事故处理预案处理。

(2) 汽提塔压力操作控制　低压操作有利于 H_2S 和水的脱除，但压力降低后，塔内的气相负荷增加，导致塔盘上的不正常雾沫夹带，对塔的正常操作不利。

控制范围：0.8~1.2MPa。

控制目标：±0.05MPa。

相关参数：汽提塔回流罐瓦斯排放流量。

控制方式：人工手动调节或 DCS 自动调节控制。

正常控制方法见表 5-13。

表 5-13　汽提塔压力正常控制方法

影响因素	调整方法
汽提塔回流罐瓦斯排放量	通过调节汽提塔回流罐瓦斯排放量来控制压力

2. 重整反应系统

(1) 重整反应温度操作控制　重整催化剂层温度是控制产品质量的首要参数。提高温度可以促进生成芳烃的反应，但加氢裂化反应同时也增加。因此，反应温度应当控制在能得到相当完全的芳构化和恰好的加氢裂化，以得到希望的产品和收率。

由于连续重整催化剂再生是连续的，因此催化剂能保持良好的性能，各反应器入口温度均应控制在设计值内。根据经验，一般操作时温度应低于设计值。

控制范围：第一反应加热炉出口温度 480～545℃；
　　　　　第二反应加热炉出口温度 480～545℃；
　　　　　第三反应加热炉出口温度 480～545℃；
　　　　　第四反应加热炉出口温度 480～545℃。

控制目标：±2℃。

相关参数：各反应加热炉入口温度、各反应器入口温度、各反应器出口温度、重整压缩机出口流量、各加热炉瓦斯压力。

控制方式：人工手动调节或 DCS 自动调节控制。

正常控制方法见表 5-14。

表 5-14　重整反应温度正常控制方法

影响因素	调整方法
①反应进料量 ②燃料气流量和压力	①根据出口温度调节反应进料量 ②调节燃料气流量和压力

一旦重整反应温度控制失效，超过 550℃时，重整系统按照紧急停工处理。

(2) 重整反应压力操作控制　对重整反应来说，重整将增加压力，加氢裂化增加而芳构化减少。降低压力有利于芳构化反应，但催化剂积炭加快，要求的再生速率增加。

对于连续重整反应压力已由设计确定，同时催化剂连续再生，活性得到保证。因此在实际操作中反应压力不作为调节手段。

控制范围：0.23～0.26MPa。

控制目标：±0.05MPa。

相关参数：循环氢压力、反应器压降、反应产物气液分离罐压力。

控制方式：人工手动调节或 DCS 自动调节控制。

正常控制方法见表 5-15。

表 5-15　重整反应压力正常控制方法

影响因素	调节方法
重整反应产物气液分离罐压力	调节产物气液分离罐压力控制阀

一旦重整反应压力控制失效，重整系统按照紧急停工处理。

(3) 重整反应空速操作控制　空速的大小将直接影响产品的质量，空速大，反应时间短，产品的质量就低，提高反应温度可以弥补大空速的影响，但又会引起热反应而降低催化剂的选择性，低空速会使加氢裂化反应加剧而使重整液体产品收率降低。

在正常操作中，如需要同时增加空速和反应温度，应先增加空速再提高反应温度。如需降低空速和反应温度，先降低反应温度再降空速。否则，将发生严重的加氢裂化反应，催化剂很快结焦，并大量消耗氢气。

控制范围：$0.55 \sim 1.95 h^{-1}$。

控制目标：±0.05h^{-1}。

相关参数：重整循环压缩机出口流量、重整进料换热器入口流量。

控制方式：人工手动调节或DCS自动调节控制。

正常控制方法见表5-16。

表5-16 重整反应空速正常控制方法

影响因素	调节方法
①原料进料量 ②氢气循环量	①调节原料进料量 ②调节氢气循环量

（4）重整反应氢油比操作控制　为保持催化剂的稳定性，保持一定的氢油比是十分必要的，氢油比的增加使原料油以更快的速率通过反应器，为吸热反应提供更多的热载体，有利于催化剂的稳定。

控制范围：氢油比≥350。

控制目标：设定值。

相关参数：重整循环压缩机出口流量、重整进料换热器入口流量。

控制方式：人工手动调节或DCS自动调节控制。

正常控制方法见表5-17。

表5-17 重整反应氢油比正常控制方法

影响因素	调节方法
①原料进料量 ②氢气循环量	①调节原料进料量 ②调节氢气循环量

3. 重整催化剂再生系统

（1）催化剂循环量操作控制　催化剂循环量受待生催化剂含炭量、再生循环气氧含量和再生循环气流量的影响，催化剂循环量必须始终与这些独立参数处于平稳状态，以确保循环催化剂上的炭被完全烧掉。即烧焦后催化剂含炭＜0.2%，如果一旦上述平衡被打破，则未烧透的催化剂将进入氧化区，在氧化区高氧环境下发生剧烈燃烧，引起超温而损害再生设备和催化剂。

控制范围：68～680kg/h。

控制目标：设定值。

相关参数：还原段和闭锁料斗料位。

控制方式：人工手动调节或DCS自动调节控制。

正常控制方法见表5-18。

表5-18 催化剂循环量正常控制方法

影响因素	调节方法
还原段和闭锁料斗料位	通过设定催化剂循环速率来调整循环量

（2）催化剂再生燃烧区床层温度操作控制　再生部分的操作条件影响燃烧段的床层温度，床层温度很好地体现了再生烧焦的状态。

控制范围：≤593℃。

控制目标：±2℃。
相关参数：再生器烟气温度、再生床层各点温度。
控制方式：人工手动调节或DCS自动调节控制。
正常控制方法见表5-19。

表5-19　催化剂再生燃烧区床层温度正常控制方法

影响因素	调节方法
①温度峰值偏低	①提高燃烧段氧含量；提高待生催化剂积炭量；提高催化剂循环流速
②温度峰值偏高	②提高催化剂循环流速；增加待生催化剂积炭量；降低燃烧段气体流速
③床层底部温度偏低	③提高催化剂循环流速；增加待生催化剂积炭量；降低燃烧段气体流速

（3）催化剂再生燃烧区入口氧含量操作控制　烧焦区氧含量的最佳控制范围为0.5%～0.8%，氧含量越高导致再生温度越高，易损害烧焦区的催化剂和设备，氧含量过低，则导致烧焦速度过慢而烧焦不彻底，含炭催化剂进入氧化区，而产生过高的氧化区温度。

控制范围（体积分数）：≤1.0%。
控制目标（体积分数）：±0.05%。
相关参数：再生器烟气温度、再生床层各点温度。
控制方式：人工手动调节或DCS自动调节控制。
正常控制方法见表5-20。

表5-20　催化剂再生燃烧区入口氧含量正常控制方法

影响因素	调整方法
进入再生器空气量的大小	燃烧状态时设定氧含量表的操作值，控制剩余空气量外排，调整燃烧入口氧含量、燃烧段氧含量；调整待生催化剂积炭量；调整催化剂循环流速

（三）重整系统停工

初始状态：装置处于正常生产状态。

1. 降温、降量、停进料

① 预加氢进料切换精制油；
② 重整反应系统降温、降量、停进料；
③ 预加氢反应系统降温、降量、停进料。

降温、降量、停进料完毕。预加氢闭路循环，床层温度为200℃，压力为1.7MPa左右。重整闭路循环，床层温度为450℃，压力为0.25MPa左右。

2. 预处理、重整、再生、抽提、精馏、溶剂油系统停工退油

① 准备工作；
② 预处理和重整反应系统停工；
③ 重整再生系统停工；
④ 抽提系统停工；
⑤ 精馏系统停工；
⑥ 溶剂油系统停工。

分馏、抽提、精馏、溶剂油系统退油。

3. 预加氢催化剂再生方案

① 预加氢催化剂再生准备工作;
② 预加氢催化剂再生。

预加氢催化剂再生更新完毕。

三、常见事故及处理

1. 精制油（重整进料）硫含量超高，导致催化剂硫中毒

铂重整装置中硫污染的异常生产现象、原因和处理方法见表 5-21。

表 5-21　铂重整装置中硫污染的异常生产现象、原因和处理方法

异常现象	产生原因	处理方法
产氢量减少,氢纯度降低;C_3、C_4 产量增加,C_5 液体收率下降;反应总温度降低	预加氢反应温度低,精制能力不足(反应温度过低、压力不够、催化剂活性下降等);汽提塔操作不正常,脱水及脱 H_2S 效果不佳	尽快将重整反应温度降至 480℃(不小于 480℃);重整改用精制油;调整汽提塔的操作;提高预加氢精制反应器的温度

2. 精制油（重整进料）氮含量超标，导致催化剂中毒的异常现象和处理方法

精制油（重整进料）氮含量超标，导致催化剂中毒的异常现象产生原因和处理方法见表 5-22。

表 5-22　催化剂中毒的异常现象产生原因和处理方法

异常现象	产生原因	处理方法
催化剂活性下降,产品辛烷值降低;产氢量增加;反应器总温降增加;铵盐结晶堵塞设备和管线(压缩机入口管线尤为严重)	预加氢操作条件不当(压力过低、料含氮量过高、催化剂活性下降等);汽提塔注入的缓蚀剂牌号选择不当,将含氮的缓蚀剂带入精制油中	分析原因,提高反应压力或切除含氮高的原料;根据催化剂受氮污染的情况,适当调整注氯量与氮含量匹配,但注氯不应超过 5×10^{-6}(质量分数)

3. 重整反应温度异常处理方法

重整反应温度异常处理方法见表 5-23。

表 5-23　重整反应温度异常处理方法

现象	原因	处理方法
反应温度波动	①加热炉发生波动 ②压缩机故障引起循环氢流量波动 ③进料量波动或中断	①调节燃料气流量和稳定燃料气压力,使加热炉出口温度平稳 ②压缩机故障引起循环氢流量波动 ③调节加热炉负荷,确保反应器入口温度不超温,同时尽快恢复进料

4. 重整反应压力异常处理方法

重整反应压力异常处理方法见表 5-24。

表 5-24　重整反应压力异常处理方法

现象	原因	处理方法
重整反应产物气液分离罐压力波动	①反应温度变化后,重整转化率变化,产品组成发生变化,从而影响系统压力 ②空速降低或进料中断,分离压力将下降 ③重整氢压缩机故障,分离器压力将上升 ④产品分离器压控阀失灵	①注意分离器的压力变化,控制压力平稳,并调整反应器入口温度 ②及时恢复进料,保持压力平稳 ③排除故障 ④联系仪表工

习题

一、简答题

1. 催化重整反应有哪些特点？在工业上采取哪些措施应对这些特点？
2. 催化重整的目的是什么？
3. 重整催化剂的双功能分别是什么？在生产过程中如何进行控制？
4. 影响重整反应过程的因素有哪些？这些因素如何影响最终产品的分布和收率？
5. 画出以生产芳烃为目的的重整过程原理流程图，并说明各部分的目的和作用。
6. 芳烃抽提由哪几部分构成？影响抽提过程的因素有哪些？芳烃精馏有何特点？
7. 催化重整反应过程为什么要采用氢气循环？
8. 重整催化剂为什么要进行氯化和更新？在生产过程中如何进行？
9. 后加氢、循环氢的作用各是什么？脱戊烷塔的作用是什么？

二、装置操作判断题

1. 催化重整装置吹扫时，对管线的吹扫在原则上要顺流程走向，先主线，后副线。（　　）
2. 催化重整装置临氢系统气密试漏时，常用肥皂水进行检测。（　　）
3. 新建装置进行水冲洗时，应遵循先主线、后副线的原则。（　　）
4. 新建装置进行水联运时，反应系统和分馏系统应同时进行。（　　）
5. 稳定汽油蒸气压过低，主要原因是重整装置稳定塔的塔顶温度过高。（　　）
6. 可以从催化重整原料芳烃潜含量的高低来判断催化重整原料的好坏。（　　）
7. 安装截止阀时，应使阀门的进出口方向与流体的方向一致。（　　）
8. 预加氢原料金属含量增加，极易导致催化剂床层的压力降上升。（　　）
9. 重整反应系统进料泵突然停运时，首先应立即熄灭各加热炉火嘴，防止催化剂床层超温。（　　）
10. 连续重整装置反应器总压差急剧上升，则是催化剂进入扇形管中结焦堵塞所致。（　　）

三、装置模拟操作题

催化重整装置预加氢反应系统进料的操作。请从准备工作（穿戴劳保用品、工具用具准备、技术准备）、操作步骤、工具使用与维护、安全事项等方面进行叙述。

项目六

乙烯生产

知识目标

① 了解乙烯工业的发展趋势。
② 理解烃类热裂解制乙烯的生产原理、工艺条件。
③ 掌握烃类热裂解制乙烯的工艺流程、深冷分离方法。
④ 掌握乙烯生产过程中的有关防火、噪声防护等知识。

能力目标

① 能够对乙烯生产过程中的工艺条件进行分析、判断和选择。
② 能阅读和分析烃类热裂解生产乙烯的工艺流程图(PFD, process flow diagrams)。
③ 能根据生产原理分析生产条件、生产的组织顺序。
④ 能根据生产原理,结合工艺流程图、岗位操作方法,解释裂解炉开停车步骤,并对异常现象和故障能进行分析、判断、处理和排除。

▶ 任务一 乙烯生产方法的选择

乙烯作为最简单的烯烃,是石油化工的重要基础原料,现代化乙烯装置在生产乙烯的同时，副产世界上约70%的丙烯、90%的丁二烯、30%的芳烃。以三烯（乙烯、丙烯、丁二烯）和三苯（苯、甲苯、二甲苯）总量计，约65%来自乙烯生产装置。正因为乙烯生产在石油化工基础原料生产中所占的主导地位，常常以乙烯生产能力作为衡量一个国家和地区石油化工生产水平的标志。由于乙烯的化学性质很活泼，因此在自然界中独立存在的可能性很小。乙烯生产不管是过去、现在、还是未来都是化学工业中最活跃的领域之一。

我国作为烯烃需求大国，2016年4月发布的《石油和化学工业"十三五"发展指南》对烯烃产业做出了重点部署。根据要求，"十三五"期间中国要加快现有乙烯装置的升级改造。到2020年，全国乙烯产能达3200万吨/年，年产量约3000万吨，其中煤（甲醇）制乙烯所占比例达到20%以上。2015年，我国实现的乙烯产能为2117万吨/年，尚未满足"十二五"规划目标，距离2020年"十三五"规划目标有1083万吨/年的增长空间，与"十二五"增长空间相近，所以"十三五"期间乙烯产业仍然需要经历高速发展。

由于烯烃的化学性质很活泼，因此乙烯在自然界中独立存在的可能性很小。制取乙烯的方法很多，但以管式炉裂解技术最为成熟，其他技术还有催化裂解、合成气制乙烯等多种方法。

一、管式炉裂解技术

反应器与加热炉融为一体，称为裂解炉。原料在辐射炉管内流过，通过燃料燃烧的高温火焰、产生的烟道气、炉墙辐射加热将热量经辐射管管壁传给管内物料，裂解反应在管内高温下进行，管内无催化剂，也称为石油烃热裂解。同时为降低烃分压，目前大多采用加入稀释蒸汽，故也称为蒸汽裂解技术。

二、催化裂解技术

催化裂解即在有催化剂存在下进行的烃类的裂解反应，催化裂解可以降低反应温度，提高选择性和产品收率。

据俄罗斯有机合成研究院对催化裂解和蒸汽裂解的技术经济的比较，认为催化裂解单位乙烯和丙烯生产成本比蒸汽裂解低10%左右，单位建设费用低13%~15%，原料消耗降低10%~20%，能耗降低30%。

催化裂解技术具有的优点，使其成为改进裂解过程最有前途的工艺技术之一。

三、合成气制乙烯（MTO）

MTO合成路线，是以天然气或煤为主要原料，先生产合成气，合成气再转化为甲醇，然后由甲醇生产烯烃的路线，完全不依赖于石油。在石油日益短缺的21世纪有望成为生产烯烃的重要路线。

采用MTO工艺可对现有的石脑油裂解制乙烯装置进行扩能改造。由于MTO工艺对低级烯烃具有极高的选择性，烷烃的生成量极低，可以非常容易分离出化学级乙烯和丙烯，因此可在现有乙烯工厂的基础上提高乙烯生产能力30%左右。

到目前为止，世界上95%乙烯都是由管式炉蒸汽热裂解技术生产的，其他工艺路线由于经济性或者存在技术"瓶颈"等问题,至今仍处于技术开发或工业化实验的水平,没有或很少有常年运行的工业化生产装置。所以本项目主要介绍石油烃热裂解生产乙烯的技术。

任务二　石油烃热裂解原料及产品的认知

一、乙烯的性质和用途

乙烯是一种无色、有窒息性的醚味或淡淡的甜味、易燃、易爆的气体,乙烯几乎不溶于水,化学性质活泼,与空气混合能形成爆炸性混合物。乙烯产品通常以液体形态加压贮存于乙烯厂内,贮存压力为1.9~25MPa,贮存温度为-30℃左右。操作人员暴露到高浓度的乙烯中会产生麻醉作用,长时间暴露将会失去知觉,且可能由于窒息而导致死亡。乙烯的物理性质见表6-1。

表 6-1　乙烯的物理性质

项目	数值	项目	数值
分子量	28.05	临界压力/MPa	4.97
熔点/℃	-169.4	自燃点/℃	537
沸点/℃	-103.8	聚合热/(kJ/mol)	95
相对密度(液体,103.8℃)	0.5699	爆炸极限/%	3.02~34
临界温度/℃	9.90		

以乙烯为原料通过多种合成途径可以得到系列重要的石油化工中间产品和最终产品,如图6-1所示。其中高、低密度聚乙烯,环氧乙烷和乙二醇,二氧乙烷和氯乙烯,乙苯和苯乙烯以及乙醇和乙醛,是乙烯的主要消费产品。

二、裂解原料来源和种类

1. 原料来源

用于管式炉裂解的原料来源很广,主要有两个方面:一是来自油田的伴生气和来自气田的天然气,两者都属于天然气范畴;二是来自炼油厂的一次加工油品(如石脑油、煤油、柴油等)、二次加工油品(如焦化汽油、加氢裂化尾油等)以及副产的炼厂气。另外,还有乙烯装置本身分离出来循环裂解的乙烷等。

天然气的主要成分是甲烷,还含有乙烷、丙烷等轻质饱和烃及少量二氧化碳、氮硫化氢等非烃成分。从化学组分来分类,天然气可分为干气和湿气。干气含甲烷90%以上,由于在常温下加压也不能使之液化,不适宜作裂解原料。湿气含甲烷90%以下,还含有一定量的乙烷、丙烷、丁烷等烷烃。由于乙烷以上的烃在常温下加压可以使之液化,故称为湿气。此类天然气经分离后得到的乙烷以上的烷烃,是优质的裂解原料。天然气分离加工过程如图6-2所示。

从图6-2可看出,湿性天然气分离加工后,甲烷被分离出去,得到乙烷、液化石油气(LPG, liquefied petroleum gas)、天然汽油、加工厂凝析油,总称为天然气凝析液

（NGL，natural gas liquid），NGL 可不加分离直接用作裂解原料。

来自炼油厂的各种原料所含烃类的组成不同，裂解性能有很大差异。

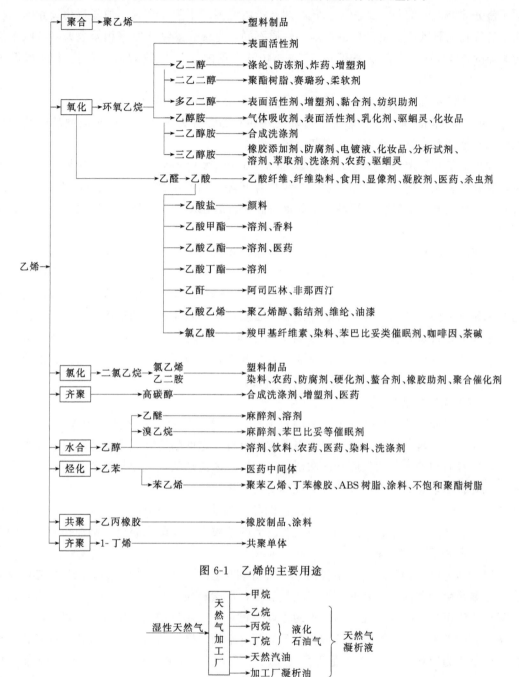

图 6-1　乙烯的主要用途

图 6-2　天然气分离加工过程示意图

（1）炼厂气　原油在炼厂加工过程中所得副产气的总称，它主要包括重整气、加氢裂化气、催化裂化气、焦化气等，主要成分为 C_4 以下的烷烃、烯烃以及氢气和少量氮气、二氧化碳等气体。其中丰富的丙烯和丁烯可不经裂解由气体分离装置直接回收利用。分离出来的烷烃可作为裂解原料。

(2) 石脑油　一种轻质油品，其沸点范围依需要而定，通常为较宽的馏程，如30～220℃。石脑油按加工深度不同分为直馏石脑油和二次加工石脑油。直馏石脑油是原油经常压蒸分馏馏出的馏分；二次加工石脑油是指由炼油厂中焦化装置、加氢裂化装置等二次加工后得到的石脑油。由于原油产地、性质不同，直馏石脑油的收率相差很大，低收率仅为原油的2%～3%，高收率可达30%～40%。我国原油一般较重，石脑油收率仅为5%～15%。

(3) 直馏柴油　原油常压蒸馏时所得馏程范围在200～400℃的馏分为直馏柴油。一般称180～370℃的馏分为轻柴油，称350～410℃的馏分为重柴油。由于柴油裂解性能比相应的石脑油差，故不是理想的裂解原料。

(4) 加氢裂化尾油　加氢裂化是20世纪60年代发展起来的新工艺。加氢裂化使重质原料脱硫、脱氮；使芳烃饱和、多环烷烃加氢开环，从而增加烷烃含量；使重油轻质化，将减压馏分油及渣油转化为汽油、中间馏分和加氢裂化尾油。加氢裂化尾油是很好的裂解原料。

目前，我国乙烯使用的原料以石脑油为主，其次是轻柴油、加氢尾油等。其中，石脑油占64%、加氢尾油占10%、轻柴油占10%，90%乙烯原料来自炼厂。环顾全球，目前世界范围内乙烯原料主要来自石脑油、乙烷、页岩气等。其中，中东地区主要以乙烷作为乙烯原料，中国、日本、韩国等亚洲国家主要依赖于经原油加工的重质石脑油，美国等北美国家则主要依靠天然气凝析液（NGL）等。而在上述原料中，按价格高低排序依次是石脑油、页岩气和乙烷。随着美国对油页岩的开采，美国页岩气产量持续增长，加速了天然气凝析液（NGL）作为乙烯生产原料的占比。

2. 裂解原料的选择

乙烯生产原料的选择是一个重大的技术经济问题，原料在乙烯生产成本中占60%～80%。因此，原料选择正确与否对于降低成本有着决定性的意义。主要考虑以下几方面：

(1) 石油和天然气的供应状况和价格　世界各地乙烯的生产原料配置各不相同，大洋洲、北美、中东等地区由于天然气资源丰富且价格较为低廉，主要采用天然气凝析液（主要是乙烷）作为生产乙烯的原料，所占比例分别高达82%、73%和73%，剩余部分主要以粗柴油和石脑油为原料；亚洲、拉美和欧洲的乙烯生产商则主要以石脑油作为裂解的原料，分别占86%、70%和64%。

以美国为例，20世纪70年代初，大部分裂解原料是以轻质烃（乙烷或丙烷）为原料，主要是由于美国有丰富的湿性天然气资源，富含轻质烷烃。20世纪70年代后期，由于天然气资源日益减少，几乎新增加的乙烯装置都是采用石脑油和柴油。但当石油输出国大幅度提高油价后，原油价格的增长高于天然气平均价格的增长，绝大多数乙烯装置又转向以天然气为原料。90年代，提高了汽油质量要求，使原来用于催化重整的石脑油又成为乙烯裂解的原料。

由上可见，石油和天然气的供应状况和价格对乙烯装置原料的选择影响很大。

(2) 原料对能耗的影响　使用重质原料的乙烯装置能耗远远大于轻质原料，以乙烷为原料的乙烯装置生产成本最低，若乙烷原料的能耗为1，则丙烷、石脑油和柴油的能耗分别是1.23、1.52、1.84。美国比较了乙烯装置的生产成本，乙烷生产乙烯的成本为270美元/吨，而轻柴油生产乙烯的成本为671美元/吨。

目前,乙烯生产原料的发展趋势有两个,一是原料趋于多样化,二是原料中的轻烃比例增加。

(3) 原料对装置投资的影响　在乙烯生产中,采用不同的原料建厂,投资差别很大。采用乙烷、丙烷原料,由于烯烃收率高,副产品很少,工艺较简单,相应地投资较少。重质原料的乙烯收率低,原料消耗定额大幅度提高,装置炉区较大,副产品数量大,分离较复杂,则投资也较大,用减压柴油作原料是用乙烷的3.9倍。

随着国际上原料供求的变化,原料的价格也经常波动。因此,近来设计的乙烯装置,或对老装置进行改造,均提高了装置的灵活性,即一套装置可以裂解多种原料,例如某厂共有7台裂解炉,其中A～E炉为毫秒炉,G、H炉为SW炉(超选择性分区裂解炉)。经改造后,现SW炉可投石脑油,五台MSF炉(毫秒裂解炉)可投乙烷或丙烷、石脑油、轻柴油。但裂解炉可裂解原料的范围越宽,相应炉子的投资也会越大。

(4) 副产物的综合利用　裂解副产物约占整个产品组成的60%～80%,对其进行有效的利用,可使乙烯成本降低1/3或更多。

裂解副产物的综合利用,必须对副产品市场、价格对乙烯成本的影响和综合利用程度作综合考虑,因为这些也是原料选择特别重要的因素。

(5) 技术要求　乙烯装置用石脑油技术要求和试验方法应符合表6-2的规定。

表6-2　乙烯装置用石脑油技术要求和试验方法 (Q/SY 26—2009)

项目		技术指标			试验方法
		65号	60号	55号	
颜色/赛波特号		≥+20			GB/T 3555
密度(20℃)/(kg/m³)		630～750			GB/T 1884
馏程	初馏点/℃	报告			GB/T 6536 GB 255①
	50%馏出温度/℃	报告			
	终馏点/℃	≤200			
族组成	烷烃含量(质量分数)/%	≥65	≥60	≥55	NB/SH/T 0741—2010 SH/T 0714—2002②
	正构烷烃含量(质量分数)/%	≥30	—	—	
	环烷烃含量(质量分数)/%	报告			
	烯烃含量(质量分数)/%	≤2.0			
	芳烃含量(质量分数)/%	报告			
硫含量(质量分数)/%		≤0.05			GB/T 380③ SH/T 0253 SH/T 0689
砷含量(质量分数)/%		报告			SH/T 0629
铅含量(μg/kg)		≤100			SH/T 0242
机械杂质及水分		无			目测④
外观		无色透明液体			目测

① 馏程测定允许使用GB 255;有争议时,以GB/T 6536为准。
② 可采用SH/T 0741—2004和SH/T 0714—2002;有争议时,以SH/T 0714—2002为准。
③ 可采用GB/T 380、SH/T 0253及SH/T 0689;有争议时,以GB/T 380为准。
④ 将试样注入10mL玻璃量筒中观察,应透明,没有悬浮和沉降的机械杂质和水分。在有异议时以GB/T 511和GB/T 260方法测定结果为准。

注:Q/SY 26—2009为中国石油天然气集团公司企业标准。

三、乙烯产品的质量指标要求

乙烯直接氧化法生产环氧乙烷时,要求原料乙烯的纯度在99%以上,有害杂质含量不允许超过1×10^{-5};生产聚乙烯则要求原料气纯度不低于99.9%,乙烯的露点不大于$-50℃$。

表6-3为我国乙烯产品的国家标准。

表6-3 我国乙烯产品国家标准(GB/T 7715—2014)

序号	项目		指标		试验方法
			优等品	一等品	
1	乙烯含量 φ/%	≥	99.95	99.90	GB/T 3391
2	甲烷和乙烷含量/(mL/m³)	≤	500	1 000	GB/T 3391
3	C_3 和 C_3 以上含量/(mL/m³)	≤	10	50	GB/T 3391
4	一氧化碳含量/(mL/m³)	≤	1	3	GB/T 3394
5	二氧化碳含量/(mL/m³)	≤	5	10	GB/T 3394
6	氢含量/(mL/m³)	≤	5	10	GB/T 3393
7	氧含量/(mL/m³)	≤	2	5	GB/T 3396
8	乙炔含量/(mL/m³)	≤	3	6	GB/T 3391① GB/T 3394②
9	硫含量/(mg/kg)	≤	1	1	GB/T 11141③
10	水含量/(mL/m³)	≤	5	10	GB/T 3727
11	甲醇含量/(mg/kg)	≤	5	5	GB/T 1270¹
12	二甲醚含量③/(mg/kg)	≤	1	2	GB/T 12701

① 在有异议时,以GB/T 3394测定结果为准。
② 在有异议时,以GB/T 11141—2014中的紫外荧光法测定结果为准。
③ 蒸汽裂解工艺对该项目不做要求。

任务三 乙烯生产工艺条件的确定

一、石油烃热裂解的生产原理

在裂解原料中,主要烃类有烷烃、环烷烃和芳烃,二次加工的馏分油中还含有烯烃。尽管原料的来源和种类不同,但其主要成分是一致的,只是各种烃的比例有差异。烃类在高温下裂解,不仅原料发生多种反应,生成物也能继续反应,其中既有平行反应又有连串反应,包括脱氢、断链、异构化、脱氢环化、脱烷基、聚合、缩合、结焦等反应过程。因此,烃类裂解过程的化学变化是十分错综复杂的,生成的产物也多达数十种甚至上百种,见图6-3。

由图6-3可见,要全面描述这样一个十分复杂的反应过程是很困难的,所以人们根据反应的前后顺序,将它们简化归类分为一次反应和二次反应。

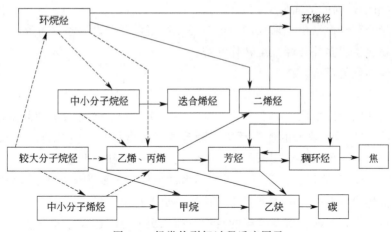

图 6-3 烃类热裂解过程反应图示

1. 烃类热裂解的一次反应

所谓烃类热裂解的一次反应是指生成目的产物乙烯、丙烯等低级烯烃为主的反应。

(1) 烷烃热裂解的一次反应

① 断链反应。断链反应是 C—C 键断裂反应,反应后产物有两个,一个是烷烃,一个是烯烃,其碳原子数都比原料烷烃少。

其通式为: $C_{m+n}H_{2(m+n)+2} \longrightarrow C_mH_{2m} + C_nH_{2n+2}$

② 脱氢反应。脱氢反应是 C—H 键断裂的反应,生成的产物是碳原子数与原料烷烃相同的烯烃和氢。

其通式为: $C_nH_{2n+2} \rightleftharpoons C_nH_{2n} + H_2$

(2) 环烷烃的热裂解 环烷烃热裂解时,主要发生断链和脱氢反应。带侧链的环烷烃首先进行脱烷基反应,脱烷基反应一般在长侧链的中部开始断链,一直进行到侧链为甲基或乙基,然后再进一步发生环烷烃脱氢生成芳烃的反应,环烷烃脱氢比开环生成烯烃容易。当裂解原料中环烷烃含量增加时,乙烯和丙烯收率会下降,丁二烯、芳烃收率则有所增加。

(3) 芳烃的热裂解 芳香烃的热稳定性很高,在一般的裂解温度下不易发生芳烃的开环反应,但可发生两类反应:一类是烷基芳烃的侧链发生断裂生成苯、甲苯、二甲苯等反应和脱氢反应;另一类是在较剧烈的裂解条件下,芳烃发生脱氢缩合反应。

2. 烃类热裂解的二次反应

所谓烃类热裂解的二次反应就是一次反应生成的乙烯、丙烯继续反应并转化为炔烃、二烯烃、芳烃直至生炭或结焦的反应。

烃类热裂解的二次反应比一次反应复杂。原料经过一次反应后,生成氢、甲烷和一些低分子量的烯烃如乙烯、丙烯、丁二烯、异丁烯、戊烯等,氢和甲烷在裂解温度下很稳定,而烯烃则可以继续反应。主要的二次反应有:

(1) 烯烃经炔烃而生成炭 裂解过程中生成的目的产物乙烯在 900~1000℃ 或更高的温度下经过乙炔中间阶段而生成炭。

$$CH_2=CH_2 \xrightarrow{-H} CH_2=CH \xrightarrow{-H} CH\equiv CH \xrightarrow{-H} CH\equiv C \xrightarrow{-H} C\equiv C \longrightarrow C_n$$

C_n 为六角形排列的平面分子。

(2) 烯烃经芳烃而结焦　烯烃的聚合、环化和缩合可生成芳烃，而芳烃在裂解温度下很容易脱氢缩合生成多环芳烃直至转化为焦。

(3) 生炭结焦的反应规律

① 在不同的温度条件下，生炭结焦反应经历着不同的途径：在 900～1000℃ 以上主要是通过生成乙炔的中间阶段，而在 500～900℃ 主要是通过生成芳烃的中间阶段。

② 生炭结焦反应是典型的连串反应，随着温度的增加和反应时间的延长，不断释放出氢，残物（焦油）的氢含量逐渐下降，碳氢比、分子量和密度逐渐增大。

③ 随着反应时间的延长，单环或环数不多的芳烃，转变为多环芳烃，进而转变为稠环芳烃，由液体焦油转变为固体沥青质，再进一步可转变为焦炭。

由此可以看出，一次反应是生产的目的，而二次反应既造成烯烃的损失，浪费原料又会生炭或结焦，致使设备或管道堵塞，影响正常生产，所以是不希望发生的。因此，在选取工艺条件或进行设计时，都要尽力促进一次反应，尽可能地抑制二次反应。

另外从以上讨论，可以归纳各族烃类的热裂解反应的大致规律：

(1) 烷烃　正构烷烃最利于生成乙烯、丙烯，是生产乙烯最理想的原料。分子量越小则烯烃的总收率越高。异构烷烃的烯烃总收率低于同碳原子数的正构烷烃。随着分子量的增大，这种差别就减少。

(2) 环烷烃　在通常裂解条件下，环烷烃脱氢生成芳烃的反应优于断链（开环）生成单烯烃的反应。含环烷烃多的原料，其丁二烯、芳烃的收率较高，乙烯的收率较低。

(3) 芳烃　无侧链的芳烃基本上不易裂解为烯烃；有侧链的芳烃，主要是侧链逐步断链及脱氢。芳烃倾向于脱氢缩合生成稠环芳烃，直至结焦。所以芳烃不是裂解的合适原料。

(4) 烯烃　大分子的烯烃能裂解为乙烯和丙烯等低级烯烃，但烯烃会发生二次反应，最后生成焦和炭。所以含烯烃的原料如二次加工产品，一般不宜作为裂解原料。

所以，高含量的烷烃，低含量的芳烃和烯烃是理想的裂解原料。

二、热力学和动力学分析

由于裂解反应主要是烃分子在高温下分裂为较小分子的过程，所以是强吸热过程。只有在高温下，裂解反应才能进行。烃类生炭反应的吉布斯自由能 $\triangle G_T^{\ominus}$ 具有很大的负值，在热力学上比一次反应占绝对优势，但分解过程必须经过中间产物炔烃阶段。现以乙烷裂解反应为例。

$$C_2H_6 \xrightleftharpoons{K_{p_1}} C_2H_4 + H_2$$

$$C_2H_4 \xrightleftharpoons{K_{p_2}} C_2H_2 + H_2$$

$$C_2H_2 \xrightleftharpoons{K_{p_3}} 2C + H_2$$

表 6-4 是不同温度下乙烷分解生炭过程各反应的平衡常数。从表 6-4 可见，随着温度升高，乙烷脱氢和乙烯脱氢两个反应的平衡常数 K_{p_1} 和 K_{p_2} 的都增大，其中 K_{p_2} 增得更

大些。虽然 K_{p_3} 随着温度升高而减小，但其值仍很大。所以热力学分析结果是，高温有利于乙烷脱氢平衡，更有利于乙烯脱氢生成乙炔，过高的温度更有利于炭的生成。如果反应时间很长，使裂解反应进行到平衡，最后生成大量的炭和氢，则对生成乙烯也是不利的。

表 6-4　乙烷分解生炭过程各反应的平衡常数

温度/K	K_{p_1}	K_{p_2}	K_{p_3}	温度/K	K_{p_1}	K_{p_2}	K_{p_3}
827	1.675	0.01495	6.556×10^7	1127	48.86	1.134	3.446×10^5
927	6.234	0.08053	8.662×10^6	1227	111.98	3.248	1.032×10^5
1027	18.89	0.3350	1.570×10^6				

从动力学上分析，在高温下烃类裂解生成乙烯的反应速率远比分解为炭和氢的反应速率快，而且生成乙烯反应发生在先。所以缩短原料在反应器中的停留时间，可充分发挥一次反应速率快的优势，从而有效地控制反应向有利于生成乙烯的方向进行。

三、工艺条件的确定

1. 裂解温度和停留时间

温度和停留时间有密切的关系，既相互依赖，又相互制约。图 6-4、图 6-5 是轻柴油裂解加热管出口温度和停留时间对乙烯收率的影响。从图中可看出，没有适当高的温度，停留时间无论怎样变动也得不到高收率的乙烯，反之无适当的停留时间，即使高温也得不到高收率的乙烯。因此，寻找适当的反应温度和停留时间是很重要的。

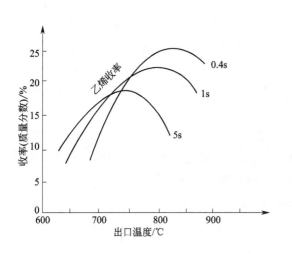

图 6-4　出口温度对轻柴油裂解中乙烯收率的影响

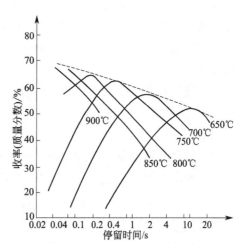

图 6-5　停留时间对轻柴油裂解中乙烯收率的影响

裂解温度和停留时间的选择与原料有关，一般较轻原料选用较高的裂解温度和较长的停留时间，而较重原料需采用较低的裂解温度和较短的停留时间。对于同一种原料，由表 6-5 可见，提高温度、缩短停留时间可以提高乙烯收率，而丙烯和汽油的收率降低。所以，可根据生产上对各种产物的需求，选择合理的裂解温度和停留时间。

表 6-5　石脑油裂解时温度和停留时间对产品收率的影响（蒸汽/石脑油＝0.6，质量比）

出口温度/℃	760	810	850	860
停留时间/s	0.7	0.5	0.45	0.4
乙烯收率(质量分数)/%	24	26	29	30
丙烯收率(质量分数)/%	20	17	16	15
裂解汽油(质量分数)/%	24	24	21	19

2. 烃分压与稀释剂

裂解过程无论是脱氢反应还是断链反应，都是气体分子数增加的反应。从化学平衡来看，降低压力平衡向气体分子数增多的方向移动，所以降低反应压力，有利于提高乙烯的平衡转化率。而二次反应中的缩合、聚合等反应都是分子数减少的反应，故降低压力也可抑制这些反应的进行。

但高温操作不宜采用抽真空减压的方法降低烃分压，这是因为高温密封不易，一旦空气漏入负压操作的裂解系统，就有与烃气体混合爆炸的危险，而且减压操作对后续分离工序的操作也不利。所以工业上一般采用向原料烃中添加适量的稀释剂以降低烃分压的措施达到减压操作的目的，这样设备仍可在常压或正压下操作。

在管式炉裂解中，通常采用水蒸气作为稀释剂。水蒸气作稀释剂除了降低烃分压外，还有以下作用。

（1）稳定裂解温度　水蒸气热容量较大，当操作供热不平稳时，它可起到稳定温度的作用，还可以起到保护炉管防止过热的作用。

（2）保护炉管　如裂解原料中含有微量硫（10^{-6}级），对炉管有保护作用，但含硫量稍多，铬合金钢管在裂解温度下易被硫腐蚀。当有水蒸气存在时，由于高温蒸汽的氧化性，可抑制裂解原料中的硫对炉管的作用，即使含硫量高达2%（质量分数），炉管也无硫化现象。

（3）脱除结炭　炉管中的铁和镍能催化烃类气体的生炭反应，水蒸气对铁和镍有氧化作用，可抑制它们对生炭反应的催化作用，而且水蒸气对已生成的炭有一定的脱除作用。

但加入水蒸气也带来了一些不利影响，降低了炉管的生产能力，如要维持生产能力，反应管的管径、质量及炉子的热负荷都要增大，同时加大了公用工程的消耗。因此，水蒸气的加入量不宜过大。表6-6列出了不同裂解原料常用的水蒸气加入量。

表 6-6　不同裂解原料的稀释比（质量比）

裂解原料	稀释比(蒸汽/烃)	裂解原料	稀释比(蒸汽/烃)
乙烷	0.30～0.35	中石脑油	0.50～0.60
丙烷	0.30～0.35	重石脑油	0.60～0.65
丁烷	0.40	轻柴油	0.60～0.80
轻石脑油	0.50	重柴油	0.80～1.00

四、工艺参数的控制方案

乙烯裂解炉是乙烯装置的主要核心部分。这里介绍1×10^5kt/a 的 SL2 型裂解炉（中石化与 ABB Lummus 公司合作开发）的进料流量、稀释蒸汽加入量、裂解炉出口温度这三个重要工艺参数的控制方案。

1. 进料流量控制

裂解原料（石脑油、加氢尾油、重柴油中的一种）是通过 6 组炉管分别进入裂解炉，在裂解炉内被加热到热裂解的温度。裂解炉进料流量的控制对乙烯的产量和质量有重要作用，控制方案如图 6-6 所示。

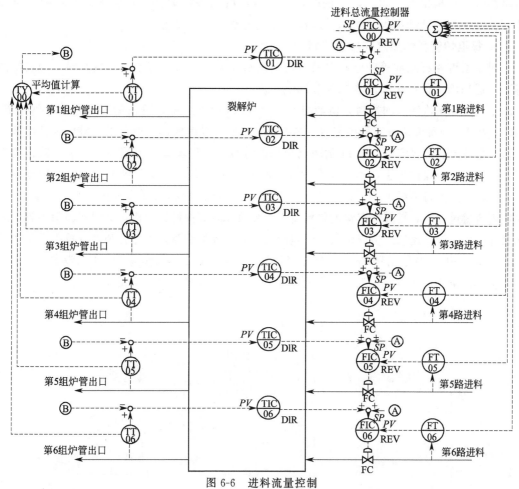

图 6-6　进料流量控制

DIR—正作用；REV—反作用

6 组进料流量分别由 FIC01～FIC06 控制器定量控制进入裂解炉。裂解炉进料流量控制中设置一个总流量控制器 FIC00，由操作人员设定总进料量。为了避免出现不稳定情况，FIC00 实际设定值以每分钟 1 ‰的速率逐渐变化。FIC00 的输出作为 6 组进料流量控制器 FIC01～FIC06 的设定值来调整裂解炉进料流量，6 组炉管出口均有温度测量元件，TT01～TT06 为 6 组炉管出口的温度变送器，通过 TY00 计算出 6 组炉管出口的平均温度，作为平均 COT（各炉管的炉出口温度），每组炉管出口温度测量值与平均 COT 进行比较，分别作为各组炉管温度平衡差值 COT 控制器 TIC01～TIC06 的输入，TIC01～TIC06 的输出分别与 FIC00 的输出相加，相加结果去校正各组炉管进料流量控制器的设定值。正常操作下，各组炉管的进料流量控制器的设定值是由总流量控制器 FIC00 和各组炉管温度平衡差值 COT 控制器 TIC01～TIC06 共同来调整的。

采用孔板测量原料流量时,单组进料流量测量值需要用测量的进料密度进行密度补偿。根据进料手动选择开关(石脑油、加氢尾油、重柴油原料)的位置选择相应的进料密度值。

裂解炉进料流量控制中,设置了一个总进料流量的控制器和 6 组炉管进料控制器。裂解炉总进料及 6 组炉管进料恒定,保证 6 组炉管进料在裂解炉中的受热一致,炉膛温度对各组炉管的影响相同。如此,一是可以达到裂解后的各组炉管出口裂解气要求的裂解深度,二是各组炉管结焦程度相同,延长炉管使用寿命和清焦周期。

2. 每组炉管稀释蒸汽的比值控制

对于乙烷和石脑油等轻原料,只需要一次稀释蒸汽注入;容易结焦的原料(加氢尾油等)可适当增大稀释比,或者二次蒸汽注入。

一次稀释蒸汽注入的控制方案如图 6-7 所示。以第 1 组稀释蒸汽的控制方案为例介绍,FIC11 为第一组稀释蒸汽流量控制器。每组进料流量乘以由操作工输入的系数作为该组稀释蒸汽流量控制器的设定值,FF11 的输出是比值计算后的稀释蒸汽流量值。这个系数根据进料种类和工况由操作工手动输入,系数变化时要经过一个斜坡函数缓慢平稳地变到预期的值。稀释蒸汽流量需要设一个最小值,图 6-7 中 HC00 是最小稀释蒸汽流量的手动输入站。当物料流量过少时,需要有定量的稀释蒸汽,如果此时失去稀释蒸汽,会引起辐射炉管内表面快速结焦,炉管堵塞,造成炉管管壁表面温度高,损坏炉管。最小稀释蒸汽量引入是为了保护炉管。HC00 的输出和 FF11 的输出经过高选择器 FY11 输出作为 FIC11 的设定值,确保稀释蒸汽流量不低于最小蒸汽量。其他各组蒸汽的控制方案与第 1 组相同。

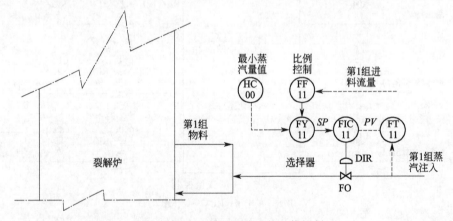

图 6-7 每组炉管稀释蒸汽的比值控制

3. 平均炉出口温度控制

平均炉出口温度控制方案如图 6-8 所示。6 组炉管的平均炉出口温度经 TY00 平均后就是裂解炉出口裂解气的平均温度(平均 COT)。平均 COT 作为炉出口温度控制器 TIC00 的输入,控制器的输出作为底部燃料气流量控制器 FIC51 的设定值。通过调节燃料气的进气量来控制炉管出口温度。

炉出口温度控制器 TIC00 是主控制器,FIC51 是副控制器。炉出口温度发生变化时,FIC51 调节燃料气流量。如果扰动较小,不会影响到炉出口温度;如果扰动很大时,影响

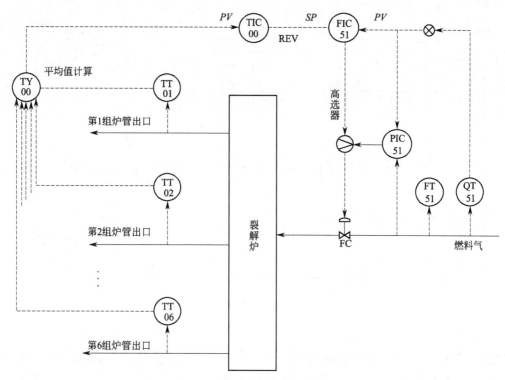

图 6-8　平均炉出口温度控制方案

到主控变量炉出口温度，TIC00 的输出发生变化。副控制器 FIC51 将接受设定值和测量值两方面的变化。当扰动使主被控变量炉出口温度和副被控变量燃料气流量向相同方向变化时，副控制器 FIC51 的输入偏差增加，FIC51 输出变化较大，燃料气控制阀开大或关小，迅速克服干扰，如果扰动使主被控变量炉出口温度和副被控变量燃料气流量向相反方向变化时，副控制器 FIC51 的输入偏差变化不大，FIC51 输出变化较小也能克服干扰。

平均炉出口温度控制方案较单回路控制平稳、快速。这样可使炉出口温度波动较小，减小了对炉管材料的损害，使裂解气的裂解深度趋于稳定。

任务四　生产工艺流程的组织

一、烃类热裂解的生产工艺流程

烃类热裂解过程随原料不同，工艺流程也有所不同。随着我国乙烯工业的发展，热裂解原料逐步变重，现以直馏柴油为例，了解整个热裂解过程。

当以直馏柴油为原料热裂解后所得裂解气中含有相当量的重质馏分，这些重质燃料油馏分与水混合后因乳化而难以进行油水分离，因此在冷却裂解气的过程中，应先将裂解气中的重质燃料油馏分分馏出来，然后将裂解气再进一步送至水洗塔冷却，其工艺流程如图 6-9 所示。

原料经热裂解后，高温裂解气经废热锅炉回收热量，再经急冷器用急冷油喷淋，降温

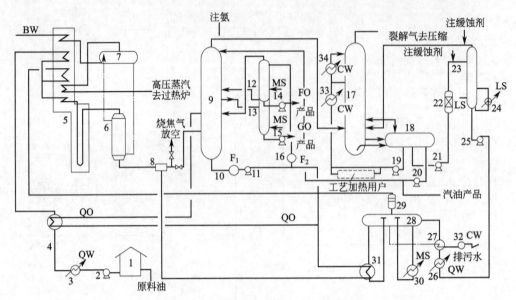

图 6-9 直馏柴油裂解工艺示意图

至 220~300℃，冷却后的裂解气进入油洗塔（或称预分馏塔）。塔顶用裂解汽油喷淋，温度控制在 100~110℃，保证裂解气中的水分从塔顶带出油洗塔。塔釜温度控制在 190~200℃，塔釜所得燃料油产品，部分经汽提并冷却后作为裂解燃料油产品。另一部分（称为急冷油）送至稀释蒸汽系统作为稀释蒸汽的热源，回收裂解气的热量。经稀释蒸汽发生系统冷却的急冷油，大部分送至急冷器以喷淋高温裂解气，少部分急冷油进一步冷却后作为油洗塔中段回流。

油洗塔塔顶裂解气进入水洗塔，塔顶用急冷水喷淋，裂解气降温至 40℃ 左右送入裂解气压缩机。塔釜约 80℃，经油水分离器，水相部分（称为急冷水）经冷却后送入水洗塔作为塔顶喷淋，另一部分则送至稀释蒸汽发生器产生蒸汽，供裂解炉使用。油相即裂解汽油馏分，部分送至油洗塔作为塔顶喷淋，另一部分则作为产品采出。经热裂解过程处理后的裂解气，是含有氢和各种烃类（已脱除大部分 C_5 以上液态烃）的复杂混合物，此外裂解气中还含有少量硫化氢、二氧化碳、乙炔、乙烯、丙烯和水蒸气等杂质。

由于裂解气组成复杂，对乙烯、丙烯等分离产品纯度要求高，所以要经过一系列的净化与分离。净化与分离的流程排列是可以变动的，可组成不同的分离流程。但各种不同分离流程均由气体的净化、压缩和冷冻、精馏分离三大系统组成。最终利用气体中各组分的熔点差异通过深冷分离，在 -100℃ 以下的低温下将除氢和甲烷外的其余的烃全部冷凝，然后在精馏塔内利用各组分的相对挥发度不同进行精馏分离，利用不同精馏塔，将各种烃逐个分离出来。

1. 管式炉裂解工艺流程的组织

管式炉裂解的工艺流程包括原料供给和预热、对流段、辐射段、高温裂解气急冷和热量回收等几部分。不同裂解原料和不同热量的回收，形成各种不同的工艺流程。图 6-10 是管式炉裂解的流程示意图。

裂解原料主要在对流段预热，为减少燃料消耗，也常常在进入对流段之前利用低位能热源进行预热。裂解原料预热到一定程度后，需在裂解石脑油原料中注入稀释热蒸汽。图 6-10 采用的是原料先注入部分稀释蒸汽，在对流段中预热至一定程度后，再次注入经对流段预热后的稀释蒸汽。

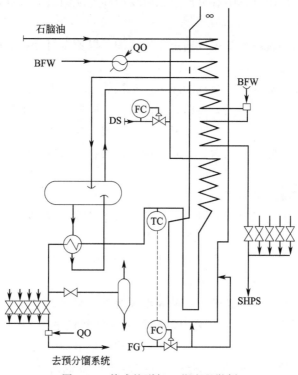

图 6-10 管式炉裂解工艺流程举例

BFW—锅炉给水；DS—稀释蒸汽；SHPS—超高压蒸汽；QO—急冷油；FG—燃料气

管式裂解炉的对流段用于回收烟气热量，回收的烟气热量主要用于预热裂解原料和稀释蒸汽，使裂解原料汽化并过热至裂解反应起始温度后，进入辐射段加热进行裂解。此外，根据热量平衡也可在对流段进行锅炉给水的预热、助燃空气的预热和超高压蒸汽的过热。

烃和稀释蒸汽混合物在对流段预热至所需温度后进入辐射盘管，辐射盘管在辐射段内用高温燃烧气体加热，使裂解原料在管内进行裂解。

裂解炉辐射盘管出口的高温裂解气达 800℃以上，为抑制二次反应的发生，需将辐射盘管出口的高温裂解气快速冷却。急冷的方法有两种：一是用急冷油（或急冷水）直接喷淋冷却；另一种方式是用换热器进行冷却。用换热器冷却时，可回收高温裂解气的热量而副产出高位能的高压蒸汽。该换热器被称为急冷换热器（常以 TLE 或 TIX 表示），急冷换热器与汽包构成的发生蒸汽的系统称为急冷锅炉（或废热锅炉），在管式炉裂解轻烃、石脑油和柴油时，都采用废热锅炉冷却裂解气并副产高压蒸汽。经废热锅炉冷却后的裂解气温度尚在 400℃以上，此时可再由急冷油直接喷淋冷却。为防止急冷换热器结焦，废热锅炉出口温度要高于裂解气的露点，裂解原料越重，废热锅炉终期出口温度越高。

从裂解炉出来的高温裂解气体，通过急冷锅炉迅速降低温度而终止化学反应，并用来回收高温热量以发生高压蒸汽。因此，急冷锅炉运行的好坏，直接影响乙烯装置的蒸汽平衡。另外，由于急冷锅炉的运行周期和裂解炉的运行周期是互为牵制的，所以应延长急冷锅炉的运行周期，以提高乙烯产量。

根据急冷锅炉在冷却过程中容易产生二次反应和容易结焦的特点，要求急冷锅炉必须具备以下性能。

(1) 高质量流速　裂解气要很快通过急冷锅炉，以免重组分和二次反应物在管壁上沉积，轻微结焦。质量流速最好在 $60\sim110\text{kg}/(\text{m}^2\cdot\text{s})$。

(2) 高水压　通过提高水和蒸汽的压力，在换热过程中管壁温度不致降到裂解气的露点温度以下，同时可使结焦轻微，目前采用的压力一般在 $8.33\sim11.8\text{MPa}$。

(3) 短停留时间　这一指标与高质量流速相一致，如果急冷锅炉的管子太长，不仅会使出口温度太低，而且阻力降太大，会影响裂解深度，一般急冷锅炉的停留时间应控制在 0.05s 左右。

2. 裂解气的分离流程的组织

急冷后的裂解气温度仍在 $200\sim300\text{℃}$，并且是含有从氢到裂解燃料油的复杂混合物。因此，首先须通过预分馏使其冷却至常温，并分出重组分；然后进行压缩和净化，以除去酸性气体和水等杂质，并达到分离所需的压力；最后通过深冷精馏分离才能得到所需要的合格产品。

(1) 裂解气的预分馏　裂解炉出口的高温裂解气经废热锅炉冷却，再经急冷器进一步冷却后，温度可降到 $200\sim300\text{℃}$。将急冷后的裂解气经油洗塔、水洗塔进一步冷却至常温，并在冷却过程中分馏出裂解气中的重组分，这一环节即为裂解气的预分馏。

(2) 裂解气的压缩　在深冷分离部分，要求温度最低的部位是甲烷和氢气的分离。所需的温度随操作压力的降低而降低。如当脱甲烷操作压力为 3.0MPa 时，分离甲烷的塔顶温度为 $-90\sim-100\text{℃}$；当脱甲烷操作压力为 0.5MPa 时，分离甲烷的塔顶温度则需下降至 $-130\sim-140\text{℃}$。而为获得一定纯度的氢，则所需温度更低。因此，可对裂解气进行压缩升压，以提高深冷分离的操作温度，从而节约低温能量和低温材料。

另外，加压会促使裂解气中的水和重质烃冷凝，可除去相当部分的水和重质烃，从而减少干燥脱水和精馏分离的负担。但加压太大会增加动力消耗，提高对设备材质的强度要求，一般认为经济上合理而技术上可行的压力为 $3.6\sim3.7\text{MPa}$。

裂解气的压缩比一般在 25 以上，为降低能耗并限制裂解气在压缩过程中升温，均采用多段压缩，段间设置中间冷却。裂解气压缩的合理段数，主要是由压缩机各段出口温度所限定。为避免在压缩过程中因温度过高而使双烯烃聚合，通常要求各段出口温度低于 100℃。段间冷却一般采用水冷，相应各段入口温度为 $38\sim40\text{℃}$。一般需要五段压缩才能满足各段出口温度低于 100℃ 的要求。目前大型乙烯生产工厂均采用离心式（或称透平式）压缩机。

(3) 裂解气的碱洗和干燥　由表 6-7 可知，预分馏后的裂解气中除烃外，还含有水分、酸性气体（二氧化碳、硫化氢）、一氧化碳、炔烃等杂质，这些杂质的存在对深冷分离和烯烃的进一步加工有害。酸性气体不但会使催化剂中毒，还会腐蚀和堵塞管道，水分和二氧化碳在低温下会凝结成冰和固态水合物，堵塞设备管道，影响分离操作。因此在深冷分离前必须脱除水分和酸性气体。

表 6-7 进裂解气压缩机前的裂解气组成

裂解原料		乙烷	轻烃	石脑油	轻柴油
转化率		65%		中深度	中深度
组成(体积分数)%	氢	34.00	18.20	14.09	13.18
	一氧化碳、二氧化碳、硫化氢	0.19	0.33	0.32	0.27
	甲烷	4.39	19.83	26.78	21.24
	乙炔	0.19	0.46	0.41	0.37
	乙烯	31.51	28.81	26.10	29.34
	乙烷	24.35	9.27	5.78	7.58
	丙炔		0.52	0.48	0.54
	丙烯	0.76	7.68	10.30	11.42
	丙烷		1.55	0.34	0.36
	碳四馏分	0.18	3.44	4.85	5.21
	碳五馏分	0.09	0.95	1.04	0.51
	碳六至204℃馏分		2.70	4.53	4.58
	水	4.36	6.26	4.98	5.40
平均分子量		18.89	24.90	26.83	28.01

一般要求将裂解气中的二氧化碳和硫化氢分别脱除至 1×10^{-6} 以下。通常裂解气压缩机入口处裂解气中酸性气含量为 0.2%～0.4%（摩尔分数），为此，乙烯装置多采用碱洗法脱除裂解气中的酸性气。当裂解气中含硫量过高时，为降低碱耗量，可考虑增设可再生的溶剂（常用乙醇胺）吸收法脱除大部分酸性气，然后再用碱洗法进一步净化。

裂解气压缩机出口压力约 3.7MPa，经冷却至 15℃时，裂解气中饱和水含量为 $(6\sim7)\times10^{-4}$，送至深冷前，必须脱水、干燥，使含水量在 1×10^{-6} 以下。脱水干燥的方法主要采用以分子筛、活性氧化铝为干燥剂的固体吸附法。

(4) 深冷分离流程方案 不同的精馏分离方案和净化方案组成不同的裂解气分离流程。

① 顺序分离流程。顺序分离流程图如图 6-11。裂解气经压缩干燥后先由脱甲烷塔塔顶分出氢和甲烷（C_1^0），塔釜液送至脱乙烷塔，由脱乙烷塔塔顶分离出乙烷和乙烯，塔釜液送至脱丙烷塔。最终由乙烯精馏塔、丙烯精馏塔、脱丁烷塔分别得到乙烯（$C_2^=$）、乙烷（C_2^0）、丙烯（$C_3^=$）、丙烷（C_3^0）、混合碳四、裂解汽油等产品。由于这种分离流程是按碳一、碳二、碳三……顺序进行切割分离，故称为顺序分离流程。

② 前脱乙烷分离流程。前脱乙烷分离流程如图 6-12 所示。该流程的压缩、碱洗及干燥等部分与顺序分离流程相同。不同的是干燥后的裂解气首先进入脱乙烷塔，塔顶分出 C_2 以下馏分，即甲烷、氢、C_2 馏分，然后送入（前）加氢反应器脱除乙炔，再经干燥器脱水后送入冷箱，冷箱作用与顺序分离流程相同，四股进料进入脱甲烷塔，塔顶分出甲烷、氢，塔釜的乙烷和乙烯送入乙烯精馏塔，经精馏塔顶得到乙烯产品；脱乙烷塔塔釜的 C_3 以上馏分，送入脱丙烷塔，后续流程与顺序分离流程相同。

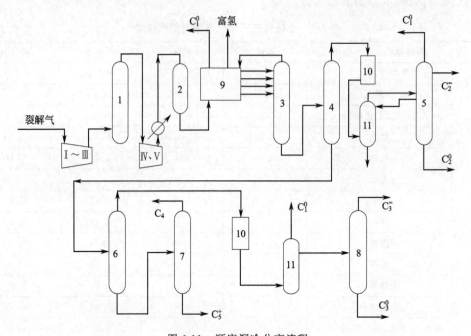

图 6-11　顺序深冷分离流程

1—碱洗塔；2—干燥器；3—脱甲烷塔；4—脱乙烷塔；5—乙烯塔；
6—脱丙烷塔；7—脱丁烷塔；8—丙烯塔；9—冷箱；10—加氢脱炔反应器；11—绿油塔

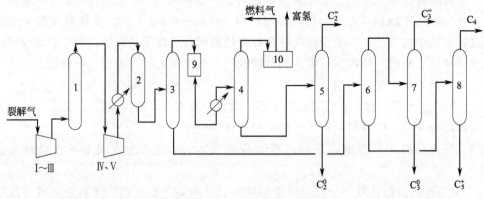

图 6-12　前脱乙烷深冷分离流程

1—碱洗塔；2—干燥器；3—脱乙烷塔；4—脱甲烷塔；5—乙烯塔；6—脱丙烷塔；
7—丙烯塔；8—脱丁烷塔；9—加氢脱炔反应器；10—冷箱

③ 前脱丙烷分离流程。前脱丙烷分离流程是以脱丙烷塔为界限，将物料分为两部分，一部分为丙烷及比丙烷更轻的组分；另一部分为 C_4 及比 C_4 更重的组分，然后再将这两部分各自进行分离，获得所需产品，如图 6-13 所示。

如图 6-13 所示，裂解气经Ⅰ、Ⅱ、Ⅲ段压缩后，经碱洗塔和干燥器首先进入脱丙烷塔，塔顶分出 C_3 以下馏分，即甲烷、氢、C_2 馏分和 C_3 馏分，再进入Ⅳ、Ⅴ段压缩，之后经冷箱进入脱甲烷塔，后序操作与顺序分离流程相同；脱丙烷塔塔釜得到的 C_4 以上馏分，送入脱丁烷塔，塔顶分出 C_4 馏分，塔釜得 C_5 馏分。

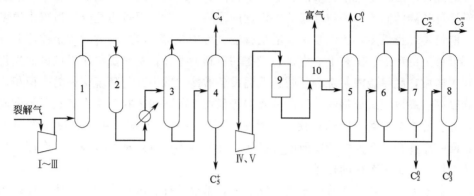

图 6-13 前脱丙烷深冷分离流程

1—碱洗塔；2—干燥器；3—脱丙烷塔；4—脱丁烷塔；5—脱甲烷塔；6—脱乙烷塔；
7—乙烯塔；8—丙烯塔；9—加氢脱炔反应器；10—冷箱

三种工艺流程的比较见表 6-8 所示。

表 6-8 三种深冷分离工艺流程的比较

比较项目	顺序分离流程	前脱乙烷分离流程	前脱丙烷分离流程
操作问题	脱乙烷塔在最前，釜温低，再沸器中不易发生聚合而堵塞	脱乙烷塔在最前，压力高，釜温高，如 C_4 以上烃含量多，二烯烃在再沸器聚合，影响操作且损失丁二烯	脱丙烷在最前，且放置在压缩机段间，低压时就除去了丁二烯，再沸器中不易发生聚合而堵塞
冷量消耗	全馏分都进入了脱甲烷塔，加重了脱甲烷塔的冷冻负荷，消耗高能级的冷量多，冷量利用不够合理	C_3、C_4 烃不在脱甲烷塔而是在脱乙烷塔冷凝，消耗低能级的冷量，冷量利用合理	C_4 烃在脱丙烷塔冷凝，冷量利用比较合理
分子筛干燥负荷	分子筛干燥是放在流程中压力较高、温度较低的位置，对吸附有利，容易保证裂解气的露点，负荷小	与顺序分离流程相同	由于脱丙烷塔在压缩机三段，分子筛干燥只能放在压力较低的位置，对吸附不利，且三段出口 C_3 以上重质烃不能较多冷凝下来，负荷大
加氢脱炔方案	多采用后加氢	可用后加氢，但最有利于采用前加氢	可用后加氢，但前加氢经济效果更好
塔径大小	脱甲烷塔负荷大，塔径大，且耐低温钢材耗用多	脱甲烷塔负荷小，塔径小，而脱乙烷塔径大	脱丙烷塔负荷大，塔径大，脱丙烷塔塔径介于前两种流程之间
对原料的适应性	对原料适应性强，无论裂解气轻、重均可	最适合 C_3、C_4 烃含量较多而丁二烯含量少的气体	可处理较重的裂解气，对含 C_4 烃较多的裂解气，本流程更能体现其优点
采用该流程的公司	美国鲁姆斯公司和凯洛格公司	德国林德公司和美国布朗路特公司	美国斯通-韦伯斯特公司

无论采用上述的何种工艺流程，脱甲烷塔都是需要重点关注的设备。脱甲烷塔的中心任务是将裂解气中甲烷-氢和乙烯及比乙烯更重的组分进行分离，分离过程是利用低温，使裂解气中除甲烷-氢外的各组分全部液化，然后将不凝气体甲烷-氢分出。分离的轻组分是甲烷，重组分为乙烯。对于脱甲烷塔，希望塔釜中甲烷的含量应该尽可能低，以利于提

高乙烯的纯度。塔顶尾气中乙烯的含量应尽可能少，以利于提高乙烯的回收率，所以脱甲烷塔对保证乙烯的回收率和纯度起着决定性的作用；同时脱甲烷塔是分离过程中温度最低的塔，能量消耗也最多，所以脱甲烷塔是精馏过程中关键的塔之一。对整个深冷分离系统来说，设计上的考虑、工艺上的安排、设备和材料的选择，都是围绕脱甲烷塔而进行的。

在生产中，脱甲烷塔系统为了防止低温设备散冷，减少其与环境接触的表面积，常把节流膨胀阀、高效板式换热器、气液分离器等低温设备，封闭在一个由绝热材料做成的箱子中，此箱称之为冷箱。冷箱可用于气体和气体、气体和液体、液体和液体之间的热交换，在同一个冷箱中允许多种物质同时换热，冷量利用合理，从而省掉了一个庞大的列管式换热系统，起到了节能的作用。

（5）制冷系统 乙烯装置中采用压缩制冷，常以乙烯、丙烯为制冷工质。压缩制冷是制冷工质通过制冷循环来实现的。

丙烯制冷系统是为裂解气分离提供高于$-40℃$的各温度级的冷量。其主要冷量用户为裂解气的预冷、乙烯制冷剂冷凝、乙烯精馏塔、脱乙烷塔、脱丙烷塔塔顶冷凝等，乙烯装置的丙烯制冷系统可设置 4 个温度级。4 级节流的丙烯制冷系统通常提供$-40℃$、$-24℃$、$-7℃$和$6℃$ 4 个不同温度级的冷量。

乙烯制冷系统是为裂解气分离提供-40~$-102℃$各温度级的冷量。其主要冷量用户为裂解气在冷箱的预冷以及脱甲烷塔塔顶冷凝。大多数乙烯制冷系统均采用 3 级节流的制冷循环，相应提供$-50℃$、$-70℃$、$-100℃$左右 3 个温度级的冷量。

在裂解气深冷分离的脱甲烷过程中，为减少甲烷中乙烯含量以保证较高的乙烯回收率，脱甲烷的操作温度需降至$-100℃$以下。为保证回收的甲烷和氢气达到 95％以上的纯度，则其操作温度要降至$-170℃$左右。乙烯装置中通常采用组成为丙烯、乙烯、甲烷的复叠制冷系统，获得$-100℃$以下的冷量。

二、裂解炉的选择

裂解炉是烃类热裂解的主要设备。目前国外具有代表性的裂解炉型有美国鲁姆斯（Lummus）公司的 SRT(short residence time) 型炉，美国斯通-韦博斯特（Stone&Webster，S&W）的超选择性 USC 型炉，美国凯洛格（Kellogg）公司的 USRT 超短停留时间毫秒炉，日本三菱油化公司的倒梯台式炉等。尽管各家炉型各具特点，但同样，都是为了满足高温、短停留时间、低烃分压而设计的。国内大都采用鲁姆斯公司的 SRT 炉型和凯洛格公司的 USRT 炉型。SRT-I型裂解炉如图 6-14 所示。

为了推进大型石化装备国产化率，中国石化集团公司与美国鲁姆斯公司合作开发了两种裂解炉型：一种是以中国石化 CBL 裂解技术为基础的裂解炉（命名为 SL I 型炉）；另一种是以鲁姆斯公司 SRT-V 型炉技术为基础的裂解炉（命名为 SL II 型炉）。这两种炉型已建成的和正建设的总能力已达 8000kt/a，裂解炉设计的改进一直未中断。为了提高裂解温度并缩短停留时间，改进辐射段炉管的排布形式、管径结构、炉管材质都是有效的手段。发展中相继出现了多程等管径、分支变管径、双程分支变管径等不同结构的辐射盘管。材质过去采用主要成分为含镍 20％、铬 25％的 HK 40 合金钢（耐 1050℃高温），此后改用含镍 35％、铬 25％的 HP 40 合金钢（耐 1100℃高温）。美国 S&W 公司拟使陶瓷炉乙烯生产技术实现工业化。陶瓷炉将是裂解炉技术发展的一个飞跃，可超高温裂解，大

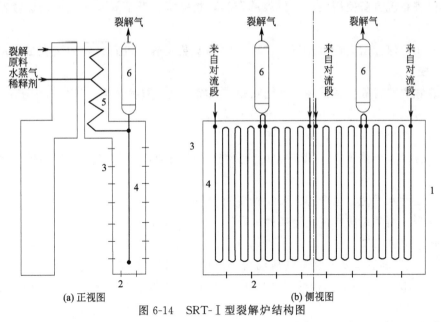

图 6-14 SRT-Ⅰ型裂解炉结构图

1—炉体；2—油气联合烧嘴；3—气体无焰烧嘴；4—辐射段炉管（反应管）；5—对流段炉管；6—急冷锅炉

大提高裂解苛刻度，且不易结焦。采用陶瓷炉，乙烷制乙烯转化率可达 90%，而传统炉管仅为 65%～70%。

总体来看，现今新裂解炉的开发有两种趋势。一是开发大型裂解炉。乙烯装置的大型化促使裂解炉向大型化发展，单台裂解炉的生产能力已由 1990 年的 80～90kt/a 发展到目前的 175～200kt/a，甚至可达 280kt/a。大型裂解炉结构紧凑，占地面积小，投资省，但其必须是与乙烯装置大型化相匹配的。二是开发新型裂解炉，进一步推进超高温、短停留裂解，提高乙烷制乙烯的转化率，并防止焦炭生成。乙烯装置结焦是影响其长周期运行的老问题。以前解决乙烯裂解炉生焦问题仅是关注如何解决催化剂的防焦技术，现在已认识到改进裂解炉管表面的化学结构可有效抑制催化焦和高温热解焦的生成，以及防止或减缓结焦母体到达炉管表面、降低表面温度使结焦反应速率降低，从而延长运行周期。工业上已成功地应用了一些抑制裂解炉结焦的新技术，包括在原料或蒸汽中加入抗结焦添加剂、对炉管壁进行临时或永久性的涂覆、增加强化传热单元和特殊结构炉管等。

任务五 乙烯生产过程的操作与控制

一、乙烯生产过程的开车操作

1. 开车前应具备的条件

① 开车所需原辅材料，包括原料（加氢尾油、石脑油、重柴油、乙烷、轻烃 LPG）、调质油品、裂解汽油、乙烯、丙烯及化学药剂等备齐。

② 冷却水、电、仪表风、氮气、杂用风、蒸汽（高压蒸汽、中压蒸汽、低压蒸汽）、锅炉水、凝液系统等公用工程系统具备使用条件。

③ 仪表系统具备使用条件。仪表单校和联校完成，调节阀动作正确，联锁系统动作正确。

④ 设备检修和检查进行完毕。静设备内件安装正确，设备封闭回装完成；动设备单机试转完成。

⑤ 装置内的盲板拆装正确，系统吹扫、气密、氮气置换合格，氧含量小于0.2%（体积分数）。系统氮气保压0.05MPa（绝对压力）。

⑥ 冷区系统干燥完毕，露点分析＜－70℃。

⑦ 反应器和干燥器内的催化剂、干燥剂装填完毕，并完成活化或再生，具备使用条件。

⑧ 化工污水系统、生产排污系统具备使用条件。

⑨ 安全、消防设施具备使用条件。

2. 开车准备工作

① "四机"的试运转。裂解气压缩机、制冷压缩机（包括丙烯压缩机、乙烯压缩机、二元制冷压缩机）简称为乙烯装置"四机"。"四机"系统的正常运行，是乙烯装置开车的关键。乙烯装置开工前要进行"四机"的试运转，以检查其机械性能、仪表动作。"四机"的试运转一般包括油路系统的试运行、复水系统的试运转（对于背压式压缩机无此系统的试运转）、驱动汽轮机调速系统的检查和试验、驱动汽轮机单机试运转、压缩机的空负荷试运转、压缩机的带负荷试运转。

② 点火炬及燃料气的接收。在裂解炉进行烘炉前，装置内要引入燃料气。

③ 裂解炉的烘炉和安全阀定压。

④ 原料油的接收。在裂解炉蒸汽开车后，装置外接原料油。

3. 裂解炉开车

裂解炉开车主要工作包括汽包充水、启动风机并稳定炉膛负压，进行炉腔置换、点燃火嘴、裂解炉升温至热备状态、裂解炉从烧焦线切换至汽油分馏塔及投油等。

4. 急冷系统开车

急冷系统开车主要包括急冷水循环和加热、急冷油的接收及循环和加热、稀释蒸汽发生系统的开车、裂解炉与急冷系统的连接和运转。

急冷系统开车后，进行压缩系统开车和分离系统开车。

二、乙烯生产过程的正常停车操作

正常停车是指根据事先安排好的时间及顺序，让装置进行有序的和受控的停车。应根据装置运转情况和以往的停车经验，在确保装置安全、环保并尽量减少物料损失、回收合格产品的情况下停车，缩短停车时间。

1. 系统降低负荷

① 逐步降低低压脱丙烷塔和高压脱丙烷塔进料至正常的70%，调整各塔系统的回流量以及再沸量和冷却量，保持各塔温度、压力在正常状况下。

② 逐渐把各塔和回流罐的液位下降至30%左右。

③ 控制各系统的生产指标在正常值的范围内，准备下一步系统停车。

④ 若二号丙烯精馏塔的丙烯不合格（低于99%），走不合格罐。

2. 系统停车

① 切断到丙炔/丙二烯反应器的氢气，切断丙炔/丙二烯反应器的进料，同时打开丙炔/丙二烯反应器开车旁通线阀向丙烯精馏塔进料。

② 关闭低压脱丙烷塔进料流量控制阀，关闭低压脱丙烷塔进料阀门，停再沸器热源后，再逐渐停塔顶冷剂，控制塔压，视情况停低压脱丙烷塔回流泵、脱丙烷塔产品泵，关塔釜去脱丁烷塔的液量。

③ 高压脱丙烷塔在低压脱丙烷塔进料中断后，关闭进料阀门，停再沸器热源和塔顶冷凝器，控制塔压，视情况停高压脱丙烷塔回流泵。

④ 当氢气停止后，丙炔/丙二烯反应器系统进行循环运行，当床层温度降至合适时，停丙炔/丙二烯反应器的循环泵，停止循环。

⑤ 脱丁烷塔中断进料后，粗汽油停止外送，C_4 外送阀关闭，停再沸器热源和逐渐停塔顶冷凝器，控制塔压，视情况停脱丁烷塔回流泵。

⑥ 丙烯精馏塔系统进料中断后，一号丙烯精馏塔、二号丙烯精馏塔全回流运行，丙烯停止外送，停再沸器的热源，逐渐停塔顶冷凝器，视情况停一号丙烯精馏塔回流泵、二号丙烯精馏塔回流泵保液位，压力由二号丙烯精馏塔塔顶压力控制阀控制。

3. 系统倒空

关闭低压脱丙烷塔进料流量控制阀、低压脱丙烷塔底再沸器的蒸汽流量控制阀、低压脱丙烷塔塔顶压力控制阀，打开低压脱丙烷塔返回高压脱丙烷塔流量控制阀，打开低压脱丙烷塔塔釜，高压脱丙烷塔进出料换热器排液线手阀排液，打开低压脱丙烷塔回流罐，排液线手阀排液，液相排净后，关各手阀，开低压脱丙烷塔塔顶压力控制阀，泄压。

关闭高压脱丙烷塔进料流量控制阀、高压脱丙烷塔去低压脱丙烷塔流量控制阀、高压脱丙烷塔塔顶压力控制阀，打开高压脱丙烷塔塔底再沸器蒸汽流量控制阀，打开高压脱丙烷塔塔釜，高压脱丙烷塔塔底再沸器排液线手阀排液，打开高压脱丙烷塔回流罐、高压脱丙烷塔回流泵排液线手阀排液，液相排净后，关各手阀，开高压脱丙烷塔塔顶压力控制阀，泄压。

将丙烯干燥器的液体全部排至丙烯精馏塔，泄液以后，泄压排至火炬。

丙炔/丙二烯反应器系统隔离，内部阀打开，打开丙炔/丙二烯反应器手阀，进行倒液，完毕后，泄压。

打开一号丙烯精馏塔、二号丙烯精馏塔、二号丙烯精馏塔回流罐的排液阀，关闭一号丙烯精馏塔中部加热量控制阀、一号丙烯精馏塔中间再沸器进行倒液，倒液完毕后，关各手阀，关二号丙烯精馏塔塔顶压力控制阀泄压到火炬。

关闭粗汽油外送阀、脱丁烷塔塔釜出料流量控制阀，C_4 外送界区阀，开脱丁烷塔回流罐接液线阀倒液，完毕后关排液线阀，开脱丁烷塔塔釜。开一号丙烯精馏塔中部加热量控制阀泄压到火炬。

三、乙烯生产过程的紧急停车操作

在正常生产中，往往会出现一些突发的故障，需要做出停车还是部分停车的判断，同时应尽量考虑当事故发生后，应按如下步骤着手考虑和处理。首先判断发生事故的原因，做出是全面停车还是部分停车的判断，同时应尽量考虑到再次开车的方便。其次，在保证人身安全的同时，也应避免火灾、跑油、冒罐、设备损坏。为了防止生产产品被污染，各产品都应返回原料缓冲罐，切断循环。具体措施如下。

1. 装置停电

（1）裂解炉系统的处理步骤　关闭烃进料隔离阀，所有燃料（长明线除外）全部关闭，将 DS（稀释蒸汽）流量设定到正常的 100%。调节引风机挡板将炉膛负压控制在工艺范围之内。用蒸汽吹扫隔离阀下游的烃进料管线。打开清焦管线阀，同时关裂解气总管阀。当裂解炉出口温度低于 400℃时将急冷锅炉的蒸汽包排放至常压，超高压蒸汽（SS）放空，当炉管出口温度低于 200℃时，中断稀释蒸汽（DS）。关燃料气截止阀和稀释蒸汽截止阀。

（2）急冷系统的处理步骤　停止采出油洗塔柴油。停止裂解燃料油汽提塔、工艺水汽提塔底部汽提蒸汽。现场关闭水洗塔中部，返回物料手操阀。水洗塔压力改为放空控制。维持稀释蒸汽发生器压力，供给裂解炉 DS 不足时由管网中补入。

（3）热分离部分

① 高压脱丙烷塔、低压脱丙烷塔系统。停止进料、各返回料，停塔釜加热、采出，停高压脱丙烷塔回流泵、低压脱丙烷塔回流泵、脱丙烷塔产品泵，关闭入口、出口阀。

丙炔/丙二烯反应器停车迅速切断反应器配氢阀、进料阀，床层物料自身打循环，降低温度。

② 一号丙烯精馏塔和二号丙烯精馏塔系统。停产品采出、停塔釜加热、停中部再沸器。停一号丙烯精馏塔回流泵和二号丙烯精馏塔回流泵，关进出口阀。

脱丁烷塔停止采出。停塔釜加热。停脱丁烷塔回流泵，关进出口阀。

2. 冷却水中断

裂解炉系统的处理步骤同上的"装置停电"。而急冷系统的处理方法为：停油洗塔柴油采出，排油洗塔塔釜液至裂解燃料油汽提塔。通过急冷油（QO）循环降釜温。停止裂解燃料油汽提塔、工艺水汽提塔底部汽提蒸汽，现场关闭水洗塔中部返回物料手操阀，放空压力，液位不低于 40%。维持稀释蒸汽发生器压力，供给裂解炉 DS 不足时由管网中补入。

3. 丙炔/丙二烯反应器飞温

迅速起用丙炔/丙二烯反应器的循环备用泵。在温度为 65℃左右时，通过减少氢气的进量来控制床层温度，若温度达到 80℃，发生联锁，则应按紧急停车处理，丙炔/丙二烯反应器停车时，迅速切断反应器配氢阀、进料阀、抽出阀、排放阀，使反应器完全泄压，以防反应器破裂。

任务六　异常生产现象的判断和处理

一、进料流量的异常现象和处理方法

乙烯裂解炉进料流量的异常生产现象、原因和处理方法见表 6-9。

表 6-9　乙烯裂解炉进料流量的异常生产现象、原因和处理方法

异常现象	原因	处理方法
液态原料压力低	原料泵出口压力低	联系贮运立刻切换处理
	过滤器堵	立刻投用备用滤器或开滤器旁路
	进料泵机械故障不能立刻供料	按下紧急停车按钮停车,也可切换另一种液态原料,但只能切一台炉
	原料调节阀故障	用手轮控制进料量联系仪表
轻烃原料压力低	循环乙烷/丙烷量少	联系分离岗位调整
	再沸器汽化量不足	再沸器排液,加大汽化蒸汽量
	裂解气压缩机停车	立即切断原料,分离停车

二、稀释蒸汽流量的异常现象和处理方法

乙烯裂解炉稀释蒸汽流量的异常现象、原因及处理方法见表 6-10。

表 6-10　乙烯裂解炉稀释蒸汽流量的异常现象、原因及处理方法

异常现象	原因	处理方法
稀释蒸汽压力仪表压力低	阀门故障	联系人员及时修理
	低压蒸汽分离罐液位高	降低低压蒸汽分离罐液位
	界区中压蒸汽温度过低	提高界区中压蒸汽温度

如果异常处理不能及时恢复稀释蒸汽压力时转入事故预案按"稀释蒸汽中断"处理。

三、裂解炉出口温度的异常现象和处理方法

乙烯裂解炉出口温度的异常现象、原因及处理方法见表 6-11。

表 6-11　乙烯裂解炉出口温度的异常现象、原因及处理方法

异常现象	原因	处理方法
炉膛负压大、横跨段正压	引风机故障	停炉
	风门开度过大	调整风门
	烟道挡板故障	检查传动机构并处理
	对流段积灰	吹灰
	负荷过高	调整负荷

习题

一、填空题

1. 现代化乙烯装置在生产乙烯的同时,副产世界上约 70% 的 ____ 、90% 的 ____ 、30% 的 ____ 。

2. 现今常以_____生产能力作为衡量一个国家和地区石油化工生产水平的标志。

3. 目前，世界上99%左右的乙烯产量都是由_____法生产的，近年来我国新建的乙烯生产装置均采用此生产技术。

4. 用于管式炉裂解的原料来源很广，主要有两个方面，一是来自油田的_____和来自气田的_____；二是来自炼油厂的一次加工油品（如_____、_____、_____等）、二次加工油品（如_____、_____等）以及副产的炼厂气。另外还有乙烯装置本身分离出来循环裂解的乙烷等。

5. 从裂解炉出来的高温裂解气体，通过急冷锅炉迅速降低温度而终止化学反应，并用来回收高温热量以发生高压蒸汽。因此对急冷锅炉要具备_____、_____、_____这些特征。

二、简答题

1. 什么是一次反应？什么是二次反应？在乙烯生产中哪个是期望发生的，为什么？
2. 什么是MTO工艺？
3. 简述乙烯的物理化学性质。
4. 什么是天然气凝析液（NGL）？
5. 在管式炉裂解中，通常采用水蒸气作为稀释剂，水蒸气做稀释剂有哪些作用？

三、画图题

画出热裂解制乙烯的工业生产工艺流程示意图。

四、综合题

根据下图，描述裂解炉平均炉出口温度是如何控制的？

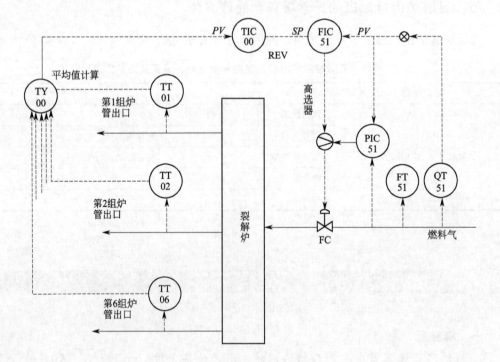

参 考 文 献

[1] 马长捷,刘振河.有机产品生产运行控制.北京:化学工业出版社,2016.
[2] 梁凤凯,陈学梅.有机化工生产技术与操作.北京:化学工业出版社,2015.
[3] 白术波.石油化工生产技术.北京:石油工业出版社,2017.
[4] 陈长生.石油加工生产技术.2版.北京:高等教育出版社,2014.
[5] 牟善军.化工过程安全管理与技术.北京:中国石化出版社.2018.
[6] 王松汉.乙烯工艺与技术.北京:中国石化出版社.2000.
[7] 胡杰,王松汉.乙烯工艺与原料.北京:化学工业出版社.2018
[8] 寿建祥,陈伟军.常减压蒸馏装置技术手册.北京:中国石化出版社.2016.
[9] 侯芙生.中国炼油技术.北京:中国石化出版社.2011.
[10] 张韩,刘英聚.催化裂化装置操作指南.2版.北京:中国石化出版社.2017.
[11] 孙建怀.加氢裂化装置技术问答.2版.北京:中国石化出版社.2014.
[12] 梁朝林,顾承瑜.延迟焦化.2版.北京:中国石化出版社.2015.
[13] 罗家弼.炼油技术常用数据手册.北京:中国石化出版社.2016.